大学物理学习指导书

（第二版）

主编　刘帅　林蔺　宋阳　梁平平

U0184928

DAXUE WULI XUEXI ZHIDAOSHU

高等教育出版社·北京

内容提要

本书是配套《大学物理》(第二版)的学习指导书,对其中的习题作了详细解答。本书内容包括:质点运动学、质点运动定律与守恒定律、刚体的定轴转动、机械振动、机械波、气体动理论、热力学基础、狭义相对论、量子物理基础、光的干涉、光的衍射、光的偏振、静电场、静电场中的导体和电介质、恒定磁场、电磁感应、电磁波。编者根据长期教学实践的经验和体会,归纳和总结了求解大学物理习题的解题思路、解题方法和解题技巧,并着重指出了各章习题的解答中所用到的基本概念和基本规律、解题中的难点和容易犯错误的地方以及应该注意的问题等,这对读者学习或复习大学物理有较好的借鉴作用。编者还十分注意解题的规范性和示范性,同时强调解题的灵活性,并力争作到叙述简明扼要,重点阐释物理图像和解题思路,以提高读者分析问题和解决问题的能力。

本书可作为高等学校理工科类专业本科生学习大学物理课程的课后辅导书,也可作为教师在布置作业、考试命题及试题库选题时的参考书,还可供自学者参考使用。

图书在版编目(CIP)数据

大学物理学习指导书/刘帅等主编. -- 2版. -- 北京:高等教育出版社,2022.3
ISBN 978-7-04-057315-2

Ⅰ.①大⋯ Ⅱ.①刘⋯ Ⅲ.①物理学 – 高等学校 – 教学参考资料 Ⅳ.① O4

中国版本图书馆 CIP 数据核字 (2021) 第 231252 号

DAXUE WULI XUEXI ZHIDAOSHU

| 策划编辑 | 马天魁 | 责任编辑 | 马天魁 | 封面设计 | 于 博 | 版式设计 | 张 杰 |
| 插图绘制 | 邓 超 | 责任校对 | 高 歌 | 责任印制 | 耿 轩 | | |

出版发行	高等教育出版社	网 址	http://www.hep.edu.cn
社 址	北京市西城区德外大街 4 号		http://www.hep.com.cn
邮政编码	100120	网上订购	http://www.hepmall.com.cn
印 刷	北京宏伟双华印刷有限公司		http://www.hepmall.com
开 本	787mm×1092mm 1/16		http://www.hepmall.cn
印 张	21	版 次	2016 年 3 月第 1 版
字 数	400千字		2022 年 3 月第 2 版
购书热线	010-58581118	印 次	2022 年 3 月第 1 次印刷
咨询电话	400-810-0598	定 价	39.90元

本书如有缺页、倒页、脱页等质量问题,请到所购图书销售部门联系调换
版权所有 侵权必究
物 料 号 57315-00

目 录

Contents

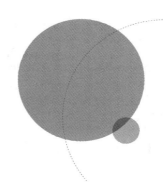

第 1 章
质点运动学

基本要求

1. 掌握位置矢量、位移、速度、加速度等描述质点运动及运动变化的物理量。理解这些物理量的矢量性、瞬时性和相对性。

2. 理解运动方程的物理意义及作用。掌握运用运动方程确定质点的位置、位移、速度和加速度的方法，以及已知质点运动的加速度和初始条件求速度、运动方程的方法。

3. 能计算质点在平面内运动时的速度和加速度，以及质点作圆周运动时的角速度、角加速度、切向加速度和法向加速度。

4. 会求简单的质点相对运动问题。

内容提要

1. 描述质点运动及运动变化的物理量

（1）位置矢量：由坐标原点引向质点所在位置的有向线段，简称位矢，它表示了质点在空间中的位置。在三维直角坐标系中，它的矢量表达式为

$$\boldsymbol{r} = x\boldsymbol{i} + y\boldsymbol{j} + z\boldsymbol{k}$$

其大小为

$$|\boldsymbol{r}| = \sqrt{x^2 + y^2 + z^2}$$

其方向可由它与 x、y、z 三个坐标轴所夹的三个角 α、β、γ 的余弦来表示：

$$\cos \alpha = \frac{x}{|\boldsymbol{r}|}, \cos \beta = \frac{y}{|\boldsymbol{r}|}, \cos \gamma = \frac{z}{|\boldsymbol{r}|}$$

（2）位移矢量：由运动起点 A 指向运动终点 B 的有向线段，它表示了质点在给定时间内位置的总变化。

在二维直角坐标系中，位移矢量可表示为

$$\Delta \boldsymbol{r} = \boldsymbol{r}_B - \boldsymbol{r}_A = (x_B - x_A)\boldsymbol{i} + (y_B - y_A)\boldsymbol{j} = \Delta x \boldsymbol{i} + \Delta y \boldsymbol{j}$$

其大小为

$$|\Delta \boldsymbol{r}| = \sqrt{(x_B - x_A)^2 + (y_B - y_A)^2} = \sqrt{(\Delta x)^2 + (\Delta y)^2}$$

方向为

$$\tan \alpha = \frac{y_B - y_A}{x_B - x_A} = \frac{\Delta y}{\Delta x}$$

式中 α 为位移矢量与 x 轴正方向所夹的角，应按逆时针算起。

（3）速度矢量：$\boldsymbol{v} = \dfrac{\mathrm{d}\boldsymbol{r}}{\mathrm{d}t}$，即位置矢量对时间的一阶导数。在直线运动中，$v = \dfrac{\mathrm{d}x}{\mathrm{d}t}$。

在二维直角坐标系中，速度可表示为

$$\boldsymbol{v} = \frac{\mathrm{d}x}{\mathrm{d}t}\boldsymbol{i} + \frac{\mathrm{d}y}{\mathrm{d}t}\boldsymbol{j}$$

式中 $\dfrac{\mathrm{d}x}{\mathrm{d}t} = v_x$，$\dfrac{\mathrm{d}y}{\mathrm{d}t} = v_y$；速度大小为

$$|\boldsymbol{v}| = \sqrt{v_x^2 + v_y^2}$$

速度矢量表示了质点位置变动的快慢和方向。

（4）加速度矢量：速度矢量对时间的一阶导数，或位置矢量对时间的二阶导数，即

$$\boldsymbol{a} = \frac{\mathrm{d}\boldsymbol{v}}{\mathrm{d}t} = \frac{\mathrm{d}^2 \boldsymbol{r}}{\mathrm{d}t^2}$$

在二维直角坐标系中，$\boldsymbol{a} = \dfrac{\mathrm{d}v_x}{\mathrm{d}t}\boldsymbol{i} + \dfrac{\mathrm{d}v_y}{\mathrm{d}t}\boldsymbol{j}$ 或 $\boldsymbol{a} = \dfrac{\mathrm{d}^2 x}{\mathrm{d}t^2}\boldsymbol{i} + \dfrac{\mathrm{d}^2 y}{\mathrm{d}t^2}\boldsymbol{j}$，其中 $\dfrac{\mathrm{d}v_x}{\mathrm{d}t} = a_x$，$\dfrac{\mathrm{d}v_y}{\mathrm{d}t} = a_y$，$\dfrac{\mathrm{d}^2 x}{\mathrm{d}t^2} = a_x$，$\dfrac{\mathrm{d}^2 y}{\mathrm{d}t^2} = a_y$。

加速度大小和方向可分别表示为

$$a = \sqrt{a_x^2 + a_y^2}, \quad \alpha = \arctan \frac{a_y}{a_x}$$

在自然坐标系中，加速度可表示为

$$\boldsymbol{a} = a_n \boldsymbol{e}_n + a_t \boldsymbol{e}_t$$

式中 $a_n = \dfrac{v^2}{\rho}$，$a_t = \dfrac{\mathrm{d}v}{\mathrm{d}t}$ 。

加速度的物理意义是：它表示了质点速度变化的快慢与方向，或者说，法向加速度大小 $a_n = \dfrac{v^2}{\rho}$，表示了质点运动方向变化的快慢程度，而切向加速度大小 $a_t = \dfrac{\mathrm{d}v}{\mathrm{d}t}$，则表示了质点速度大小变化的快慢程度。在这里要特别注意的是，加速度 $\boldsymbol{a} = \dfrac{\mathrm{d}\boldsymbol{v}}{\mathrm{d}t}$，即加速度矢量等于速度矢量对时间的一阶导数，而作为加速度 $\boldsymbol{a}$ 的一部分的 $a_t = \dfrac{\mathrm{d}v}{\mathrm{d}t}$，即切向加速度大小等于速度大小对时间的一阶导数。还要注意的是，在一般情况下，$|\boldsymbol{a}| = \left|\dfrac{\mathrm{d}\boldsymbol{v}}{\mathrm{d}t}\right| \neq \dfrac{\mathrm{d}v}{\mathrm{d}t}$。

2. 运动方程与轨道方程

（1）运动方程：质点的位置随时间变化的关系。它的矢量表达式为

$$\boldsymbol{r} = \boldsymbol{r}(t)$$

分量表达式为

$$x = x(t), \quad y = y(t)$$

上式也可称为参量方程，时间 t 为参量。

（2）轨道方程：从运动方程中消去参量 t 而得到的两个坐标间的关系式，即 $y = f(x)$ 或 $f(x, y) = 0$。

3. 运动学两类基本问题

第一类问题：已知运动方程求速度、加速度等。此类问题的基本解法是根据各量定义求导数。

第二类问题：已知速度函数（或加速度函数）及初始条件求运动方程。此类问题的基本解法是根据各量之间的关系求积分。

4. 圆周运动的线量和角量描述（见下表）

线量	角量	线量与角量的关系
位置 s	角位置 θ	$s = R\theta$
路程 Δs	角位移 $\Delta \theta = \theta(t + \Delta t) - \theta(t)$	$\Delta s = R\Delta \theta$

线量	角量	线量与角量的关系
速度 $v = v\boldsymbol{e}_t = \dfrac{\mathrm{d}s}{\mathrm{d}t}\boldsymbol{e}_t$	角速度 $\omega = \dfrac{\mathrm{d}\theta}{\mathrm{d}t}$	$v = R\omega$
加速度 $a_t = \dfrac{\mathrm{d}v}{\mathrm{d}t} = \dfrac{\mathrm{d}^2 s}{\mathrm{d}t^2}$ $a_n = \dfrac{v^2}{R}$	角加速度 $\alpha = \dfrac{\mathrm{d}\omega}{\mathrm{d}t} = \dfrac{\mathrm{d}^2\theta}{\mathrm{d}t^2}$	$a_t = R\alpha$ $a_n = R\omega^2$

5. 相对运动

质点相对于运动参考系的运动称为相对运动。

解决相对运动的问题，需要将运动参考系与静止参考系之间的相关参量进行变换。

对于位矢，有

$$\boldsymbol{r}_{绝对} = \boldsymbol{r}_{相对} + \boldsymbol{r}_{牵连}$$

对于速度，有

$$\boldsymbol{v}_{绝对} = \boldsymbol{v}_{相对} + \boldsymbol{v}_{牵连}$$

对于加速度，有

$$\boldsymbol{a}_{绝对} = \boldsymbol{a}_{相对} + \boldsymbol{a}_{牵连}$$

习　　题

题 1-1　一质点在 Oxy 平面上运动，运动方程为 $x = 3t$，$y = t^2$。式中 t 以 s 为单位，x、y 以 m 为单位。（1）以时间 t 为变量，写出质点位置矢量的表达式；（2）求出质点在 $t = 1\,\mathrm{s}$ 时刻和 $t = 2\,\mathrm{s}$ 时刻之间的位移；（3）计算 $t = 0$ 到 $t = 4\,\mathrm{s}$ 内质点的平均速度；（4）求出质点速度矢量的表达式；（5）计算 $t = 0$ 到 $t = 4\,\mathrm{s}$ 内质点的平均加速度；（6）求出质点加速度矢量的表达式。

分析： 应当给出任意时刻的速度或加速度矢量形式的一般表达式，然后再代入具体时刻来解出某一时刻的具体数值。要注意区分概念，如位移和位移的大小、速度和速度的大小。

解：（1）$\boldsymbol{r} = 3t\boldsymbol{i} + t^2\boldsymbol{j}$ （SI 单位）

（2）将 $t = 1\,\mathrm{s}$，$t = 2\,\mathrm{s}$ 代入上式即有

$$\boldsymbol{r}_1 = (3\boldsymbol{i} + \boldsymbol{j})\,\mathrm{m}$$

$$\boldsymbol{r}_2 = (6\boldsymbol{i} + 4\boldsymbol{j})\ \text{m}$$

$$\Delta \boldsymbol{r} = \boldsymbol{r}_2 - \boldsymbol{r}_1 = (3\boldsymbol{i} + 3\boldsymbol{j})\ \text{m}$$

（3）

$$\boldsymbol{r}_0 = \boldsymbol{0}\ \text{m}$$

$$\boldsymbol{r}_4 = (12\boldsymbol{i} + 16\boldsymbol{j})\ \text{m}$$

$$\bar{\boldsymbol{v}} = \frac{\Delta \boldsymbol{r}}{\Delta t} = \frac{\boldsymbol{r}_4 - \boldsymbol{r}_0}{(4-0)\ \text{s}}$$

$$= \frac{12\boldsymbol{i} + 16\boldsymbol{j}}{4}\ \text{m} \cdot \text{s}^{-1}$$

$$= (3\boldsymbol{i} + 4\boldsymbol{j})\ \text{m} \cdot \text{s}^{-1}$$

（4）

$$\boldsymbol{v} = \frac{\text{d}\boldsymbol{r}}{\text{d}t} = 3\boldsymbol{i} + 2t\boldsymbol{j}\ (\text{SI 单位})$$

（5）

$$\boldsymbol{v}_0 = 3\boldsymbol{i}\ \text{m} \cdot \text{s}^{-1}$$

$$\boldsymbol{v}_4 = (3\boldsymbol{i} + 8\boldsymbol{j})\ \text{m} \cdot \text{s}^{-1}$$

$$\bar{\boldsymbol{a}} = \frac{\Delta \boldsymbol{v}}{\Delta t} = \frac{\boldsymbol{v}_4 - \boldsymbol{v}_0}{4\ \text{s}}$$

$$= 2\boldsymbol{j}\ \text{m} \cdot \text{s}^{-2}$$

（6）

$$\boldsymbol{a} = \frac{\text{d}\boldsymbol{v}}{\text{d}t} = 2\boldsymbol{j}\ \text{m} \cdot \text{s}^{-2}$$

题 1-2　已知一质点沿 x 轴作直线运动，其运动方程为 $x = 1 + 4t - t^2$（SI 单位），求：（1）质点在运动开始后 3 s 内的位移的大小；（2）质点在该时间内所通过的路程。

解：（1）

$$t = 0\ \text{时}, \quad x_0 = 1\ \text{m}$$

$$t = 3\ \text{s 时}, \quad x_3 = 4\ \text{m}$$

则质点在运动开始后 3.0 s 内的位移的大小为

$$|\Delta x| = |x_3 - x_0| = 3\ \text{m}$$

（2）质点作往复运动，应先求出速度为 0 的时刻。

当 $\dfrac{\text{d}x}{\text{d}t} = 4 - 2t = 0$（SI 单位）时，质点改变方向，得到

$$t = 2\ \text{s}$$

则

$$\Delta x_1 = x_2 - x_0 = 4\ \text{m}$$

$$\Delta x_2 = x_3 - x_2 = -1 \text{ m}$$

所以，质点在该时间内所通过的路程为

$$s = \left| \Delta x_1 \right| + \left| \Delta x_2 \right| = 5 \text{ m}$$

题 1-3　在离水面高为 h 的岸上，有人用绳拉船靠岸，如图所示。当人以匀速率 v_0 收绳时，试求船运动的速度的大小和加速度的大小。

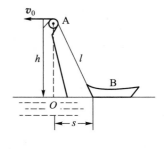

题 1-3 图

分析：本题借助运动模型的约束条件，即 $l^2 = h^2 + s^2$ 来帮助求解问题。显然，在 h 保持不变的情况下，l、s 的微分之间存在必然联系。借助 l、s 随时间的变化即可求解出问题的答案。通过本题，可以看出应用微分方程解决问题具有较大的灵活性。

解：设 t 时刻人到船之间绳的长度为 l，由图可知

$$l^2 = h^2 + s^2$$

将上式对时间 t 求导，得

$$2l \frac{\mathrm{d}l}{\mathrm{d}t} = 2s \frac{\mathrm{d}s}{\mathrm{d}t}$$

根据速度的定义，有

$$v_{\text{绳}} = \frac{\mathrm{d}l}{\mathrm{d}t} = v_0$$

$$v_{\text{船}} = \frac{\mathrm{d}s}{\mathrm{d}t}$$

即

$$v_{\text{船}} = \frac{\mathrm{d}s}{\mathrm{d}t} = \frac{l}{s} \frac{\mathrm{d}l}{\mathrm{d}t} = \frac{l}{s} v_0 = \frac{\left(h^2 + s^2 \right)^{1/2} v_0}{s}$$

将 $v_{\text{船}}$ 再对 t 求导，则船的加速度为

$$a_{\text{船}} = \frac{\mathrm{d}v_{\text{船}}}{\mathrm{d}t} = \frac{s \dfrac{\mathrm{d}l}{\mathrm{d}t} - l \dfrac{\mathrm{d}s}{\mathrm{d}t}}{s^2} v_0$$

$$= \frac{v_0 s - l v_{\text{船}}}{s^2} v_0$$

$$= \frac{\left(s - \dfrac{l^2}{s}\right)v_0^2}{s^2}$$

$$= -\frac{h^2 v_0^2}{s^3}$$

结果中的负号表示加速度的方向与坐标轴的正方向相反。

题 1-4 一质点沿 x 轴运动，其加速度和位置的关系为 $a = 6x^2$，式中 a 的单位为 $m \cdot s^{-2}$，x 的单位为 m。质点在 $x = 0$ 处时，速度为 $10\ m \cdot s^{-1}$，试求质点在任意坐标处的速度。

分析：在本题中，加速度 a 与时间的函数关系并未给出，显然用公式 $\int a\mathrm{d}t = \int \mathrm{d}v$ 无法求解；但在其微分式 $a\mathrm{d}t = \mathrm{d}v$ 中却可以灵活处理。可以利用关系式 $v = \dfrac{\mathrm{d}x}{\mathrm{d}t}$ 将时间 t 消掉，从而找到 v 与 x 的关系。这样的处理方法是根据已知条件和所求解的问题进行灵活调整的常用方法。

解：

$$a = \frac{\mathrm{d}v}{\mathrm{d}t} = \frac{\mathrm{d}v}{\mathrm{d}x}\frac{\mathrm{d}x}{\mathrm{d}t} = v\frac{\mathrm{d}v}{\mathrm{d}x}$$

分离变量得

$$v\mathrm{d}v = a\mathrm{d}x = 6x^2\mathrm{d}x$$

两边积分，有

$$\int_{10}^{v} v\mathrm{d}v = \int_{0}^{x} 6x^2\mathrm{d}x$$

得

$$\frac{1}{2}\left(v^2 - 10^2\right) = 2x^3$$

则

$$v = 2\sqrt{x^3 + 25}$$

本题所有解答步骤均采用 SI 单位。

题 1-5 已知一质点作直线运动，其加速度为 $a = 4 + 2t$（SI 单位），开始运动时，$x = 5\ m$，$v = 0$，求：（1）质点在 t 时刻的速度；（2）质点在 t 时刻的位置。

解：（1）
$$a = \frac{\mathrm{d}v}{\mathrm{d}t} = 4 + 2t$$

从而有

$$\mathrm{d}v = (4 + 2t)\,\mathrm{d}t$$

两边积分，有

$$\int_0^v \mathrm{d}v = \int_0^t \left(4 + 2t\right)\mathrm{d}t$$

从而求出质点在 t 时刻的速度为

$$v = 4t + t^2$$

（2）由

$$v = \frac{\mathrm{d}x}{\mathrm{d}t} = 4t + t^2$$

有

$$\mathrm{d}x = (4t + t^2)\,\mathrm{d}t$$

两边积分，有

$$\int_5^x \mathrm{d}x = \int_0^t \left(4t + t^2\right)\mathrm{d}t$$

得

$$x = 2t^2 + \frac{1}{3}t^3 + 5$$

本题所有解答步骤均采用 SI 单位。

题 1-6 一质点自原点开始沿抛物线 $y = \frac{1}{2}x^2$ 运动，它在 x 轴上的分速度为一常量，其值为 $v_x = 4.0\ \mathrm{m \cdot s^{-1}}$，求质点在 $x = 2.0\ \mathrm{m}$ 处的速度和加速度。

分析： 可以先求出质点沿 x 轴的运动方程，然后通过轨道方程求出质点沿 y 轴的运动方程。

解： 根据 $v_x = \frac{\mathrm{d}x}{\mathrm{d}t} = 4\ \mathrm{m \cdot s^{-1}}$，有

$$\int_0^x \mathrm{d}x = \int_0^t 4\mathrm{d}t$$

因此，有

$$x = 4t$$

又 $y = \frac{1}{2}x^2$，所以有

$$y = 8t^2$$

于是有

$$r = 4ti + 8t^2j$$

则质点的速度为

$$v = \frac{\mathrm{d}r}{\mathrm{d}t} = 4i + 16tj$$

质点的加速度为

$$a = \frac{\mathrm{d}v}{\mathrm{d}t} = 16j \ \mathrm{m \cdot s^{-2}}$$

根据 $x = 2.0$ m 时，$t = 0.5$ s，可得

$$v = (4i + 8j) \ \mathrm{m \cdot s^{-1}}$$

$$a = 16j \ \mathrm{m \cdot s^{-2}}$$

本题所有解答步骤均采用 SI 单位。

题 1-7 一质点在 Oxy 平面内运动，其运动方程为 $r = 2ti - 2t^2j$（SI 单位）。求：（1）质点的轨道方程；（2）质点在 $t_1 = 1$ s 到 $t_2 = 2$ s 时间内的平均速度；（3）质点在 $t_1 = 1$ s 时的速度；（4）质点在 $t_1 = 1$ s 时的切向和法向加速度的大小。

分析：加速度是速度对时间的一阶导数，而切向加速度大小是速率（速度的大小）对时间的一阶导数（在自然坐标系下）。

解：（1）由题知 $x = 2t$，$y = -2t^2$，消去 t 得质点的轨道方程：

$$y = -\frac{1}{2}x^2$$

（2）当 $t = 1$ s 时，$r_1 = (2i - 2j)$ m；当 $t = 2$ s 时，$r_2 = (4i - 8j)$ m。质点的位移为

$$\Delta r = r_2 - r_1 = (2i - 6j) \ \mathrm{m}$$

则质点的平均速度为

$$\bar{v} = \frac{\Delta r}{\Delta t} = \frac{r_2 - r_1}{(2-1) \ \mathrm{s}}$$
$$= (2i - 6j) \ \mathrm{m \cdot s^{-1}}$$

（3）根据 $r = 2ti - 2t^2j$，可得

$$v = \frac{\mathrm{d}r}{\mathrm{d}t} = 2i - 4tj$$

当 $t = 1$ s 时，质点的速度为

$$v = \frac{\mathrm{d}r}{\mathrm{d}t} = (2i - 4j) \ \mathrm{m \cdot s^{-1}}$$

（4）质点的加速度为

$$a = \frac{\mathrm{d}v}{\mathrm{d}t} = -4j \ \mathrm{m \cdot s^{-2}}$$

加速度大小为

$$a = 4 \ \mathrm{m \cdot s^{-2}}$$

此外，根据

$$v = \sqrt{v_x^2 + v_y^2} = \sqrt{4 + 16t^2}$$

可得质点的切向加速度大小为

$$a_{\mathrm{t}} = \frac{\mathrm{d}v}{\mathrm{d}t} = \frac{16t}{\sqrt{4 + 16t^2}}$$

法向加速度大小为

$$a_{\mathrm{n}} = \sqrt{a^2 - a_{\mathrm{t}}^2} = \frac{4}{\sqrt{1 + 4t^2}}$$

于是当 $t = 1$ s 时，有

$$a_{\mathrm{t}} \approx 3.58 \ \mathrm{m \cdot s^{-2}}, \quad a_{\mathrm{n}} \approx 1.79 \ \mathrm{m \cdot s^{-2}}$$

本题所有解答步骤均采用 SI 单位。

题 1-8　一质点具有恒定加速度 $a = (6i + 4j) \ \mathrm{m \cdot s^{-2}}$，在 $t = 0$ 时，其速度为零，位置矢量 $r_0 = 10i$ m。求：（1）质点在任意时刻的速度和位置矢量；（2）质点在 Oxy 平面上的轨道方程。

解：（1）根据 $a = \dfrac{\mathrm{d}v}{\mathrm{d}t}$，有

$$\int_0^v \mathrm{d}v = \int_0^t a \mathrm{d}t = \int_0^t (6i + 4j) \mathrm{d}t$$

则

$$v = 6ti + 4tj$$

根据 $v = \dfrac{\mathrm{d}r}{\mathrm{d}t}$，有

$$\int_{r_0}^r \mathrm{d}r = \int_0^t v \mathrm{d}t$$
$$= \int_0^t (6ti + 4tj) \mathrm{d}t$$
$$= 3t^2 i + 2t^2 j$$

则

$$r = (3t^2 + 10)i + 2t^2 j$$

（2）由 $r = (3t^2 + 10)\boldsymbol{i} + 2t^2\boldsymbol{j}$，得

$$x = 3t^2 + 10$$
$$y = 2t^2$$

则质点的轨道方程为

$$3y = 2x - 20$$

本题所有解答步骤均采用 SI 单位。

题 1-9 一质点沿半径 R 为 1 m 的圆周运动，运动方程为 $\theta = 2 + 3t^3$，式中 θ 以 rad 计，t 以 s 计。（1）求 t 时刻，质点的切向和法向加速度的大小；（2）当加速度的方向和半径成 $45°$ 角时，质点的角位移是多少？

解： $\omega = \dfrac{\mathrm{d}\theta}{\mathrm{d}t} = 9t^2$，$\alpha = \dfrac{\mathrm{d}\omega}{\mathrm{d}t} = 18t$

（1）t 时刻，质点的切向加速度大小为

$$a_t = R\alpha = 18t$$

法向加速度大小为

$$a_n = R\omega^2 = 81t^4$$

（2）当加速度方向与半径成 $45°$ 角时，有

$$\tan 45° = \frac{a_t}{a_n} = 1$$

即

$$R\omega^2 = R\alpha$$

于是有

$$(9t^2)^2 = 18t$$

解得

$$t^3 = \frac{2}{9}$$

因此质点的角位移为

$$\theta = (2 + 3t^3) - 2 \approx 0.67 \text{ rad}$$

本题所有解答步骤均采用 SI 单位。

题 1-10 一质点沿半径为 R 的圆周按 $s = v_0 t - \dfrac{1}{2}bt^2$ 的规律运动，式中 s 为质

点离圆周上某一点的弧长，v_0、b 都是常量。（1）求 t 时刻质点的加速度大小以及加速度与半径之间的夹角；（2）问 t 为何值时，加速度在数值上等于 b？

解：（1）根据 $v = \dfrac{\mathrm{d}s}{\mathrm{d}t} = v_0 - bt$，有

$$a_t = \frac{\mathrm{d}v}{\mathrm{d}t} = -b$$

$$a_n = \frac{v^2}{R} = \frac{(v_0 - bt)^2}{R}$$

则加速度大小为

$$a = \sqrt{a_t^2 + a_n^2} = \sqrt{b^2 + \frac{(v_0 - bt)^4}{R^2}}$$

加速度与半径的夹角为

$$\varphi = \arctan \frac{a_t}{a_n} = \frac{-Rb}{(v_0 - bt)^2}$$

（2）由题意有

$$a = b = \sqrt{b^2 + \frac{(v_0 - bt)^4}{R^2}}$$

即

$$b^2 = b^2 + \frac{(v_0 - bt)^4}{R^2}$$

$$(v_0 - bt)^4 = 0$$

因此，当 $t = \dfrac{v_0}{b}$ 时，$a = b$。

题 1-11 以初速度 v_0 抛出一小球，抛出方向与水平面成 α 角，求：（1）小球运动轨道最高点的曲率半径 ρ_1；（2）小球运动轨道落地处的曲率半径 ρ_2。

解： 设小球运动的抛物线轨道如图所示。

（1）在最高点，$v_1 = v_0 \cos \alpha$，且

$$a_{n1} = g$$

又 $a_{n1} = \dfrac{v_1^2}{\rho_1}$，于是有

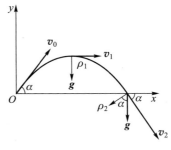

题 1-11 图

$$\rho_1 = \frac{v_1^2}{a_{n1}} = \frac{(v_0 \cos \alpha)^2}{g}$$

（2）在落地点，有

$$v_2 = v_0$$

而 $a_{n2} = g\cos \alpha$，所以有

$$\rho_2 = \frac{v_2^2}{a_{n2}} = \frac{v_0^2}{g \cos \alpha}$$

题 1-12 一船以速率 $v_1 = 30 \ \text{km} \cdot \text{h}^{-1}$ 沿直线向东行驶，另一小艇在其前方以速率 $v_2 = 40 \ \text{km} \cdot \text{h}^{-1}$ 沿直线向北行驶，问：（1）在船上看小艇的速度为何？（2）在小艇上看船的速度又为何？

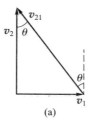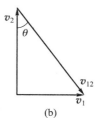

题 1-12 图

解：（1）在船上看小艇，有

$$\boldsymbol{v}_{21} = \boldsymbol{v}_2 - \boldsymbol{v}_1$$

依题意作速度矢量图，如图（a）所示，由图可知

$$v_{21} = \sqrt{v_1^2 + v_2^2} = 50 \ \text{km} \cdot \text{h}^{-1}$$

$$\theta = \arctan \frac{v_1}{v_2} = \arctan \frac{3}{4} \approx 36.87°$$

方向为北偏西 36.87°。

（2）在小艇上看船，有

$$\boldsymbol{v}_{12} = \boldsymbol{v}_1 - \boldsymbol{v}_2$$

依题意作出速度矢量图，如图（b）所示，同上法，得

$$v_{12} = 50 \ \text{km} \cdot \text{h}^{-1}$$

方向为南偏东 36.87°。

题 1-13 已知一质点位矢随时间变化的函数形式为

$$\boldsymbol{r} = R(\cos \omega t \boldsymbol{i} + \sin \omega t \boldsymbol{j})$$

式中 ω 为常量。求：（1）质点的轨道方程；（2）质点的速度和速率。

解：（1）由 $\boldsymbol{r} = R(\cos \omega t \boldsymbol{i} + \sin \omega t \boldsymbol{j})$ 知

$$x = R\cos \omega t$$
$$y = R\sin \omega t$$

消去 t 可得质点的轨道方程：

$$x^2 + y^2 = R^2$$

（2）根据

$$\boldsymbol{v} = \frac{\mathrm{d}\boldsymbol{r}}{\mathrm{d}t} = -\omega R\sin \omega t \boldsymbol{i} + \omega R\cos \omega t \boldsymbol{j}$$

可知质点的速率为

$$v = \left[\left(-\omega R\sin \omega t\right)^2 + \left(\omega R\cos \omega t\right)^2\right]^{1/2} = \omega R$$

题 1-14 已知一质点位置矢量随时间变化的函数形式为 $\boldsymbol{r} = 4t^2\boldsymbol{i} + (3 + 2t)\boldsymbol{j}$，式中 $\boldsymbol{r}$ 的单位为 m，t 的单位为 s。求：（1）质点的轨道方程；（2）质点从 $t = 0$ 到 $t = 1$ s 的位移。

解：（1）由 $\boldsymbol{r} = 4t^2\boldsymbol{i} + (3 + 2t)\boldsymbol{j}$，可知

$$x = 4t^2$$
$$y = 3 + 2t$$

消去 t 得质点的轨道方程为

$$x = (y-3)^2$$

（2）根据 $\boldsymbol{v} = \dfrac{\mathrm{d}\boldsymbol{r}}{\mathrm{d}t} = 8t\boldsymbol{i} + 2\boldsymbol{j}$，可得

$$\Delta \boldsymbol{r} = \int_0^1 \boldsymbol{v}\mathrm{d}t = \int_0^1 \left(8t\boldsymbol{i} + 2\boldsymbol{j}\right)\mathrm{d}t = \left(4\boldsymbol{i} + 2\boldsymbol{j}\right) \text{ m}$$

本题所有解答步骤均采用 SI 单位。

题 1-15 已知一质点位矢随时间变化的函数形式为 $\boldsymbol{r} = t^2\boldsymbol{i} + 2t\boldsymbol{j}$，式中 $\boldsymbol{r}$ 的单位为 m，t 的单位为 s。求：（1）质点在任一时刻的速度和加速度；（2）质点在任一时刻的切向加速度和法向加速度大小。

解：（1）

$$v = \frac{\mathrm{d}r}{\mathrm{d}t} = 2t\boldsymbol{i} + 2\boldsymbol{j}$$

$$\boldsymbol{a} = \frac{\mathrm{d}v}{\mathrm{d}t} = 2\boldsymbol{i} \ \mathrm{m \cdot s^{-2}}$$

（2）

$$v = \sqrt{(2t)^2 + 2^2} = 2\sqrt{t^2 + 1}$$

$$a_{\mathrm{t}} = \frac{\mathrm{d}v}{\mathrm{d}t} = \frac{2t}{\sqrt{t^2 + 1}}$$

$$a_{\mathrm{n}} = \sqrt{a^2 - a_{\mathrm{t}}^2} = \frac{2}{\sqrt{t^2 + 1}}$$

本题所有解答步骤均采用 SI 单位。

题 1-16 一质量为 m 的小球在高度 h 处以初速度 v_0 水平抛出，求：（1）小球的运动方程；（2）小球在落地之前的轨道方程；（3）落地前瞬时小球的速度、速率、切向加速度大小。

解：（1）

$$x = v_0 t$$

$$y = h - \frac{1}{2} g t^2$$

因此有

$$\boldsymbol{r}(t) = v_0 t \boldsymbol{i} + \left(h - \frac{1}{2} g t^2 \right) \boldsymbol{j}$$

（2）根据（1）消去参量 t 得

$$y = h - \frac{g x^2}{2 v_0^2}$$

（3）

$$v = \frac{\mathrm{d}r}{\mathrm{d}t} = v_0 \boldsymbol{i} - g t \boldsymbol{j}$$

落地所用时间为

$$t = \sqrt{\frac{2h}{g}}$$

所以小球落地前的瞬时速度为

$$v = \frac{\mathrm{d}r}{\mathrm{d}t} = v_0 \boldsymbol{i} - \sqrt{2gh} \, \boldsymbol{j}$$

小球落地前的瞬时加速度为

$$\boldsymbol{a} = \frac{\mathrm{d}v}{\mathrm{d}t} = -g \boldsymbol{j}$$

小球落地前的瞬时速率为

$$v = \sqrt{v_x^2 + v_y^2} = \sqrt{v_0^2 + 2gh}$$

小球落地前的瞬时切向加速度大小为

$$a_t = \frac{\mathrm{d}v}{\mathrm{d}t} = \frac{g\sqrt{2gh}}{\left(v_0^2 + 2gh\right)^{1/2}}$$

题 1-17 一路灯距地面的高度为 H，一身高为 h 的人在路灯下以匀速率 v_0 沿直线行走，求 t 时刻人影的速率。

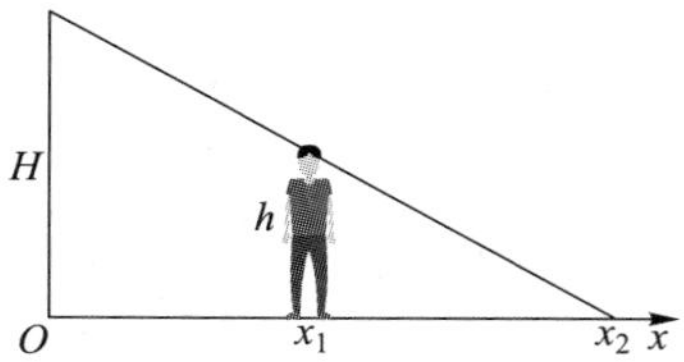

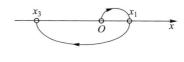

题 1-17 图

证明： 设人从 O 点开始行走，t 时刻人影中足的坐标为 x_1，人影中头的坐标为 x_2，如图所示。由几何关系可得

$$\frac{x_2}{x_2 - x_1} = \frac{H}{h}$$

而 $x_1 = v_0 t$，所以人影中头的运动方程为

$$x_2 = \frac{Hx_1}{H - h} = \frac{Ht}{H - h}v_0$$

人影中头的速率为

$$v = \frac{\mathrm{d}x_2}{\mathrm{d}t} = \frac{H}{H - h}v_0$$

题 1-18 一质点沿直线运动，其运动方程为 $x = 2t - t^2$(SI 单位)，求在 $t=0$ 到 $t=3$ s 的时间间隔内：（1）质点的位移；（2）质点的路程。

题 1-18 图

解：（1）质点的位移为

$$\Delta x = x_3 - x_0 = (2 \times 3 - 3^2) \text{ m} - 0 \text{ m} = -3 \text{ m}$$

（2）

$$v = \frac{\mathrm{d}x}{\mathrm{d}t} = 2 - 2t \text{ (SI 单位)}$$

当 $v = 0$ 时，解得 $t = 1$ s。因此有

$$x_1 = (2 \times 1 - 1^2) \text{ m} = 1 \text{ m}$$
$$x_3 = (2 \times 3 - 3^2) \text{ m} = -3 \text{ m}$$

由图可知，质点的路程为

$$\Delta s = 2x_1 + |x_3| = 5 \text{ m}$$

题 1-19 一弹性小球竖直落在一斜面上，下落高度为 h，斜面对水平面的倾角为 θ，问小球第二次碰到斜面的位置距原来的下落点有多远？（假设小球碰斜面前后速度大小相等，碰撞时入射角等于反射角。）

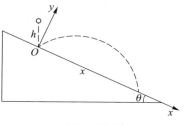

题 1-19 图

解：小球第一次落在斜面上时的速度大小为

$$v_0 = \sqrt{2gh}$$

建立直角坐标系，以小球第一次落在斜面上的点为坐标原点，如图所示。

$$v_{x0} = v_0 \sin\theta$$

$$x = (v_0 \sin\theta)\, t + \frac{1}{2}(g\sin\theta) t^2$$

$$v_{y0} = v_0 \cos\theta$$

$$y = (v_0 \cos\theta)\, t - \frac{1}{2}(g\cos\theta) t^2$$

小球第二次落在斜面上时，$y = 0$ 且 $t = \dfrac{2v_0}{g}$，所以有

$$x = v_0 t \sin\theta + \frac{1}{2} g t^2 \sin\theta = \frac{4v_0^2 \sin\theta}{g}$$

题 1-20 一飞机以 v_0 的速度沿水平直线飞行，在离地面高度为 h 时，飞行员要把物品投到前方某一地面目标上，问：投放物品时，飞行员看目标的视线和竖直线应成什么角度？此时目标距飞机正下方地点有多远？

解：设此时飞机距目标水平距离为 x，有

$$x = v_0 t$$

$$h = \frac{1}{2} g t^2$$

联立方程解得

$$\theta = \arctan\frac{x}{h} = \arctan\sqrt{\frac{2v_0^2}{gh}}$$

$$x = \sqrt{\frac{2h v_0^2}{g}}$$

题 1-21　一物体和一探测气球从同一高度竖直向上运动，物体初速度为 $v_0 = 49.0$ m/s，而气球以速度 $v = 19.6$ m/s 匀速上升，问气球中的观察者在第 2 s 末、第 3 s 末、第 4 s 末测得的物体的速度各是多少?

解：物体在任意时刻的速度表达式为

$$v_y = v_0 - gt$$

故气球中的观察者测得的物体的速度为

$$\Delta v = v_y - v$$

代入时间 t 可以得到第 2 s 末物体的速度为

$$\Delta v = 9.8 \text{ m/s}$$

第 3 s 末物体的速度为

$$\Delta v = 0$$

第 4 s 末物体的速度为

$$\Delta v = -9.8 \text{ m/s}$$

题 1-22　一质点由空中自由落入水中，质点落到水面瞬间的速度为 v_0，如果质点在水中具有加速度 $a = -kv$，k 为正常量，求质点的运动方程。

解：以水面为坐标原点，竖直向下为 x 轴正方向。由于

$$\frac{\mathrm{d}v}{\mathrm{d}t} = -kv$$

所以有

$$\int_{v_0}^{v} \frac{1}{v} \mathrm{d}v = \int_0^t -k\mathrm{d}t$$

则有

$$v = v_0 \mathrm{e}^{-kt}$$

根据

$$\frac{\mathrm{d}x}{\mathrm{d}t} = v_0 \mathrm{e}^{-kt}$$

有

$$\int_0^x \mathrm{d}x = \int_0^t v_0 \mathrm{e}^{-kt} \mathrm{d}t$$

可得

$$x = \frac{v_0}{k}\left(1 - \mathrm{e}^{-kt}\right)$$

题 1-23 一跳水运动员自 10 m 跳台自由下落，入水后因受水的阻碍而减速，设加速度 $a = -kv^2, k = 0.4\ \mathrm{m}^{-1}$。求跳水运动员速度减为入水速度的 10% 时的入水深度。

解： 取水面为坐标原点，竖直向下为 x 轴正方向。跳水运动员入水速度为

$$v_0 = \sqrt{2gh} = 14\ \mathrm{m/s}$$

于是有

$$-kv^2 = \frac{\mathrm{d}v}{\mathrm{d}t} = v\frac{\mathrm{d}v}{\mathrm{d}x}$$

$$\int_{v_0}^{\frac{v_0}{10}} \frac{1}{v}\mathrm{d}v = \int_0^x (-k)\mathrm{d}x$$

解得

$$x = \frac{1}{k}\ln 10 \approx 5.76\ \mathrm{m}$$

题 1-24 一飞行火箭的运动学方程为 $x = ut + u\left(\frac{1}{b} - t\right)\ln(1 - bt)$，式中 b 是与燃料燃烧速率有关的量，u 为燃气相对火箭的喷射速度。求：（1）火箭飞行速度与时间的关系；（2）火箭的加速度。

解：（1）

$$v = \frac{\mathrm{d}x}{\mathrm{d}t} = -u\ln(1 - bt)$$

（2）

$$a = \frac{\mathrm{d}v}{\mathrm{d}t} = \frac{ub}{1 - bt}$$

题 1-25 一质点的运动方程为 $x = R\cos\omega t, y = R\sin\omega t$，$z = \frac{h}{2\pi}\omega t$，式中 R、h、ω 为正的常量。求：（1）质点运动的轨道方程；（2）质点的速度大小；（3）质点的加速度大小。

解：（1）轨道方程为

$$x^2 + y^2 = R^2$$

$$z = \frac{h}{2\pi} \omega t$$

这是一条空间螺旋线。

（2）根据

$$v_x = \frac{\mathrm{d}x}{\mathrm{d}t} = -R\omega \sin \omega t$$

$$v_y = R\omega \cos \omega t$$

$$v_z = \frac{h}{2\pi} \omega$$

得

$$v = \sqrt{v_x^2 + v_y^2 + v_z^2} = \omega \sqrt{R^2 + \frac{h^2}{4\pi^2}}$$

（3）根据

$$a_x = -R\omega^2 \cos \omega t$$

$$a_y = -R\omega^2 \sin \omega t$$

$$a_z = 0$$

得

$$a = \sqrt{a_x^2 + a_y^2} = R\omega^2$$

题 1-26 一半径为 R 的轮子，以匀速度 v_0 沿水平方向向前滚动：（1）证明轮缘上任意点 B 的运动方程为 $x = R(\omega t - \sin \omega t)$，$y = R(1 - \cos \omega t)$，式中 $\omega = v_0/R$ 是轮子滚动的角速度，在 B 与地面接触的瞬间开始计时。此时 B 所在的位置为原点，轮子前进方向为 x 轴正方向；（2）求 B 点速度和加速度的分量表达式。

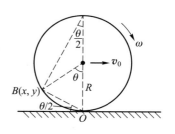

题 1-26 图

解：依题意作图，由图可知

（1）
$$x = v_0 t - 2R \sin \frac{\theta}{2} \cos \frac{\theta}{2}$$

$$= v_0 t - R \sin \theta$$

$$= R(\omega t - \sin \omega t)$$

$$y = 2R \sin \frac{\theta}{2} \sin \frac{\theta}{2}$$

$$= R(1 - \cos \theta) = R(1 - \cos \omega t)$$

（2）
$$\begin{cases} v_x = \dfrac{\mathrm{d}x}{\mathrm{d}t} = R\omega\left(1 - \cos \omega t\right) \\ v_y = \dfrac{\mathrm{d}y}{\mathrm{d}t} = R\omega \sin \omega t \end{cases}$$

$$\begin{cases} a_x = \dfrac{\mathrm{d}v_x}{\mathrm{d}t} = R\omega^2 \sin \omega t \\ a_y = \dfrac{\mathrm{d}v_y}{\mathrm{d}t} = R\omega^2 \cos \omega t \end{cases}$$

题 1-27 当一轮船在雨中行驶时，它的雨篷遮住了篷的竖直投影后 2 m 的甲板，篷高为 4 m，但当轮船停航时，甲板上干湿两部分的分界线却在篷前 3 m 处，如雨滴的速度大小为 8 m·s⁻¹，求轮船的速度。

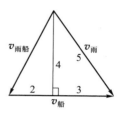

题 1-27 图

解： 依题意作出矢量图，如图所示（图中数字仅代表比例）。因为

$$\boldsymbol{v}_{\text{雨船}} = \boldsymbol{v}_{\text{雨}} - \boldsymbol{v}_{\text{船}}$$

所以

$$\boldsymbol{v}_{\text{雨}} = \boldsymbol{v}_{\text{雨船}} + \boldsymbol{v}_{\text{船}}$$

由图中比例关系可知

$$v_{\text{船}} = v_{\text{雨}} = 8 \text{ m·s}^{-1}$$

题 1-28 地球的自转角速度最大增加到多少倍时，赤道上的物体仍能保持在地球上而不至于离开地球？已知赤道上物体的向心加速度大小为 3.4 cm/s²，赤道上重力加速度大小为 9.8 m/s²。

解： 要使赤道上的物体仍能保持在地球上，必有

$$g = R\omega^2$$

根据已知条件，有

$$\omega' = \sqrt{\dfrac{3.4 \times 10^{-2} \text{ m/s}}{R}}$$

于是有

$$\frac{\omega}{\omega'} = \sqrt{\frac{9.8}{3.4 \times 10^{-2}}} \approx 17$$

题 1-29 将两物体 A 和 B 分别以初速度 v_A 和 v_B 抛掷出去。v_A 与水平面的夹角为 α，v_B 与水平面的夹角为 β，试证明在任何时刻物体 B 相对物体 A 的速度是常矢量。

解： 两个物体在任意时刻的速度为

$$v_A = v_0 \cos \alpha \boldsymbol{i} + (v_0 \sin \alpha - gt) \boldsymbol{j}$$

$$v_B = v_0 \cos \beta \boldsymbol{i} + (v_0 \sin \beta - gt) \boldsymbol{j}$$

于是有

$$\Delta v_{BA} = v_B - v_A$$

$$= (v_0 \cos \beta - v_0 \cos \alpha) \boldsymbol{i} + (v_0 \sin \beta - v_0 \sin \alpha) \boldsymbol{j}$$

此结果与时间无关，故物体 B 相对物体 A 的速度是常矢量。

Chapter 2

第 2 章
质点运动定律与
守恒定律

基本要求

1. 掌握牛顿运动定律的基本内容及其适用条件。

2. 熟练掌握隔离物体法并能分析物体的受力情况，能用微积分方法求解变力作用下的简单质点动力学问题。

3. 理解动量、冲量的概念，掌握动量定理和动量守恒定律。

4. 掌握功的概念，能计算变力的功，理解保守力做功的特点及势能的概念，会计算万有引力、重力和弹性力的势能。

5. 掌握动能定理、功能原理和机械能守恒定律，掌握运用守恒定律分析问题的思想和方法。

6. 了解完全弹性碰撞和完全非弹性碰撞的特点。

内容提要

1. 质点运动定律

（1）牛顿第一定律：当物体不受外力作用时，它将保持静止或匀速直线运动状态，直至有外力改变这种状态为止。

牛顿第一定律指出了任何物体都具有惯性，运动无需外力来维持，力是物体运动状态改变的外因（惯性质量是物体运动状态改变的内因）。

（2）牛顿第二定律：物体的加速度 a 与它所受的合外力 $F_合$ 同方向且大小成正比，与它的质量成反比。

$$F_{合} = ma$$

（3）牛顿第三定律：作用力与反作用力大小相等、方向相反，在同一直线上。

作用力和反作用力是相对而言的，没有主从之分，同时出现，同时消失。

作用力和反作用力分别施于不同物体，对同一物体永远不会抵消。

作用力和反作用力属于同一性质的力。

2. 用质点运动定律解题的基本思路

察明题意、隔离物体、分析受力、列出方程（一般应当先建立坐标系，然后用分量式）、求解、讨论。

3. 质点的动量定理和质点系的动量守恒定律

（1）质点动量定理：质点动量的增量等于它所受合外力的冲量。

$$\int_{t_1}^{t_2} F_{合} \, \mathrm{d}t = mv_2 - mv_1 \Rightarrow I = p_2 - p_1$$

冲量的方向与各瞬间合外力的方向一般不相同，而只与平均合外力的方向一致。只有当合外力（如冲击力）的作用时间极短时，冲量的方向才可能与合外力的方向一致。此时，质点动量定理可表示成

$$\overline{F}_{合} \Delta t = mv_2 - mv_1$$

$$\overline{F}_{合} = \frac{1}{\Delta t} \int_0^{\Delta t} F_{合}(t) \, \mathrm{d}t$$

（2）质点系动量定理、动量守恒定律。

质点系动量定理：质点系动量的增量等于它们所受合外力的冲量之和，即

$$\int_{t_1}^{t_2} \sum F_{i合} \, \mathrm{d}t = \sum_{(2)} m_i v_i - \sum_{(1)} m_i v_i \Rightarrow \sum I_i = p_{C2} - p_{C1}$$

式中 $p_C = (\sum m_i) v_C$ 为质点系质心的动量，$v_C = \sum m_i v_i / \sum m_i$。

动量守恒定律：当质点系所受合外力为零时，质点系的总动量保持不变，即

$$\sum_{i=1}^{n} m_i v_{i1} = \sum_{i=1}^{n} m_i v_{i2} = 常矢量$$

注意：守恒条件只能是 $\sum F_{i外} = 0$，而不能是 $\int_{t_1}^{t_2} (\sum F_{i外}) \mathrm{d}t = 0$，前者表示在 $t_1 \to t_2$ 这段时间内，系统与外界无动量交换，因此在 $t_1 \to t_2$ 这段时间内的任一时刻，系统的总动量 $\sum_{i=1}^{n} m_i v_i$ 都与初始时刻的总动量相同；而后者表示在 $t_1 \to t_2$ 这段时间内，系统与外界动量的交换量为零，它只能保证系统初始时刻与终末时刻的动量相等，不能称之为动量守恒。

4. 质点的动能定理和质点系的机械能守恒定律

（1）功：$A = \int_a^b \boldsymbol{F} \cdot \mathrm{d}\boldsymbol{r}$，即某力的功等于该力与该力方向上位移的点积。

在直角坐标系中

$$A = \int_{x_1}^{x_2} F_x \mathrm{d}x + \int_{y_1}^{y_2} F_y \mathrm{d}y + \int_{z_1}^{z_2} F_z \mathrm{d}z$$

注意：功的定义源于恒力的功 $A = \boldsymbol{F} \cdot \Delta \boldsymbol{r}$，那么对于变力的功，在选取积分元时，必须使积分元内的功视为恒力的功，即 $\mathrm{d}A = \boldsymbol{F} \cdot \mathrm{d}\boldsymbol{r}$。

（2）动能定理：

$$A_{合外} = \frac{1}{2}mv_b^2 - \frac{1}{2}mv_a^2 = E_{kb} - E_{ka}$$

质点的动能定理：

$$\int_a^b \boldsymbol{F} \cdot \mathrm{d}\boldsymbol{r} = \frac{1}{2}mv_b^2 - \frac{1}{2}mv_a^2$$

即质点动能的增量等于合外力对质点做的功。

质点系的动能定理：

$$A_{外} + A_{内保} + A_{内非} = E_{k2} - E_{k1}$$

（3）质点系的功能原理：

$$A_{外} + A_{内非} = E_2 - E_1$$

即系统机械能的增量等于外力所做的功与内部非保守力所做的功之和。

（4）机械能守恒定律：当质点系所受合外力所做的功之和为零以及无内部非保守力做功时，该质点系的机械能不变。

$$\sum E_{ib} - \sum E_{ia} = 0$$

习　　题

题 2-1　如图（a）所示，一细绳跨过一定滑轮，绳的一边悬有一质量为 m_1 的物体，另一边穿在一质量为 m_2 的圆柱体的竖直细孔中，圆柱体可沿绳子滑动。今看到绳子从圆柱体的细孔中加速上升，圆柱体相对于绳以匀加速度 a' 下滑，求 m_1、m_2 相对于地面的加速度、绳的张力及圆柱体与绳子间的摩擦力（绳轻且不可伸长，滑轮的质量及轮与轴间的摩擦力不计）。

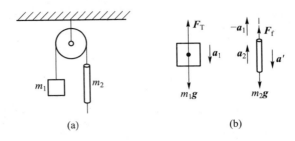

题 2-1 图

解： 因绳不可伸长，故滑轮两边绳子的加速度大小均为 a_1。又知 m_2 对绳子的相对加速度为 $\boldsymbol{a}'$，故 m_2 对地加速度为 ［图（ b ）］

$$a_2 = a' - a_1 \qquad\qquad ①$$

又因绳的质量不计，所以圆柱体受到的摩擦力 $\boldsymbol{F}_\text{f}$ 在数值上等于绳的张力 $\boldsymbol{F}_\text{T}$，由牛顿运动定律，有

$$m_1 g - F_\text{T} = m_1 a_1 \qquad\qquad ②$$

$$m_2 g - F_\text{T} = m_2 a_2 \qquad\qquad ③$$

联立①式、②式、③式，得

$$a_1 = \frac{(m_1 - m_2)g + m_2 a'}{m_1 + m_2}$$

$$a_2 = \frac{m_1 a' - (m_1 - m_2)g}{m_1 + m_2}$$

$$F_\text{f} = F_\text{T} = \frac{m_1 m_2 (2g - a')}{m_1 + m_2}$$

题 2-2 一质量为 m 的质点，在光滑的固定斜面（倾角为 α）上以初速度 $\boldsymbol{v}_0$ 运动，$\boldsymbol{v}_0$ 的方向与斜面底边 AB 平行，如图（ a ）所示，求质点的运动轨道。

解： 物体在斜面上受到重力 $m\boldsymbol{g}$，斜面支持力 $\boldsymbol{F}_\text{N}$ 的作用，如图（ b ）所示。取 $\boldsymbol{v}_0$ 方向为 x 轴，平行斜面与 x 轴垂直方向为 y 轴。

x 方向：

$$F_x = 0, \quad x = v_0 t \qquad\qquad ①$$

y 方向：

$$F_y = mg \sin \alpha = ma_y$$

$t = 0$ 时，有

$$y = 0, \quad v_y = 0$$

$$y = \frac{1}{2}g(\sin\alpha)t^2 \qquad \qquad ②$$

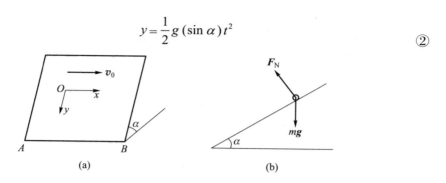

题 2-2 图

由①式、②式消去 t，得

$$y = \frac{1}{2v_0^2}g(\sin\alpha)x^2$$

题 2-3 一质量为 2 kg 的质点在 Oxy 平面内运动并受一恒力作用，该力的分量 $F_x = 4$ N，$F_y = -8$ N。当 $t = 0$ 时，$x = y = 0$，$v_{x0} = -2$ m·s^{-1}，$v_{y0} = 0$。求当 $t = 2$ s 时质点的（1）速度；（2）位置矢量。

解：（1）

$$a_x = \frac{F_x}{m} = \frac{4}{2}\,\text{m·s}^{-2} = 2\,\text{m·s}^{-2} = \frac{\mathrm{d}v_x}{\mathrm{d}t}$$

$$a_y = \frac{F_y}{m} = \frac{-8}{2}\,\text{m·s}^{-2} = -4\,\text{m·s}^{-2} = \frac{\mathrm{d}v_y}{\mathrm{d}t}$$

$$\int_0^t 2\,\mathrm{d}t = \int_{-2}^{v_x}\mathrm{d}v_x$$

$$\int_0^t(-4)\,\mathrm{d}t = \int_0^{v_y}\mathrm{d}v_y$$

$$v_x = -2 + 2t$$

$$v_y = -4t$$

于是质点在 $t = 2$ s 时的速度为

$$v = (2\boldsymbol{i} - 8\boldsymbol{j})\ \text{m·s}^{-1}$$

（2）

$$v_x = -2 + 2t = \frac{\mathrm{d}x}{\mathrm{d}t}$$

$$v_y = -4t = \frac{\mathrm{d}y}{\mathrm{d}t}$$

$$\int_0^t(-2 + 2t)\,\mathrm{d}t = \int_0^x\mathrm{d}x$$

$$\int_0^t(-4t)\,\mathrm{d}t = \int_0^y\mathrm{d}y$$

$$\boldsymbol{r} = (-2t + t^2)\boldsymbol{i} - 2t^2\boldsymbol{j}$$

$$= -8\boldsymbol{j}\ \text{m}$$

本题所有解答步骤均采用 SI 单位。

题 2-4 一个质量为 m 的铁球（可以看作质点）竖直落在水中，铁球在水中受到的合力为阻力，阻力的大小正比于速度大小，其比例系数为 k（$k > 0$）。以铁球与水面接触的瞬间为计时起点，此时铁球的速度大小为 v_0，求：（1）铁球在 t 时刻的速度大小；（2）铁球在由 0 到 t 的时间内经过的距离；（3）铁球在停止运动前经过的距离。

解：（1）

$$a = \frac{-kv}{m} = \frac{\mathrm{d}v}{\mathrm{d}t}$$

$$\frac{\mathrm{d}v}{v} = \frac{-k\mathrm{d}t}{m}$$

即

$$\int_{v_0}^{v} \frac{\mathrm{d}v}{v} = \int_{0}^{t} \frac{(-k)\mathrm{d}t}{m}$$

$$\ln \frac{v}{v_0} = -\frac{kt}{m}$$

则

$$v = v_0 \mathrm{e}^{-\frac{k}{m}t}$$

（2）
$$\Delta x = \int \mathrm{d}x = \int v \mathrm{d}t = \int_{0}^{t} v_0 \mathrm{e}^{-\frac{k}{m}t} \mathrm{d}t = \frac{mv_0}{k}\left(1 - \mathrm{e}^{-\frac{k}{m}t}\right)$$

（3）铁球停止运动时速度为零，即 $t \to \infty$ 时，有

$$\Delta x' = \int_{0}^{\infty} v_0 \mathrm{e}^{-\frac{k}{m}t} \mathrm{d}t = \frac{mv_0}{k}$$

题 2-5 如图（a）所示，一升降机内有两个物体，质量分别为 m_1、m_2，且 $m_2 = 2m_1$，用细绳连接，跨过滑轮。绳不可伸长，滑轮质量及一切摩擦都忽略不计，当升降机以加速度 $a = \frac{1}{2}g$ 上升时，（1）求 m_1 和 m_2 相对升降机的加速度大小；（2）问在地面上观察 m_1、m_2 的加速度各为多少？

解： 分别取 m_1 和 m_2 为研究对象，其受力图如图（b）所示。为简便计，图中字母均代表量值。

（1）设 m_2 相对滑轮（即升降机）的加速度大小为 a'，则 m_2 对地加速度 $a_2 = a' - a$；因绳不可伸长，故 m_1 对滑轮的加速度大小亦为 a'，又 m_1 在水平方向上没有受牵连运动的影响，所以 m_1 在水平方向对地的加速度大小亦为 a'，由牛顿运动定律，有

$$m_2 g - F_\mathrm{T} = m_2 (a' - a)$$

$$F_\mathrm{T} = m_1 a'$$

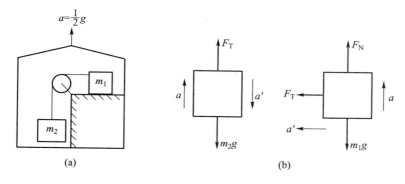

题 2-5 图

解得

$$a' = g$$

（2）m_2 对地加速度为

$$a_2 = a' - a = \frac{g}{2}$$

方向向下。

m_1 在水平方向有相对加速度，在竖直方向有牵连加速度，故

$$a_1 = \sqrt{a'^2 + a^2} = \sqrt{g^2 + \frac{g^2}{4}} = \frac{\sqrt{5}}{2}g$$

$$\theta = \arctan \frac{a}{a'} = \arctan \frac{1}{2} \approx 26.6°$$

方向为左偏上 26.6°。

题 2-6 一质量为 m 的小球从某一高度处水平抛出，落在水平桌面上发生弹性碰撞，并在抛出 1 s 后，跳回到原高度，速度仍是水平方向，速度大小也与抛出时相等。求小球与桌面碰撞过程中，桌面给予小球的冲量的大小和方向。并问在碰撞过程中，小球的动量是否守恒？

解： 由题知，小球落地时间为 0.5 s。

因小球作平抛运动，故在小球落地的瞬间，向下的速度大小为

$$v_1 = gt = (0.5 \text{ s}) g$$

小球上跳的速度大小亦为

$$v_2 = (0.5 \text{ s})g$$

设向上为 y 轴正方向，则桌面给予小球的冲量，即小球动量的增量为

$$\Delta \boldsymbol{p} = m\boldsymbol{v}_2 - m\boldsymbol{v}_1$$

其方向竖直向上，大小为

$$|\Delta \boldsymbol{p}| = mv_2 - (-mv_1) = mg$$

在碰撞过程中小球的动量不守恒。这是因为在碰撞过程中，小球受到桌面给予它的冲量作用。另外，碰撞前初动量方向斜向下，碰撞后末动量方向斜向上，这也说明动量不守恒。

题 2-7 作用在质量为 10 kg 的物体上的力为 $\boldsymbol{F} = (10 + 2t)\boldsymbol{i}$，式中 $\boldsymbol{F}$ 的单位是 N，t 的单位是 s。求 4 s 后，物体的动量和速度的变化，以及力给予物体的冲量；为了使力的冲量为 200 N·s，力应在物体上作用多久？试就物体原来静止和物体具有初速度 $-6\boldsymbol{i}$ m·s^{-1} 两种情况，分别回答这两个问题。

解： 若物体原来静止，则

$$\Delta p_1 = \int_0^t F \mathrm{d}t = \int_0^4 (10 + 2t) \mathrm{d}t = 56 \ \mathrm{kg \cdot m \cdot s^{-1}}$$

其方向沿 x 轴正方向。

$$\Delta v_1 = \frac{\Delta p_1}{m} = 5.6 \ \mathrm{m \cdot s^{-1}}$$

其方向沿 x 轴正方向。

$$I_1 = \Delta p_1 = 56 \ \mathrm{kg \cdot m \cdot s^{-1}}$$

其方向沿 x 轴正方向。

若物体原来具有 $-6\boldsymbol{i}$ m·s^{-1} 的初速度，则

$$p_0 = -mv_0$$

$$p = m\left(-v_0 + \int_0^t \frac{F}{m} \mathrm{d}t\right) = -mv_0 + \int_0^t F \mathrm{d}t$$

于是有

$$\Delta p_2 = p - p_0 = \int_0^t F \mathrm{d}t = \Delta p_1$$

同理有

$$\Delta v_2 = \Delta v_1, \ I_2 = I_1$$

这说明，只要力函数不变，作用时间相同，则不管物体有无初动量，也不管初动量有多大，那么物体获得的动量的增量（亦即冲量）就一定相同，这就是动量定理。

同理，两种情况中的作用时间相同，即

$$I = \int_0^t (10 + 2t) \, \mathrm{d}t = 10t + t^2$$

亦即

$$t^2 + 10t - 200 = 0$$

解得

$$t = 10\,\mathrm{s} \quad \left(t' = -20\,\mathrm{s}\text{舍去}\right)$$

本题所有解答步骤均采用 SI 单位。

题 2-8　设 $\boldsymbol{F} = (10\boldsymbol{i} + 6\boldsymbol{j})$ N。当一质点从原点运动到 $\boldsymbol{r} = (3\boldsymbol{i} + 4\boldsymbol{j} + 5\boldsymbol{k})$ m 时，（1）求 $\boldsymbol{F}$ 所做的功；（2）如果质点运动到 $\boldsymbol{r}$ 处需 6 s，试求平均功率；（3）求质点在该时间内动能的变化。

解：（1）由题知，$\boldsymbol{F}$ 为恒力，有

$$\begin{aligned} A &= \boldsymbol{F} \cdot \boldsymbol{r} \\ &= (10\boldsymbol{i} + 6\boldsymbol{j}) \cdot (3\boldsymbol{i} + 4\boldsymbol{j} + 5\boldsymbol{k}) \ \mathrm{J} \\ &= 54 \ \mathrm{J} \end{aligned}$$

（2）　　　　　　　　$$\overline{P} = \frac{A}{\Delta t} = \frac{54}{6} \ \mathrm{W} = 9 \ \mathrm{W}$$

（3）由动能定理，得

$$\Delta E_k = A = 54 \ \mathrm{J}$$

题 2-9　用铁锤将一铁钉击入木板，设木板对铁钉的阻力大小与铁钉进入木板内的深度成正比，在铁锤击打第一次时，将铁钉击入木板内的深度为 a，问击打第二次时铁钉能进入多深？假定铁锤两次打击铁钉时的速度相同。

解： 以木板上界面为坐标原点，向内为 y 轴正方向，如图所示。则铁钉所受阻力为

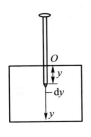

$$F_f = -ky$$

第一锤外力的功为

$$A_1 = \int_s F_f' \mathrm{d}y = \int_s (-F_f) \mathrm{d}y = \int_0^a ky\mathrm{d}y = \frac{k}{2}a^2$$

题 2-9 图

式中 F_f' 是铁锤作用于铁钉上的力，F_f 是木板作用于铁钉上的力，在 $\mathrm{d}t \to 0$ 时，有

$$F_f' = -F_f$$

设第二锤外力的功为 A_2，则有

$$A_2 = \int_a^{y_2} ky\mathrm{d}y = \frac{1}{2}ky_2^2 - \frac{k}{2}a^2$$

由题意，有

$$A_2 = A_1 = \Delta\left(\frac{1}{2}mv^2\right)$$

即

$$\frac{1}{2}ky_2^2 - \frac{k}{2}a^2 = \frac{k}{2}a^2$$

所以

$$y_2 = \sqrt{2}a$$

于是铁钉第二次能进入的深度为

$$\Delta y = y_2 - y_1 = \left(\sqrt{2} - 1\right)a$$

题 2-10 已知一质点（质量为 m）在一保守力场中位矢为 r 点的势能为 $E_p(r) = k/r^n$，试求质点所受保守力的大小和方向。

解：
$$F(r) = -\frac{\mathrm{d}E_p(r)}{\mathrm{d}r} = \frac{nk}{r^{n+1}}$$

其方向与位矢 r 的方向相反，即指向力心。

题 2-11 一根弹性系数为 k_1 的轻弹簧 A 的下端挂一根弹性系数为 k_2 的轻弹簧 B，B 的下端又挂一重物 C，C 的质量为 m，如图（a）所示。求这一系统静止时两弹簧的伸长量之比和弹性势能之比。

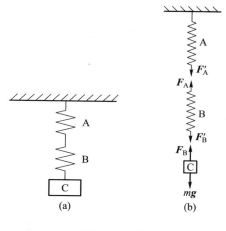

题 2-11 图

解： 如图（b）所示，弹簧 A、B 及重物 C 受力平衡时，有

$$F_A = F_B = mg$$

又有

$$F_A = k_1 \Delta x_1$$

$$F_B = k_2 \Delta x_2$$

所以静止时两弹簧伸长量之比为

$$\frac{\Delta x_1}{\Delta x_2} = \frac{k_2}{k_1}$$

弹性势能之比为

$$\frac{E_{p1}}{E_{p2}} = \frac{\frac{1}{2} k_1 \Delta x_1^2}{\frac{1}{2} k_2 \Delta x_2^2} = \frac{k_2}{k_1}$$

题 2-12 水平桌面、光滑竖直杆、不可伸长的轻绳、轻弹簧、理想滑轮以及质量为 m_1 和 m_2 的滑块组成如图所示装置，弹簧的弹性系数为 k，其自然长度等于水平距离 BC，m_2 与桌面间的摩擦因数为 μ，最初 m_1 静止于 A 点，$AB = BC = h$，绳已拉直，现令滑块 m_1 落下，求它下落到 B 处时的速率。

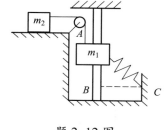

题 2-12 图

解： 取 B 点为重力势能零点，弹簧原长处为弹性势能零点，则由功能原理，有

$$-\mu m_2 gh = \frac{1}{2}(m_1 + m_2)v^2 - \left[m_1 gh + \frac{1}{2}k(\Delta l)^2 \right]$$

式中 Δl 为弹簧在 A 点时比原长的伸长量，则

$$\Delta l = AC - BC = \left(\sqrt{2} - 1\right)h$$

联立上述两式，得

$$v = \sqrt{\frac{2\left(m_1 - \mu m_2\right)gh + kh^2\left(\sqrt{2} - 1\right)^2}{m_1 + m_2}}$$

题 2-13　如图所示，一木块质量为 2 kg，以初速率 $v_0 = 3$ m·s^{-1} 从斜面 A 点处下滑，它与斜面的摩擦力大小为 8 N，到达 B 点后压缩弹簧 20 cm 后停止，然后又被弹回，求弹簧的弹性系数和木块最后能回到的高度。（取 $g = 10$ m/s^2。）

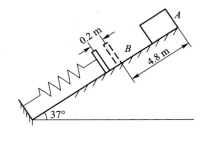

题 2-13 图

解：取木块压缩弹簧至最短处的位置为重力势能零点，弹簧原长处为弹性势能零点。则由功能原理，有

$$-F_f s = \frac{1}{2}kx^2 - \left(\frac{1}{2}mv_0^2 + mgs\sin 37°\right)$$

$$k = \frac{\frac{1}{2}mv_0^2 + mgs\sin 37° - F_f s}{\frac{1}{2}x^2}$$

式中 $s = 4.8$ m $+ 0.2$ m $= 5$ m，$x = 0.2$ m。代入数据，解得

$$k \approx 1\ 459\ \text{N/m}$$

再次运用功能原理，求木块弹回的高度，有

$$-F_f s' = mgs'\sin 37° - \frac{1}{2}kx^2$$

代入数据，得

$$s' \approx 1.46\ \text{m}$$

则木块弹回高度为

$$h' = s'\sin 37° \approx 0.88\ \text{m}$$

题 2-14　一质量为 m_1 的大木块具有半径为 R 的四分之一弧形槽，如图所示。一质量为 m_2 的小木块从弧形槽的顶端滑下，大木块放在光滑水平面上，二者都作无摩擦的运动，而且都从静止开始，求小木块脱离大木块时的速度大小。

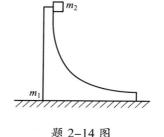

题 2-14 图

解：m_2 下滑的过程中，机械能守恒，以 m_2、m_1、地球为系统，以 m_2 最低点为重力势能零点，则有

$$m_2 gR = \frac{1}{2} m_2 v_2^2 + \frac{1}{2} m_1 v_1^2$$

在下滑过程中，系统动量守恒。以 m_2、m_1 为系统，则在 m_2 脱离 m_1 瞬间，水平方向有

$$m_2 v_2 - m_1 v_1 = 0$$

联立以上两式，得

$$v_2 = \sqrt{\frac{2m_1 gR}{m_2 + m_1}}$$

题 2-15　有一质量为 2 kg 的弹丸，从地面斜抛出去，它的落地点为 x_c。如果它在飞行到最高点处爆炸成质量相等的两碎片，其中一碎片竖直自由下落，另一碎片水平抛出，它们同时落地，问第二块碎片落在何处？

解：本题需要用斜抛的知识和动量守恒定律来解决。

假设斜抛初速度大小为 v_0，与水平方向的夹角为 θ。

水平方向：

$$v_{//} = v_0 \cos \theta$$

$$x_c = (v_0 \cos \theta) t_c$$

竖直方向：

$$v_\perp = v_0 \sin \theta - gt$$

$$y = (v_0 \sin \theta) t - \frac{1}{2} gt^2$$

弹丸在最高点爆炸，竖直方向没有初始动量；其中一碎片竖直自由下落，说明爆炸后的一个碎片没有动量，则另一碎片应该是没有竖直方向的速度，同时水平方向的速度变为原来的两倍（因为它的质量是原来的一半，由动量守恒定律可得），它将继续走过 x_2 的水平位移。

所以有

$$x_2 = (2v_0 \cos\theta) t_2$$

它们同时落地，落地的时间为

$$t_2 = \frac{v_0 \sin\theta}{g} = \frac{1}{2}t_c$$

由于 $x_2 = x_c$，所以它的落地点在 $\frac{3}{2}x_c$ 处。

题 2-16　两个质量分别为 m_1 和 m_2 的木块 A 和 B，用一弹性系数为 k 的轻弹簧连接，放在光滑的水平面上。A 紧靠墙，如图所示。今用力推 B，使弹簧压缩 x_0 然后释放（已知 $m_1 = m$，$m_2 = 3m$）。求：（1）释放后 A、B 两木块速度相等时的瞬时速度的大小；（2）弹簧的最大伸长量。

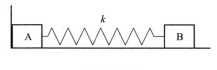

题 2-16 图

分析：在弹簧由压缩状态回到原长时，弹簧的弹性势能转化为 B 木块的动能，然后 B 带动 A 一起运动，动量守恒，可得到两者具有相同的速率 v，并且此时就是弹簧伸长最大的时刻，由机械能守恒定律可算出其伸长量。

解：（1）

$$\begin{cases} \dfrac{1}{2}m_2 v_{20}^2 = \dfrac{1}{2}k x_0^2 \\ m_2 v_{20} = (m_1 + m_2)v \end{cases}$$

所以有

$$v = \frac{3}{4}x_0 \sqrt{\frac{k}{3m}}$$

（2）

$$\frac{1}{2}m_2 v_{20}^2 = \frac{1}{2}k x^2 + \frac{1}{2}(m_1 + m_2)v^2$$

计算可得

$$x = \frac{1}{2}x_0$$

题 2-17　两质量相同的小球，一个静止，另一个以速度 v_0 与其作对心碰撞，求碰撞后两球的速度。（1）假设碰撞是完全非弹性的；（2）假设碰撞是完全弹性的；（3）假设碰撞的恢复系数 $e = 0.5$。

解：

（1）假设碰撞是完全非弹性的，即碰后两球将以共同的速度前行，则有

$$mv_0 = 2mv$$

所以有

$$v = \frac{1}{2}v_0$$

（2）假设碰撞是完全弹性的，有

$$\begin{cases} mv_0 = mv_1 + mv_2 \\ \dfrac{1}{2}mv_0^2 = \dfrac{1}{2}mv_1^2 + \dfrac{1}{2}mv_2^2 \end{cases}$$

两球交换速度，即

$$v_1 = 0$$

$$v_2 = v_0$$

（3）假设碰撞的恢复系数 $e = 0.5$，则有

$$\begin{cases} mv_0 = mv_1 + mv_2 \\ \dfrac{v_2 - v_1}{v_0} = 0.5 \end{cases}$$

所以有

$$v_1 = \frac{1}{4}v_0$$

$$v_2 = \frac{3}{4}v_0$$

题 2-18　如图所示，光滑斜面与水平面的夹角为 $\alpha = 30°$，轻质弹簧上端固定。今在弹簧的另一端轻轻地挂上一质量为 $m_1 = 1.0$ kg 的木块，木块沿斜面从静止开始向下滑动。当木块向下滑 $x = 30$ cm 时，恰好有一质量为 $m_2 = 0.01$ kg 的子弹，沿水平方向以速率 $v_0 = 200$ m/s 射中木块并陷在其中。设弹簧的弹性系数为 $k = 25$ N/m。求子弹打入木块后它们的共同速度。（取 $g = 10$ m/s²。）

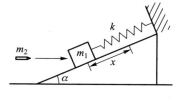

题 2-18 图

解：由机械能守恒定律可得碰撞前木块的速度大小。碰撞过程中子弹和木块沿斜面方向动量守恒。

$$\frac{1}{2}m_1v^2 + \frac{1}{2}kx^2 = m_1gx\sin\alpha$$

$$v = \frac{\sqrt{3}}{2} \text{ m} \cdot \text{s}^{-1}$$

$$m_1 v - m_2 v_0 \cos \alpha = (m_2 + m_1) v'$$

$$v' = \frac{-\sqrt{3}}{2.02} \text{ m/s} \approx -0.86 \text{ m/s}$$

题 2-19 水平路面上有一质量为 $m_1 = 5$ kg 的无动力小车以匀速率 $v_0 = 2$ m/s 运动。小车由不可伸长的轻绳与另一质量为 $m_2 = 25$ kg 的车厢连接，车厢前端有一质量为 $m_3 = 20$ kg 的物体，物体与车厢间摩擦因数为 $\mu = 0.2$。开始时车厢静止，绳未拉紧，如图所示。求：（1）当小车、车厢、物体以共同速度运动时，物体相对车厢的位移；（2）从绳绷紧到三者达到共同速度所需要的时间。（车与路面间摩擦不计，取 $g = 10$ m/s^2。）

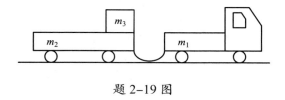

题 2-19 图

解：（1）由碰撞过程动量守恒，可得

$$m_1 v_0 = (m_1 + m_2 + m_3) v'$$

$$v' = 0.2 \text{ m/s}$$

$$m_1 v_0 = (m_1 + m_2) v$$

$$v = \frac{m_1}{m_1 + m_2} v_0 = \frac{5 \times 2}{5 + 25} \text{ m/s} = \frac{1}{3} \text{ m/s}$$

$$\mu m_3 g s = \frac{1}{2}(m_1 + m_2) v^2 - \frac{1}{2}(m_1 + m_2 + m_3) v'^2$$

$$s = \frac{\frac{1}{2}(m_1 + m_2) v^2 - \frac{1}{2}(m_1 + m_2 + m_3) v'^2}{\mu m_3 g}$$

$$= \frac{1}{60} \text{ m}$$

（2）
$$m_3 v' = \mu m_3 g t$$

$$t = \frac{v'}{\mu g} = \frac{0.2}{0.2 \times 10} \text{ s} = 0.1 \text{ s}$$

题 2-20 一质量为 m_0 的木块，系在一固定于墙壁的弹簧的末端，静止在光滑水平面上，弹簧的弹性系数为 k。一质量为 m 的子弹射入木块后，弹簧长度被压缩了 L。（1）求子弹的速度大小；（2）若子弹射入木块的深度为 s，求子弹所受的平均阻力大小。

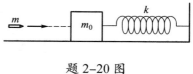

题 2-20 图

解：（1）如图所示，碰撞过程中子弹和木块动量守恒，碰撞结束后机械能守恒，可得

$$\begin{cases} mv_0 = (m + m_0)v' \\ \dfrac{1}{2}(m + m_0)v'^2 = \dfrac{1}{2}kL^2 \end{cases}$$

可得

$$v_0 = \frac{L}{m}\sqrt{k(m + m_0)}$$

（2）子弹射入木块所受的阻力做功使子弹动能减小。木块动能增加，两次做功的位移差为 s，所以有

$$\begin{cases} F_f x = \dfrac{1}{2}m\left(v_0^2 - v'^2\right) \\ F_f x' = \dfrac{1}{2}m_0 v'^2 \end{cases}$$

其中

$$x - x' = s$$

所以

$$F_f = \frac{m_0 kL^2}{2ms}$$

题 2-21 一质量为 m 的质点在 Oxy 平面上运动，其位置矢量为

$$\boldsymbol{r} = a\cos\omega t\boldsymbol{i} + b\sin\omega t\boldsymbol{j}$$

求质点的动量及 $t = 0$ 到 $t = \dfrac{\pi}{2\omega}$ 时间内质点所受的合力的冲量和质点动量的改变量。

解：质点的动量为

$$\boldsymbol{p} = m\boldsymbol{v} = m\omega(-a\sin\omega t\boldsymbol{i} + b\cos\omega t\boldsymbol{j})$$

将 $t = 0$ 和 $t = \dfrac{\pi}{2\omega}$ 分别代入上式，得

$$p_1 = m\omega b\boldsymbol{j}, \quad p_2 = -m\omega a\boldsymbol{i}$$

则动量的改变量，即质点所受外力的冲量为

$$\boldsymbol{I} = \Delta \boldsymbol{p} = \boldsymbol{p}_2 - \boldsymbol{p}_1 = -m\omega\left(a\boldsymbol{i} + b\boldsymbol{j}\right)$$

题 2-22 一物体质量为 3 kg，$t = 0$ 时位于 $\boldsymbol{r} = 4\boldsymbol{i}$ m 处，$\boldsymbol{v} = (\boldsymbol{i} + 6\boldsymbol{j})$ m·s^{-1}，如一恒力 $\boldsymbol{F} = 5\boldsymbol{j}$ N 作用在物体上，求 3 s 后物体动量的变化。

解： $\qquad\qquad \Delta\boldsymbol{p} = \int \boldsymbol{F}\,\mathrm{d}t = \int_0^3 5\boldsymbol{j}\,\mathrm{d}t = 15\boldsymbol{j} \text{ kg·m·s}^{-1}$

本题所有解答步骤均采用 SI 单位。

第 3 章
刚体的定轴转动

基本要求

1. 理解描写刚体定轴转动的物理量，掌握角量与线量的关系。

2. 理解力矩和转动惯量的概念，掌握刚体定轴转动的转动定律。

3. 理解角动量的概念，掌握质点在平面内运动以及刚体定轴转动情况下的角动量守恒问题。

4. 理解刚体定轴转动的转动动能概念，能在刚体定轴转动问题中正确地应用机械能守恒定律。

5. 能运用以上规律分析和解决包括质点和刚体的简单系统的力学问题。

内容提要

1. 刚体的运动形式

刚体：任何情况下形状和体积都不改变的物体（理想化模型）。

刚体是特殊的质点系，刚体上各质点间的相对位置保持不变，有关质点系的规律都可用于刚体。

（1）刚体的平动。

在运动中，如果连接刚体内任意两点的直线在任意时刻的位置都彼此平行，则这样的运动称为刚体的平动。平动是刚体的基本运动形式之一，刚体作平动时，可用其质心或其上任意一点的运动来代表其整体的运动。

（2）刚体的转动。

如果刚体的各个质点在运动中都绕同一直线作圆周运动，则这样的运动称为刚体的转动。转动也是刚体的基本运动形式之一。转动中最基本的是定轴转动，即运动中各质点均作圆周运动，且各圆心都在同一条固定的直线（转轴）上。

（3）刚体的一般运动。

刚体不受任何限制的任意运动，称为刚体的一般运动，它可视为平动和转动的叠加。

2. 刚体转动的描述

（1）角速度：

$$\omega = \frac{\mathrm{d}\theta}{\mathrm{d}t}$$

其方向与刚体转动方向之间的关系符合右手螺旋定则，即使右手弯曲的方向和刚体的转动方向一致，则伸出的大拇指的方向就是角速度的方向。

（2）角加速度：

$$\alpha = \frac{\mathrm{d}\omega}{\mathrm{d}t}$$

定轴转动时，刚体上各点都绕同一轴作圆周运动，任一点的线速度与角速度的关系为

$$v = \omega \times r$$

3. 力矩、转动惯量和刚体的定轴转动定律

（1）力矩。

力的作用点对参考点的位矢与力的矢积称为力对该参考点的力矩，即

$$M = r \times F$$

当刚体定轴转动时，对于作用在刚体上的力 F，只有其在转动平面内的分量产生的力矩才会影响刚体定轴转动的状态。

力矩的大小

$$M = rF\sin\alpha = r_0 F$$

式中 $r_0 = r\sin\alpha$ 称为力臂，α 为 r 与 F 之间的夹角。

注意： ① 若力的作用线通过参考点或转轴，则这种力称为有心力。显然，有心力对力心的力矩恒为零。

② 一对内力总是等值反向并作用在同一直线上的，因此，一对内力对同一参考点的力矩之和恒为零。

③ 对质点系而言，合力矩是指作用于质点系的各个力矩的矢量和，而不是合力的力矩。当外力的矢量和为零时，合外力矩不一定为零。

（2）转动惯量。

它是刚体转动惯性大小的量度，即

$$J = \sum_i \Delta m_i r_i^2$$

质量连续分布刚体的转动惯量为

$$J = \int r^2 \mathrm{d}m = \int r^2 \rho \mathrm{d}V$$

非连续刚体的转动惯量由求和法计算，连续刚体的转动惯量由积分法计算。

（3）刚体的定轴转动定律（简称转动定律）。

力矩的瞬时作用是产生角加速度的原因。刚体定轴转动的角加速度的大小与刚体所受的对该轴的合外力矩的大小成正比，与刚体对该轴的转动惯量成反比。

$$\boldsymbol{M} = J\boldsymbol{\alpha} = J\frac{\mathrm{d}\boldsymbol{\omega}}{\mathrm{d}t}$$

应用转动定律的解题步骤：

① 确定研究对象；

② 进行受力分析（只考虑对转动有影响的力矩）；

③ 列方程求解（平动物体列牛顿运动定律方程，转动刚体列转动定律方程，并列出角量与线量关系）。

4. 转动动能、力矩的功和转动动能定理

（1）转动动能：

$$E_\mathrm{k} = \frac{1}{2}J\omega^2$$

（2）力矩的功。

力矩的空间累积效应：

$$\mathrm{d}A = M\mathrm{d}\theta$$

变力矩的功：

$$A = \int_{\theta_1}^{\theta_2} M\mathrm{d}\theta$$

（3）刚体定轴转动中的动能定理（简称转动动能定理）。

合外力矩对定轴转动刚体所做的功等于刚体转动动能的增量。

$$A = \frac{1}{2}J\omega_2^2 - \frac{1}{2}J\omega_1^2 \quad \text{或} \quad A = E_{k2} - E_{k1}$$

应用转动动能定理的解题步骤：

① 确定研究对象；

② 进行受力分析，确定做功的力矩；

③ 确定始末两态的动能；

④ 由转动动能定理列方程求解。

5. 冲量矩、角动量、刚体定轴转动的角动量定理和角动量守恒定律

（1）冲量矩。

力矩的时间累积效应：

$$\int_{t_0}^{t} \boldsymbol{M} \mathrm{d}t$$

（2）角动量：

$$\boldsymbol{L} = J\boldsymbol{\omega}$$

其方向与角速度方向一致。

质点的角动量：

$$\boldsymbol{L} = \boldsymbol{r} \times m\boldsymbol{v}$$

式中 m、v、r 分别为质点的质量、速度与转轴到质点的位矢。质点作匀速率圆周运动时，其角动量的大小、方向均不变。

（3）刚体定轴转动的角动量定理。

刚体受到的合外力矩的冲量矩等于刚体角动量的增量：

$$\int_{t_1}^{t_2} \boldsymbol{M} \mathrm{d}t = J\boldsymbol{\omega}_2 - J\boldsymbol{\omega}_1 = \boldsymbol{L}_2 - \boldsymbol{L}_1$$

（4）刚体定轴转动的角动量守恒定律。

当刚体受到的合外力矩为零时，刚体的角动量守恒。即若 $\boldsymbol{M}_{外} = \boldsymbol{0}$，则 $J\boldsymbol{\omega} =$ 常矢量。

角动量守恒定律是物理学的基本定律之一，它不仅适用于宏观体系，也适用于微观体系，而且在高速、低速范围内均适用。

习　　题

题 3-1　一发电机飞轮在 t 时刻的角位置为 $\theta = \pi + 50\pi t + \dfrac{1}{2}\pi t^2$（SI 单位）。（1）求角速度和角加速度的表达式；（2）求 t 时刻离飞轮轴心 1 m 处的切向加速度和法向加速度的表达式；（3）问飞轮作何种转动？

解：（1）根据角速度和角加速度的定义，对 θ 求一阶导数，可得角速度的表达式为

$$\omega = \frac{\mathrm{d}\theta}{\mathrm{d}t} = 50\pi + \pi t \quad (\text{SI 单位})$$

再对 ω 求一阶导数，可得角加速度的表达式为

$$\alpha = \frac{\mathrm{d}\omega}{\mathrm{d}t} = \pi \ \text{rad} \cdot \text{s}^{-2}$$

（2）

$$v = r\omega = 50\pi + \pi t \quad (\text{SI 单位})$$

$$a_{\text{t}} = \frac{\mathrm{d}v}{\mathrm{d}t} = \pi \ \text{rad} \cdot \text{s}^{-2}$$

$$a_{\text{n}} = \frac{v^2}{r} = (50\pi + \pi t)^2 \quad (\text{SI 单位})$$

（3）由于在飞轮转动过程中的任意时刻，$\alpha = \pi \ \text{rad} \cdot \text{s}^{-2}$，与 t 无关，是一常量，所以飞轮作匀变速转动。

题 3-2　一链球运动员手持链球转动 n 圈后松手，此刻链球的速度大小为 v，设转动时链球沿一半径为 R 的圆周运动，并且均匀加速，其中链的质量不计，球可看作质点，求：（1）链球离手时的角速度；（2）链球的角加速度；（3）链球在运动员手中加速的时间。

解：（1）据题意，有

$$\omega = \frac{v}{R}$$

（2）由于链球均匀加速，其所受合外力矩为恒力矩，所以有

$$A = \int M\mathrm{d}\theta = M\int_{\theta_0}^{\theta} \mathrm{d}\theta = M\Delta\theta$$

$$= Mn \cdot 2\pi R = \frac{1}{2}J\omega^2$$

$$= \frac{1}{2}mR^2\left(\frac{v}{R}\right)^2 = \frac{1}{2}mv^2$$

$$M = \frac{mv^2}{4\pi nR}$$

$$\alpha = \frac{M}{J} = \frac{mv^2}{4\pi nR} \bigg/ mR^2 = \frac{v^2}{4\pi nR^3}$$

（3）
$$\int M \mathrm{d}t = J\omega = \int_{t_0}^{t} M \mathrm{d}t = M\Delta t = mR^2 \frac{v}{R}$$

$$\Delta t = \frac{mvR}{M} = \frac{4\pi nR^2}{v}$$

题 3-3 以初速度 v_0 将一质量为 m 的质点以倾角 θ 从坐标原点处抛出。设质点在 Oxy 平面内运动，不计空气阻力，以坐标原点为参考点，计算任一时刻：（1）作用在质点上的力矩；（2）质点的角动量。

解：（1） $\boldsymbol{M} = \boldsymbol{r} \times \boldsymbol{F} = -mg(v_0 \cos\theta)t\boldsymbol{k}$

（2） $\boldsymbol{L} = \boldsymbol{r} \times m\boldsymbol{v}$

$$= \int_0^t \boldsymbol{M}\mathrm{d}t$$

$$= -\frac{mgv_0}{2}(\cos\theta)t^2\boldsymbol{k}$$

题 3-4 一人造地球卫星（简称卫星）近地点离地心 $r_1 = 2R$（R 为地球半径），远地点离地心 $r_2 = 4R$。求：（1）卫星在近地点及远地点的速率 v_1 和 v_2（用地球半径 R 以及地球表面附近的重力加速度 g 来表示）；（2）卫星运行轨道在近地点的曲率半径 ρ。

解：（1）利用角动量守恒，有

$$L = r_1 m v_1 = r_2 m v_2$$

$$2v_1 = 4v_2$$

同时利用卫星的机械能守恒，有

$$\begin{cases} \dfrac{1}{2}mv_1^2 - G\dfrac{m_0 m}{2R} = \dfrac{1}{2}mv_2^2 - G\dfrac{m_0 m}{4R} \\[2mm] G\dfrac{m_0 m}{R^2} = mg \end{cases}$$

所以有

$$v_1 = \sqrt{\frac{2Rg}{3}}$$

$$v_2 = \sqrt{\frac{Rg}{6}}$$

（2）

$$\begin{cases} G\dfrac{m_0 m}{\rho^2} = m\dfrac{v_1^2}{\rho} \\ G\dfrac{m_0 m}{R^2} = mg \end{cases}$$

可得到

$$\rho = \frac{3}{2}R$$

题 3-5 一质量为 m 的圆环形滑轮的半径为 R，一变力 $F = at$（ a 为常量）沿着切线方向作用在滑轮边缘上，如果滑轮最初处于静止状态，试求它在 t 时刻的角速度。

解： 施于滑轮上的力矩

$$M = Fr = aRt$$

由转动定律 $M = J\alpha = J\dfrac{\mathrm{d}\omega}{\mathrm{d}t}$，得

$$\mathrm{d}\omega = \frac{M}{J}\mathrm{d}t = \frac{aR}{mR^2}t\mathrm{d}t$$

利用条件 $t = 0$ 时 $\omega = 0$，对上式积分，得

$$\omega = \int_0^\omega \mathrm{d}\omega = \int_0^t \frac{at}{mR}\mathrm{d}t = \frac{a}{2mR}t^2$$

题 3-6 如图所示，一细杆长度为 l，质量为 m_1，可绕在其一端的水平轴 O 自由转动，在初始时刻杆自然悬垂。一质量为 m_2 的子弹以速率 v 垂直击入杆中心后以速率 $\dfrac{v}{2}$ 穿出，求杆获得的角速度及最大上摆角。

解： 子弹击打前后，系统的角动量守恒，有

$$\frac{l}{2}m_2 v = \frac{1}{3}m_1 l^2 \omega_0 + \frac{l}{2}m_2\frac{v}{2}$$

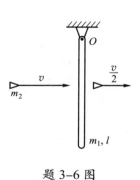

题 3-6 图

解得

$$\omega_0 = \frac{3m_2v}{4m_1l}$$

根据刚体定轴转动的动能定理，得

$$\int M\mathrm{d}\theta = \frac{1}{2}J\omega^2 - \frac{1}{2}J\omega_0^2$$

有

$$\int_0^\theta -m_1g\frac{l}{2}\sin\theta\mathrm{d}\theta = 0 - \frac{1}{2}\times\frac{1}{3}m_1l^2\omega_0^2$$

杆获得的最大上摆角为

$$\theta = \arccos\left(1 - \frac{3m_2^2v^2}{16glm_1^2}\right)$$

题 3-7 一质量为 m、长为 l 的均匀细棒，可绕垂直于棒的一端的水平轴转动，如将此棒放在水平位置，然后任其从静止自由落下，试求：（1）棒在开始转动时的角加速度；（2）棒下落到竖直位置时的动能；（3）棒下落到竖直位置时的角速度。

解：（1）棒绕端点 O 的转动惯量为

$$J = \frac{ml^2}{3}$$

在水平位置时，棒所受的重力矩为

$$M = \frac{1}{2}mgl$$

根据转动定律，得此时的角加速度为

$$\alpha = \frac{M}{J} = \frac{3g}{2l}$$

（2）取棒和地球为系统，以棒处于竖直位置时其中心点 A 处为重力势能零点，在棒的转动过程中只有保守力做功，系统机械能守恒。棒从静止时的水平位置下落到竖直位置时，其动能为

$$E_k = \frac{1}{2}mgl$$

（3）棒在竖直位置时的动能就是此刻棒的转动动能，则有

$$E_k = \frac{1}{2}J\omega^2$$

棒在竖直位置时的角速度为

$$\omega = \sqrt{\frac{2E_k}{J}} = \sqrt{\frac{3g}{l}}$$

题 3-8 我国发射的第一颗人造地球卫星（以下简称卫星），其近地点高度为 4.39×10^5 m，远地点高度为 2.38×10^6 m，试计算卫星在近地点和远地点的速率。（设地球半径为 6.38×10^6 m。）

解： 卫星绕地球转动过程中，只受万有引力作用，该力始终指向地球——向心力。相对于过地球中心的转轴而言，向心力不产生力矩，因此由地球和卫星组成的系统在运动中满足角动量守恒定律和机械能守恒定律。

对卫星，由角动量守恒定律，得

$$mv_1 r_1 = mv_2 r_2$$

对系统，由机械能守恒定律，得

$$\frac{1}{2}mv_1^2 - G\frac{mm_e}{r_1} = \frac{1}{2}mv_2^2 - G\frac{mm_e}{r_2}$$

式中 v_1 和 v_2，r_1 和 r_2 分别为卫星在近地点和远地点的速率和离地球中心的距离。

由以上两式求解得

$$v_1 = \sqrt{\frac{2r_2 Gm_e}{r_1(r_1 + r_2)}} \approx 3.92 \times 10^4 \ \text{m·s}^{-1}$$

$$v_2 = \sqrt{\frac{2r_1 Gm_e}{r_2(r_1 + r_2)}} \approx 7.22 \times 10^3 \ \text{m·s}^{-1}$$

题 3-9 如图所示，一长度为 l、质量为 m 的细杆在光滑水平面内沿杆的垂向以速度 v 平动。杆的一端与定轴 z 相碰撞后杆将绕 z 轴转动，求杆转动的角速度。

解法一： 碰撞过程中 z 轴对杆的作用力的力臂为零，故力矩也为零，所以杆对 z 轴的角动量守恒，有

$$L_1 = L_2$$

碰撞前杆的角动量可通过积分算出。

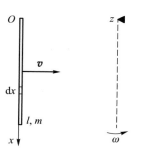

题 3-9 图

杆的质量线密度 $\lambda = \dfrac{m}{l}$，如图所示，在杆上取 Ox 轴，在杆上距 O 点 x 处取线元 $\mathrm{d}x$，线元质量 $\mathrm{d}m = \lambda \mathrm{d}x$，线元的角动量为

$$\mathrm{d}L = \mathrm{d}m \cdot vx = \lambda vx\mathrm{d}x$$

故碰前，杆的角动量为

$$L_1 = \int \mathrm{d}L = \int_0^l \lambda vx\mathrm{d}x = \frac{1}{2}\lambda vl^2 = \frac{1}{2}mvl$$

碰后杆绕 z 轴转动，其角动量为

$$L_2 = J\omega = \frac{1}{3}ml^2\omega$$

按 $L_1 = L_2$ 有

$$\frac{1}{2}mvl = \frac{1}{3}ml^2\omega$$

可解得

$$\omega = \frac{3v}{2l}$$

解法二：在碰撞之前，细杆作平面平行运动，此时，可将杆的运动看作质点的运动。碰撞前质点的角动量与碰撞后杆的角动量相等，即

$$mv\frac{l}{2} = \frac{1}{3}ml^2\omega$$

$$\omega = \frac{3v}{2l}$$

题 3-10 一转动惯量为 J 的砂轮，在外力矩 $M = \theta$（SI 单位）的作用下作定轴转动，式中 θ 为砂轮转过的角度。已知 $t = 0$ 时砂轮转过 θ_0 角，转动的角速度为 ω_0，试求砂轮转过 θ 角时的角速度。

解：由转动定律，有

$$M = J\frac{\mathrm{d}\omega}{\mathrm{d}t} = J\frac{\mathrm{d}\omega}{\mathrm{d}t}\frac{\mathrm{d}\theta}{\mathrm{d}\theta} = J\omega\frac{\mathrm{d}\omega}{\mathrm{d}\theta} = \theta$$

即

$$\theta\mathrm{d}\theta = J\omega\mathrm{d}\omega$$

由条件 $t = 0$ 时，$\theta = \theta_0$，$\omega = \omega_0$，$\displaystyle\int_{\theta_0}^{\theta} \theta\mathrm{d}\theta = \int_{\omega_0}^{\omega} J\omega\mathrm{d}\omega$，得

$$\theta^2 - \theta_0^2 = J\left(\omega^2 - \omega_0^2\right)$$

即

$$\omega = \sqrt{\frac{\theta^2 - \theta_0^2}{J} + \omega_0^2}$$

本题所有解答步骤均采用 SI 单位。

题 3-11 一半径为 R、质量为 m 的圆盘形砂轮，质量均匀分布。其角速度与转过角度的关系为 $\omega = k\theta$。求：（1）t 时刻砂轮的动能和角动量；（2）从 0 到 t 时间内力矩所做的功和冲量矩。（$t = 0$ 时，$\theta = \theta_0$，$\omega = \omega_0$。）

解：（1）由

$$\omega = k\theta = \frac{\mathrm{d}\theta}{\mathrm{d}t}$$

分离变量后，两边积分，有

$$\int_{\theta_0}^{\theta} \frac{\mathrm{d}\theta}{\theta} = k\int_0^t \mathrm{d}t$$

得

$$\theta = \theta_0 e^{kt}$$

则有

$$\omega = \frac{\mathrm{d}\theta}{\mathrm{d}t} = k\theta_0 e^{kt}$$

t 时刻砂轮的动能为

$$E_k = \frac{1}{2}J\omega^2 = \frac{1}{4}mR^2 k^2\theta_0^2 e^{2kt}$$

t 时刻砂轮的角动量为

$$L = J\omega = \frac{1}{2}mR^2 k\theta_0 e^{kt}$$

（2）由动能定理，从 0 到 t 时间内力矩所做的功为

$$A = \frac{1}{2}J\omega^2 - \frac{1}{2}J\omega_0^2 = \frac{1}{4}mR^2 k^2\theta_0^2 \left(e^{2kt} - 1\right)$$

由角动量定理，从 0 到 t 时间内的冲量矩为

$$I = J(\omega - \omega_0) = \frac{1}{2}mR^2 k\theta_0 \left(e^{kt} - 1\right)$$

题 3-12 如图所示，一轻绳绕于一半径为 R 的圆盘边缘，在绳端施以 $\boldsymbol{F} = mg$ 的拉力，圆盘可绕水平固定光滑轴转动，圆盘质量为 $m' = 2m$，圆盘从静止开始转动。（1）试求圆盘的角加速度及转动的角度和时间的关系；（2）如将一质量为 m

的物体挂在绳端，再计算圆盘的角加速度及转动的角度和时间的关系。

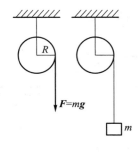

题 3–12 图

分析： 本题是刚体绕定轴转动的问题，应用转动定律 $M = J\alpha$ 即可求出圆盘的角加速度，对转动定律积分可求解 ω。

解：（1）圆盘所受合外力矩为

$$M = FR$$

对圆盘应用转动定律，有

$$FR = J\alpha = \left(\frac{1}{2}m'R^2\right)\alpha$$

因而角加速度为

$$\alpha = \frac{2FR}{m'R^2} = \frac{g}{R}$$

由于 $\alpha = \dfrac{\mathrm{d}\omega}{\mathrm{d}t}$，且 $t = 0$ 时，$\omega_0 = 0$，有

$$\int_0^\omega \mathrm{d}\omega = \int_0^t \frac{g}{R}\mathrm{d}t$$

得

$$\omega = \frac{g}{R}t$$

而 $\omega = \dfrac{\mathrm{d}\theta}{\mathrm{d}t}$，且 $t = 0$ 时，$\theta_0 = 0$，有

$$\int_0^\theta \mathrm{d}\theta = \int_0^t \frac{g}{R}t\mathrm{d}t$$

可得转动角度和时间的关系为

$$\theta = \frac{g}{2R}t^2$$

（2）设 F_T 为绳子的张力大小，对圆盘，由转动定律，有

$$F_\mathrm{T}R = \frac{1}{2}m'R^2\alpha = mR^2\alpha$$

对物体，由牛顿运动定律，有

$$mg - F_\mathrm{T} = ma$$

而

$$a = R\alpha$$

可解得此时圆盘的角加速度为

$$\alpha = \frac{1}{2R}g$$

由 $\alpha = \dfrac{\mathrm{d}\omega}{\mathrm{d}t}$，$\omega = \dfrac{\mathrm{d}\theta}{\mathrm{d}t}$，且 $t = 0$ 时，$\omega_0 = 0$，$\theta_0 = 0$，即可得转动角度与时间的关系为

$$\theta = \frac{g}{4R}t^2$$

题 3-13 如图所示，一细杆长度为 $l = 0.6\,\mathrm{m}$，质量为 $m = 7\,\mathrm{kg}$，可绕其一端的水平轴 O 在竖直平面内无摩擦转动。在 O 轴正上方高度 $h = 2l$ 处的 P 点固定着一个原长也为 l，弹性系数为 $k = 80\,\mathrm{N}\cdot\mathrm{m}^{-1}$ 的弹簧。把杆的活动端与弹簧的活动端接在一起并使杆处于水平位置后释放，求杆转到竖直位置时的角速度。

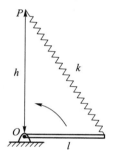

题 3-13 图

解：整个过程机械能守恒，有

$$E_{初} = E_{末}$$
$$E_{初} = E_{杆} + E_{弹簧}$$

其中，

$$E_{杆} = 0$$
$$E_{弹簧} = \frac{1}{2}k\left(\sqrt{h^2 + l^2} - l\right)^2$$
$$E_{末} = E'_{杆} + E'_{弹簧}$$

其中，

$$E'_{杆} = mg\frac{l}{2} + \frac{1}{2} \times \frac{1}{3}ml^2\omega^2$$

$$E'_{弹簧} = 0$$

将已知值代入上式（取 $g = 10\,\mathrm{m}\cdot\mathrm{s}^{-2}$），得

$$\omega \approx 1.54\,\mathrm{rad}\cdot\mathrm{s}^{-1}$$

题 3-14   一长为 l、质量为 m 的均匀细杆可绕通过其
上端的水平光滑固定轴 O 转动，另一质量为 m 的小球，用
一长为 $\dfrac{l}{2}$ 的轻绳系于上述的 O 轴上，如图所示。开始时杆
静止在竖直位置，现将小球在垂直于轴的平面内拉开一定
角度，然后使其自由摆下并与杆的质心相碰撞（设为完全
弹性碰撞），结果使杆的最大偏角为 $\dfrac{\pi}{3}$。求小球最初被拉开
的角度 θ。

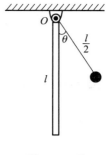

题 3-14 图

分析：小球、杆、地球组成一个系统。小球与杆没有
碰撞之前机械能守恒；小球与杆碰撞前后，系统的角动量守恒；碰撞是完全弹性
的，机械能守恒；杆从最低位置转到 $\dfrac{\pi}{3}$ 处，机械能守恒。

解：在小球下落过程中，对小球与地球系统，仅有重力做功，机械能守恒，设
小球碰撞前的速度为 v，则有

$$mg\frac{l}{2}(1-\cos\theta)=\frac{1}{2}mv^2 \qquad\qquad ①$$

小球与杆碰撞前后，系统的角动量守恒，设小球碰撞后的速度为 v'，杆的角速度为
ω，故有

$$mv\frac{l}{2}=mv'\frac{l}{2}+\frac{1}{3}ml^2\omega \qquad\qquad ②$$

小球与杆是完全弹性碰撞，故机械能守恒，则有

$$\frac{1}{2}mv^2=\frac{1}{2}mv'^2+\frac{1}{2}\left(\frac{1}{3}ml^2\right)\omega^2 \qquad\qquad ③$$

碰后杆上升，机械能守恒，故有

$$\frac{1}{2}\left(\frac{1}{3}ml^2\right)\omega^2=\frac{1}{2}mgl\left(1-\cos\frac{\pi}{3}\right) \qquad\qquad ④$$

由①式、②式、③式、④式解得

$$\theta=\arccos\frac{47}{96}$$

题 3-15   有一均匀木棒，静止放置在滑动摩擦因数为 μ 的水平桌面上。其质
量为 m，长为 l，可绕通过其端点且与桌面垂直的固定光滑轴转动。另有一水平运
动的小滑块，质量亦为 m，以水平速度 v_1 与棒的另一端点相碰。碰后小滑块的速
度为 v_2，方向与 v_1 相反。试求：（1）碰后瞬间棒的角速度；（2）棒所受的摩擦力
矩；（3）棒从开始转动到停止所转过的角度。

解：（1）以棒和滑块为系统，碰撞前后角动量守恒。设碰后棒的角速度为 ω，则有

$$mv_1l = \frac{1}{3}ml^2\omega - mv_2l$$

解得

$$\omega = \frac{3(v_1 + v_2)}{l}$$

（2）以轴为原点，沿着棒指向另一端为 x 轴正方向，则碰后棒在转动过程中所受的摩擦力矩为

$$M_f = \int_0^l -\mu\left(\frac{m}{l}\mathrm{d}x\right)gx = -\frac{1}{2}\mu mgl$$

（3）由力矩的动能定理，有

$$\int_0^\theta M_f\mathrm{d}\theta = 0 - \frac{1}{2}J\omega^2$$

算得棒从开始转动到停止转动所转过的角度为

$$\theta = \frac{3(v_1 + v_2)^2}{\mu gl}$$

题 3-16 如图所示，固定在一起的两个同轴均匀圆柱体可绕其光滑的水平对称轴 OO' 转动。设大小圆柱体的半径分别为 R 和 r，质量分别为 m_0 和 m。绕在两圆柱体上的细绳分别与物体 m_1 和 m_2 相连，m_1 和 m_2 挂在圆柱体的两侧，设 $R = 0.3$ m，$r = 0.2$ m，$m = 5$ kg，$m_0 = 15$ kg，$m_1 = m_2 = 4$ kg，且开始时 m_1、m_2 的离地高度均为 $h = 3$ m。求：（1）圆柱体转动时的角加速度大小；（2）两侧细绳的张力大小。

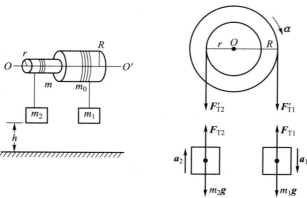

题 3-16 图

分析：该系统的运动包含轮轴的转动和悬挂物体的平动。两种不同的运动形式依据不同的动力学方程去求解，即利用转动定律和牛顿运动定律求解。转动和平动之间的联系可由角量与线量的关系得到。对于这类问题，进行受力分析并画出示意图仍是计算的关键。

解：（1）设 a_1、a_2 和 α 分别为 m_1、m_2 和圆柱体的加速度及角加速度，方向如图所示，m_1、m_2 和圆柱体的运动方程如下：

$$m_1 g - F_{T1} = m_1 a_1$$
$$F_{T2} - m_2 g = m_2 a_2$$
$$F'_{T1} R - F'_{T2} r = J\alpha$$

式中，

$$F'_{T1} = F_{T1}$$
$$F'_{T2} = F_{T2}$$
$$a_1 = R\alpha$$
$$a_2 = r\alpha$$

而

$$J = \frac{1}{2} m_0 R^2 + \frac{1}{2} m r^2$$

联立上面各式求得

$$\alpha = \frac{R m_1 - r m_2}{J + m_1 R^2 + m_2 r^2} g$$

$$= \frac{0.3 \times 4 - 0.2 \times 4}{\frac{1}{2} \times 15 \times 0.3^2 + \frac{1}{2} \times 5 \times 0.2^2 + 4 \times 0.3^2 + 4 \times 0.2^2} \times 9.8 \ \text{rad} \cdot \text{s}^{-2}$$

$$\approx 3.03 \ \text{rad} \cdot \text{s}^{-2}$$

（2）

$$F_{T2} = m_2 r\alpha + m_2 g$$
$$= \left(4 \times 0.2 \times 3.03 + 4 \times 9.8\right) \ \text{N}$$
$$\approx 41.62 \ \text{N}$$
$$F_{T1} = m_1 g - m_1 R\alpha$$
$$= \left(4 \times 9.8 - 4 \times 0.3 \times 3.03\right) \ \text{N}$$
$$\approx 35.56 \ \text{N}$$

题 3-17　一弹性系数为 k 的轻质弹簧，一端固定，另一端通过一个滑轮和一个质量为 m_1 的物体相连，物体放在倾角为 θ 的光滑斜面上，如图所示。如把滑轮看作质量为 m_2、半径为 R 的均匀圆盘，开始时用手固定物体，使弹簧处于其自然长度，问物体下滑 x 时的速度有多大？（忽略滑轮轴上的摩擦，并认为绳在滑轮边缘上不打滑。）

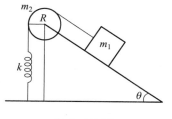

题 3-17 图

分析： 这是连接体的动力学问题，可用牛顿运动定律及转动定律求解，也可用动能定理或机械能守恒定律求解。由于滑轮绕转轴具有转动惯量，所以滑轮两边绳中的张力是不同的，所以滑轮在张力矩作用下产生定轴转动。因此，滑轮的运动规律必须用刚体的定轴转动定律进行计算。

解法一： 运用牛顿运动定律及转动定律求解。

取物体、滑轮、弹簧为研究对象作受力分析。对物体和弹簧根据牛顿运动定律列出方程，设物体在斜面上运动 x 时的加速度为 a，则有

$$m_1 g \sin\theta - F_{T1} = m_1 a$$

$$F_{T2} = kx$$

对滑轮根据转动定律列出方程：

$$F_{T1}R - F_{T2}R = J\alpha$$

由角量和线量关系，有

$$a = R\alpha$$

联立以上四个方程可得

$$\left(m_1 R^2 + J\right)a = m_1 g R^2 \sin\theta - kxR^2$$

物体的加速度是随着 x 变化的，利用 $a = \dfrac{\mathrm{d}v}{\mathrm{d}t} = \dfrac{\mathrm{d}v}{\mathrm{d}x}\dfrac{\mathrm{d}x}{\mathrm{d}t} = v\dfrac{\mathrm{d}v}{\mathrm{d}x}$，代入得

$$\left(m_1 R^2 + J\right)v\mathrm{d}v = m_1 g \left(\sin\theta\right) R^2 \mathrm{d}x - kxR^2 \mathrm{d}x$$

积分，得

$$\int_0^v \left(m_1 R^2 + J\right)v\mathrm{d}v = \int_0^x m_1 g \left(\sin\theta\right) R^2 \mathrm{d}x - \int_0^x kxR^2 \mathrm{d}x$$

$$\frac{1}{2}\left(m_1 R^2 + J\right)v^2 = m_1 g \left(\sin\theta\right) R^2 x - \frac{1}{2}kx^2 R^2$$

$$v = \sqrt{\frac{\left(2m_1gx\sin\theta - kx^2\right)R^2}{m_1R^2 + J}}$$

将滑轮的转动惯量 $J = \dfrac{1}{2}m_2R^2$ 代入，得

$$v = \sqrt{\frac{2m_1gx\sin\theta - kx^2}{m_1 + m_2/2}}$$

解法二：运用动能定理求解。

取物体、滑轮和弹簧组成的系统为研究对象，在运动过程中，重力和弹性力做功。绳的拉力对弹簧做正功，因而弹簧的弹性力对滑轮做负功，重力和弹性力的总功为

$$A = m_1g\left(\sin\theta\right)x - \frac{1}{2}kx^2$$

系统的动能增量为

$$\Delta E_{\mathrm{k}} = \frac{1}{2}m_1v^2 + \frac{1}{2}J\omega^2$$

由动能定理得

$$m_1g\left(\sin\theta\right)x - \frac{1}{2}kx^2 = \frac{1}{2}m_1v^2 + \frac{1}{2}J\omega^2$$

利用角量与线量的关系 $v = R\omega$，得

$$v = \sqrt{\frac{\left(2m_1gx\sin\theta - kx^2\right)R^2}{m_1R^2 + J}}$$

将滑轮的转动惯量 $J = \dfrac{1}{2}m_2R^2$ 代入，得

$$v = \sqrt{\frac{2m_1gx\sin\theta - kx^2}{m_1 + m_2/2}}$$

解法三：运用机械能守恒定律求解。

取物体、滑轮、弹簧以及地球为系统，弹性力和重力为系统的保守内力，系统所受的外力（斜面对物体的支持力、地面对弹簧的拉力）在物体运动过程中不做功，因而系统的机械能守恒。取物体在弹簧的自然长度的位置为重力势能零点，系统初态和终态的机械能如下。

初态：

$$E_1 = 0$$

终态：

$$E_2 = \frac{1}{2}kx^2 + \frac{1}{2}J\omega^2 + \frac{1}{2}m_1v^2 - m_1g\sin\theta$$

由机械能守恒定律可得

$$\frac{1}{2}kx^2 + \frac{1}{2}J\omega^2 + \frac{1}{2}m_1v^2 - m_1g\sin\theta = 0$$

利用角量与线量的关系：

$$v = R\omega$$

得

$$v = \sqrt{\frac{(2m_1gx\sin\theta - kx^2)R^2}{m_1R^2 + J}}$$

将滑轮的转动惯量 $J = \frac{1}{2}m_2R^2$ 代入，得

$$v = \sqrt{\frac{2m_1gx\sin\theta - kx^2}{m_1 + m_2/2}}$$

题 3-18 一唱机的转盘绕通过盘心的竖直轴转动，唱片放上后由于摩擦力的作用而随转盘转动。如把唱片近似地看成半径为 R、质量为 m 的均匀圆盘，唱片和转盘之间的摩擦因数为 μ，转盘的角速度为 ω。试问：（1）唱片刚放上时，它受到的摩擦力矩为多大？唱片达到角速度 ω 需要多长时间？（2）在这段时间内，唱机驱动装置需做多少功？唱片获得了多大的动能？

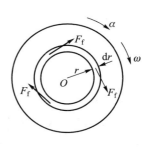

题 3-18 图

分析： 唱片上的摩擦力不是作用在一点，而是分布在整个唱片和转盘的接触面上，唱片转动是摩擦力矩作用的结果。因唱片各部分所受的摩擦力的力臂不同，所以摩擦力矩的计算要用积分法。由于在同一圆环上的质元所受的摩擦力都沿着圆环的切线方向，力臂相同，所以总的摩擦力矩可用积分法得到。

唱片达到角速度 ω 所需的时间可用转动定律及运动学公式得到，也可用角动量定理直接得到。

驱动装置所做的功可用 $A = \int_{\theta_1}^{\theta_2} M\mathrm{d}\theta$ 计算得到。

解：（1）如图所示，在唱片上取一内、外半径分别为 r 和 $r+\mathrm{d}r$ 的圆环，其上各点所受的摩擦力沿着环的切线方向，因而圆环所受的摩擦力矩为

$$\mathrm{d}M = \mu\,(\mathrm{d}m)\,gr$$

式中 $\mathrm{d}m$ 为圆环的质量，有

$$\mathrm{d}m = \frac{m}{\pi R^2}2\pi r\mathrm{d}r$$

代入得

$$\mathrm{d}M = \frac{2\mu mg}{R^2}r^2\mathrm{d}r$$

整个唱片所受的摩擦力矩为

$$M = \int\mathrm{d}M = \int_0^R \frac{2\mu mg}{R^2}r^2\mathrm{d}r = \frac{2}{3}\mu mgR$$

根据转动定律可知，唱片在此力矩作用下作匀加速转动，其转动的角加速度为

$$\alpha = \frac{M}{J} = \frac{\frac{2}{3}\mu mgR}{\frac{1}{2}mR^2} = \frac{4}{3}\frac{\mu g}{R}$$

所以，唱片角速度达到 ω 所需的时间为

$$t = \frac{\omega}{\alpha} = \frac{\omega}{\frac{4}{3}\frac{\mu g}{R}} = \frac{3R\omega}{4\mu g}$$

或直接用角动量定理 $\int M\mathrm{d}t = Mt = J\omega$，得到

$$t = \frac{J\omega}{M} = \frac{\frac{1}{2}mR^2\omega}{\frac{2}{3}\mu mgR} = \frac{3R\omega}{4\mu g}$$

（2）唱机驱动装置所做的功等于唱片的摩擦力矩所做的功，即

$$
\begin{aligned}
A &= \int_{\theta_1}^{\theta_2} M\mathrm{d}\theta = M\Delta\theta = M\frac{\omega^2}{2\alpha}\\
&= \frac{2}{3}\mu mgR\frac{\omega^2}{2\times\frac{4}{3}\frac{\mu g}{R}}\\
&= \frac{1}{4}mR^2\omega^2
\end{aligned}
$$

唱片获得的动能为

$$E_k = \frac{1}{2} J \omega^2 = \frac{1}{2} \cdot \frac{1}{2} m R^2 \omega^2 = \frac{1}{4} m R^2 \omega^2$$

由此可知，唱片所受的摩擦力矩所做的功等于唱片所获得的动能。

题 3-19 如图所示，一长为 l、质量为 m_0 的均匀细杆，可绕其上端的光滑水平轴转动，起初杆竖直静止。一质量为 m 的小球在杆的转动面内以速度 v_0 垂直射向杆的 A 点，求下列情况下杆开始运动的角速度及最大摆角。（1）子弹留在杆内；（2）子弹以 $\frac{v_0}{2}$ 射出。

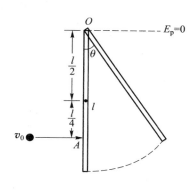

题 3-19 图

解：（1）子弹留在杆内分两个过程。

（a）子弹射入杆的过程。以 m、m_0 为系统，其角动量守恒，即

$$m v_0 \frac{3}{4} l = \left[\frac{1}{3} m_0 l^2 + m \left(\frac{3}{4} l \right)^2 \right] \omega$$

$$\omega = \frac{\frac{3}{4} m v_0 l}{\frac{1}{3} m_0 l^2 + m \left(\frac{3}{4} l \right)^2}$$

$$= \frac{36 m v_0}{16 m_0 l + 27 m l}$$

强调：在此过程中，由于存在轴对系统的作用力，所以系统的动量不守恒。

（b）杆上摆过程。以 m、m_0、地球为系统，系统机械能守恒，有

$$\frac{1}{2} \left[\frac{1}{3} m_0 l^2 + m \left(\frac{3}{4} l \right)^2 \right] \omega^2 - m_0 g \frac{l}{2} - mg \frac{3}{4} l = -m_0 g \frac{l}{2} \cos\theta - mg \frac{3}{4} l \cos\theta$$

$$\theta = \arccos \left[1 - \frac{\left(m \frac{3}{4} l v_0 \right)^2}{2 \left(m_0 g \frac{l}{2} + mg \frac{3l}{4} \right) \left(\frac{1}{3} m_0 l^2 + \frac{9}{16} m l^2 \right)} \right]$$

（2）子弹射出分两个过程。

（a）子弹与杆作用过程。以杆、子弹为系统，其角动量守恒，有

$$mv_0 \frac{3}{4}l = \frac{1}{3}m_0 l^2 \omega + m\frac{3}{4}l\frac{v_0}{2}$$

$$\omega = \frac{9mv_0}{8m_0 l}$$

（b）杆上摆过程。以杆、地球为系统，其机械能守恒，有

$$\frac{1}{2}\cdot\frac{1}{3}m_0 l^2 \omega^2 - m_0 g\frac{l}{2} = -m_0 g\frac{l}{2}\cos\theta$$

$$\theta = \arccos\left(1 - \frac{27m^2 v_0^2}{64m_0^2 gl}\right)$$

注意：角动量守恒，而不是动量守恒。

题 3-20　如图所示，A、B 两圆盘分别绕过其中心的垂直轴转动，角速度分别是 ω_A、ω_B，它们半径和质量分别为 R_A、R_B 和 m_A、m_B。求 A、B 对心衔接后的最终角速度 ω。

解： A、B 系统在衔接过程中，对轴无外力矩作用，故有

$$\left(J_A + J_B\right)\omega = J_A \omega_A + J_B \omega_B$$

即

$$\omega = \frac{J_A \omega_A + J_B \omega_B}{J_A + J_B}$$

$$= \frac{\frac{1}{2}m_A R_A^2 \omega_A + \frac{1}{2}m_B R_B^2 \omega_B}{\frac{1}{2}m_A R_A^2 + \frac{1}{2}m_B R_B^2}$$

$$= \frac{m_A R_A^2 \omega_A + m_B R_B^2 \omega_B}{m_A R_A^2 + m_B R_B^2}$$

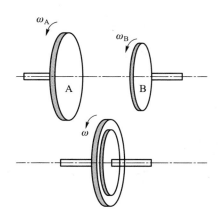

题 3-20 图

讨论：若 B 转动方向与图中相反，则 ω 是多少？

假设 ω_A 为正，则有

$$\left(J_A + J_B\right)\omega = J_A \omega_A - J_B \omega_B$$

$$\omega = \frac{m_A R_A^2 \omega_A - m_B R_B^2 \omega_B}{m_A R_A^2 + m_B R_B^2} \begin{cases} > 0 & \text{与A原转动方向相同} \\ < 0 & \text{与A原转动方向相反} \\ = 0 & \text{停止转动} \end{cases}$$

题3-21 如图所示,轻绳经过水平光滑桌面上的定滑轮C连接两物体A和B,A、B质量分别为 m_A、m_B,滑轮可视为圆盘,其质量为 m_C、半径为 R,AC水平并与轴垂直,绳与滑轮间无相对滑动,不计轴处摩擦。求B的加速度以及AC、BC间绳的张力大小。

分析: 滑轮受两边绳子的拉力对转轴的力矩作用而作定轴转动,与绳子相连接的两物体作平动。根据转动定律和牛顿运动定律,可分别得到它们的运动规律。由于绳子不可伸长,且与滑轮无相对滑动,因此,滑轮两边绳子的张力大小不相等,两物体具有相同大小的速度和加速度。物体加速度的大小与滑轮边缘点的切向加速度大小相等。

解: 进行受力分析。

m_A: 重力 $m_A \boldsymbol{g}$,桌面支持力 $\boldsymbol{F}_{N1}$,绳的拉力 $\boldsymbol{F}_{T1}$;

m_B: 重力 $m_B \boldsymbol{g}$,绳的拉力 $\boldsymbol{F}_{T2}$;

m_C: 重力 $m_C \boldsymbol{g}$,轴作用力 $\boldsymbol{F}_{N2}$,绳作用力 $\boldsymbol{F}'_{T1}$、$\boldsymbol{F}'_{T2}$。

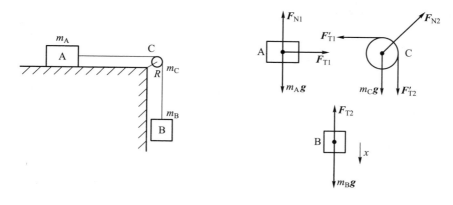

题 3-21 图

取物体运动方向为正,由牛顿运动定律及转动定律,得

$$F_{T1} = m_A a$$

$$m_B g - F_{T2} = m_B a$$

$$F'_{T2} R - F'_{T1} R = \frac{1}{2} m_C R^2 \alpha$$

并有 $F'_{T1} = F_{T1}$，$F'_{T2} = F_{T2}$，$a = R\alpha$。

解得

$$a = \dfrac{m_B g}{m_A + m_B + \dfrac{1}{2}m_C}$$

$$F_{T1} = \dfrac{m_A m_B g}{m_A + m_B + \dfrac{1}{2}m_C}$$

$$F_{T2} = \dfrac{\left(m_A + \dfrac{1}{2}m_C\right)m_B g}{m_A + m_B + \dfrac{1}{2}m_C}$$

讨论： 不计 m_C 时，有

$$a = \dfrac{m_B g}{m_A + m_B}$$

$$F_{T1} = F_{T2} = \dfrac{m_A m_B g}{m_A + m_B}$$

题3-22 如图所示，在上题中，若B从静止开始下落 h，求：（1）合外力矩对 C 做的功；（2）C 的角速度。

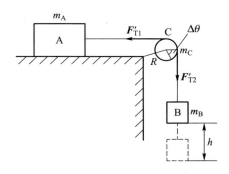

题 3-22 图

解：（1）对 C 的合外力矩为

$$M = F'_{T2}R - F'_{T1}R = \dfrac{\left(m_A + \dfrac{1}{2}m_C\right)m_B g}{m_A + m_B + \dfrac{1}{2}m_C}R - \dfrac{m_A m_B g}{m_A + m_B + \dfrac{1}{2}m_C}R$$

$$= \frac{m_C m_B g R}{2\left(m_A + m_B + \frac{1}{2}m_C\right)}$$

$$A = M(\theta_2 - \theta_1) = M\frac{\Delta s}{R} = M\frac{h}{R}$$

$$= \frac{m_C m_B g R}{2\left(m_A + m_B + \frac{1}{2}m_C\right)}h/R$$

$$= \frac{m_C m_B g h}{2\left(m_A + m_B + \frac{1}{2}m_C\right)}$$

（2）
$$A = \frac{1}{2}J\omega^2 - 0$$

$$\omega = \sqrt{\frac{2A}{J}}$$

$$= \sqrt{\frac{m_C m_B g h}{m_A + m_B + \frac{1}{2}m_C} \Big/ \frac{1}{2}m_C R^2}$$

$$= \sqrt{\frac{2m_B g h}{\left(m_A + m_B + \frac{1}{2}m_C\right)R^2}}$$

题 3-23　一长为 l、质量为 m 的均匀细杆，可绕过其一端的光滑水平轴转动。起初杆水平静止。求：（1）$t = 0$ 时的 α；（2）杆转到竖直位置时的 ω；（3）杆从水平到竖直过程中所受的外力矩的功；（4）杆从水平到竖直过程中所受的冲量矩的大小。

解：（1）
$$M = J\alpha$$

即

$$mg\frac{l}{2} = \frac{1}{3}ml^2\alpha$$

$$\alpha = \frac{3g}{2l}$$

（2）以杆、地球为系统，有

$$0 = \frac{1}{2}J\omega^2 - \frac{1}{2}mgl$$

$$\omega = \sqrt{\frac{mgl}{J}} = \sqrt{\frac{mgl}{\frac{1}{3}ml^2}} = \sqrt{\frac{3g}{l}}$$

（3）
$$A = \frac{1}{2}J\omega^2 - 0 = \frac{1}{2}mgl$$

（4）
$$\text{冲量矩大小} = J\omega - 0 = \frac{1}{3}ml^2\sqrt{\frac{3g}{l}} = m\sqrt{\frac{gl^3}{3}}$$

题 3-24　如图所示，一质量为 $m_0 = 3m$、长为 l 的均匀直棒，可绕垂直于棒一端的水平轴 O 无摩擦地转动，它原来静止在平衡位置上。现有一质量为 m 的子弹飞来，正好垂直地击中棒的下端。随后，棒携带子弹从平衡位置处摆动到最大角度 $\theta = 60°$ 处。（1）试计算子弹初速度 v_0 的大小；（2）求子弹受到的冲量。

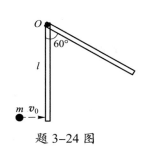

题 3-24 图

解：（1）设子弹的初速度为 v_0，棒经子弹打击后得到的初角速度为 ω，按题意，子弹打击棒遵从角动量守恒定律，有

$$mv_0l = \left(ml^2 + \frac{1}{3}m_0l^2\right)\omega \qquad ①$$

打击后，棒和子弹从竖直位置上摆到最大角度 $\theta = 60°$ 处，以杆的下端点为重力势能零点，按机械能守恒定律，有

$$\frac{1}{2}\left(ml^2 + \frac{1}{3}m_0l^2\right)\omega^2 + m_0g\frac{l}{2} = m_0g\left(l - \frac{l}{2}\cos 60°\right) + mgl(1 - \cos 60°)$$

由上式得

$$\omega = \sqrt{\frac{5g}{4l}}$$

将 ω 代入①式，得子弹的初速度大小为

$$v_0 = \sqrt{5gl}$$

（2）子弹受到的冲量为

$$\int F \mathrm{d}t = mv - mv_0$$

$$= ml\omega - mv_0$$

$$= \frac{1}{2}m\sqrt{5gl} - m\sqrt{5gl}$$

$$= -\frac{1}{2}m\sqrt{5gl}$$

负号说明子弹所受冲量的方向与其初速度方向相反。

题 3-25　有一质量为 m_0、半径为 R 并以角速度 ω 转动着的飞轮（可看作均匀圆盘），在某一瞬时突然有一块质量为 m 的碎片从飞轮的边缘上飞出，如图所示。假定碎片脱离飞轮时的瞬时速度方向正好竖直向上。（1）问它能升高多少？（2）求飞轮余下部分的角速度、角动量和转动动能。

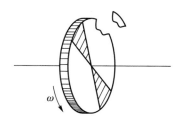

题 3-25 图

解:（1）碎片脱离飞轮瞬时的线速度即它上升的初速度，有

$$v_0 = R\omega$$

设碎片上升高度 h 时的速度为 v，则有

$$v^2 = v_0^2 - 2gh$$

令 $v = 0$，可求出碎片上升的最大高度为

$$H = \frac{v_0^2}{2g} = \frac{1}{2g}R^2\omega^2$$

（2）飞轮的转动惯量为 $J = \frac{1}{2}m_0R^2$，碎片抛出后飞轮余下部分的转动惯量为 $J' = \frac{1}{2}m_0R^2 - mR^2$，碎片脱离前，飞轮的角动量为 $J\omega$，碎片脱离后，碎片与飞轮余下部分之间的内力变为零，但内力不影响系统的总角动量，碎片与飞轮余下部分的总角动量应守恒，即

$$J\omega = J'\omega' + mv_0R$$

式中 ω' 为飞轮余下部分的角速度。于是有

$$\frac{1}{2}m_0R^2\omega = \left(\frac{1}{2}m_0R^2 - mR^2\right)\omega' + mv_0R$$

$$\left(\frac{1}{2}m_0R^2 - mR^2\right)\omega = \left(\frac{1}{2}m_0R^2 - mR^2\right)\omega'$$

得

$$\omega' = \omega$$

飞轮余下部分的角动量为

$$L = \left(\frac{1}{2}m_0R^2 - mR^2\right)\omega$$

转动动能为

$$E_k = \frac{1}{2}\left(\frac{1}{2}m_0R^2 - mR^2\right)\omega^2$$

题 3-26 一质量为 m、半径为 R 的自行车轮（假定质量均匀分布在轮缘上）可绕轴自由转动。另一质量为 m_0 的子弹以速度 v_0 射入轮缘（如图所示方向）。（1）开始时车轮是静止的，问在子弹打入后车轮的角速度为何值？（2）用 m、m_0 和 θ 表示系统（包括车轮和子弹）的最后动能和初始动能之比。

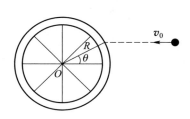

题 3-26 图

解：（1）子弹射入的过程中，系统对 O 轴的角动量守恒，有

$$R(\sin\theta)m_0v_0 = (m + m_0)R^2\omega$$

$$\omega = \frac{m_0v_0\sin\theta}{(m + m_0)R}$$

（2）
$$\frac{E_k}{E_{k0}} = \frac{\frac{1}{2}\left[(m + m_0)R^2\right]\left[\dfrac{m_0v_0\sin\theta}{(m + m_0)R}\right]^2}{\frac{1}{2}m_0v_0^2} = \frac{m_0\sin^2\theta}{m + m_0}$$

题 3-27 弹簧、定滑轮和物体的连接如图所示，弹簧的弹性系数为 k；定滑轮的转动惯量为 J，半径为 R，问当质量为 m 的物体落下 h 高度时，它的速率为多大？假设开始时物体静止而弹簧无伸长。

解：以物体、定滑轮、弹簧、地球为一系统，物体

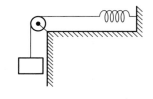

题 3-27 图

下落的过程中，机械能守恒，以最低点为重力势能零点，弹簧原长处为弹性势能零点，则有

$$mgh = \frac{1}{2}mv^2 + \frac{1}{2}J\omega^2 + \frac{1}{2}kh^2$$

又

$$\omega = v/R$$

故有

$$v = \sqrt{\frac{\left(2mgh - kh^2\right)R^2}{mR^2 + J}}$$

Chapter 4

第 4 章
机械振动

基本要求

1. 掌握描述简谐振动的各个物理量（特别是相位）的物理意义及各量间的关系。

2. 掌握描述简谐振动的旋转矢量法和图线表示法，并能将它们应用于简谐振动规律的讨论和分析。

3. 掌握简谐振动的基本特征，能建立一维简谐振动的微分方程，能根据给定的初始条件写出一维简谐振动的运动方程，并理解其物理意义。

4. 理解同方向、同频率简谐振动的合成规律，了解拍和相互垂直简谐振动合成的特点。

5. 了解阻尼振动、受迫振动和共振的发生条件及规律。

内容提要

1. 简谐振动的特征

（1）简谐振动的动力学特征：

$$F = -kx$$

其中，F 为振动系统所受合力，可以是弹性力，也可以是非弹性力（称为准弹性力）；x 是物体离开平衡位置的位移；k 是一个与振动系统有关的常量，不一定是弹簧的弹性系数，负号表示力的方向始终与物体位移方向相反，即始终指向平衡位置。也就是说，任何一个系统，若它所受的合力满足 $F = -kx$，则该系统一定作简谐振动。

作简谐振动的系统，其运动微分方程的通式为 $\dfrac{\mathrm{d}^2 x}{\mathrm{d}t^2} + \omega^2 x = 0$，其中，$\omega$ 是由系统性质决定的常量，即任一物理量（位移、速度、加速度、电场强度、磁场强度、电荷量、电流……）对时间的二阶导数只要与该量本身成正比且异号，则称该物理量作简谐振动。

（2）简谐振动的运动学特征（以弹簧振子为例）。

位移：

$$x = A\cos\left(\omega t + \varphi_0\right)$$

任何一个物理量，只要该量随时间的变化满足这个方程，则称该物理量作简谐振动。

实际上 $x = A\cos\left(\omega t + \varphi_0\right)$ 是运动微分方程 $\dfrac{\mathrm{d}^2 x}{\mathrm{d}t^2} + \omega^2 x = 0$ 的解，ω 为角频率，振幅 A 和初相位 φ_0 由系统初始条件决定。

速度：

$$v = -\omega A\sin\left(\omega t + \varphi_0\right)$$

振子位于平衡位置（$x = 0$）时，速度有极大值 $v_{\max} = |\pm\omega A|$；而振子偏离平衡位置的位移的绝对值最大（$x = \pm A$）时，速度有极小值 $v_{\min} = 0$。

对应于每一个 x，振子都有正、负两种可能的运动方向。

加速度：

$$a = \frac{\mathrm{d}^2 x}{\mathrm{d}t^2} = -\omega^2 A\cos\left(\omega t + \varphi_0\right) = -\omega^2 x$$

加速度与位移成正比且反向。振子在通过平衡位置时，加速度最小，$a_{\min} = 0$；振子的位移的绝对值最大时，加速度的绝对值最大，$a_{\max} = \omega^2 A$。

速度的相位超前位移 $\dfrac{\pi}{2}$，加速度与位移反相。

（3）简谐振动的能量特征（以弹簧振子为例）。

动能：

$$E_{\mathrm{k}} = \frac{1}{2}mv^2 = \frac{1}{2}kA^2\sin^2\left(\omega t + \varphi_0\right)$$

势能：

$$E_{\mathrm{p}} = \frac{1}{2}kx^2 = \frac{1}{2}kA^2\cos^2\left(\omega t + \varphi_0\right)$$

x 为振子偏离平衡位置的位移，在弹簧竖直悬挂时平衡位置不是弹簧的自然长度。动能为极大值时，势能一定为极小值，而总机械能守恒，即

$$E = E_{\mathrm{k}} + E_{\mathrm{p}} = \frac{1}{2}kA^2$$

动能、势能在一个周期内的平均值为

$$\overline{E_k} = \overline{E_p} = \frac{1}{2}E = \frac{1}{4}kA^2$$

2. 描述简谐振动的特征量

（1）振幅。

作简谐振动的物体离开平衡位置最大位移的绝对值，用 A 表示，它给出了振动系统的运动范围（ $-A \leqslant x \leqslant A$ ），反映了振动的强弱。振幅由系统的性质与初始条件共同决定，即

$$A = \sqrt{x_0^2 + \left(\frac{v_0}{\omega}\right)^2}$$

（2）周期、频率、角频率。

周期：系统完成一次完全振动所需要的时间，用 T 表示，它是振动状态重复出现的时间间隔，即每经历一个周期，振动状态（指振动物体的位移和速度）就完全重复一次，而在一个周期内，振动状态不重复地不断变化。

频率：系统在单位时间内完成的完全振动的次数，用 ν 表示，频率与周期互为倒数，即

$$\nu = \frac{1}{T}$$

角频率：系统在 2π s 内完成的完全振动的次数，用 ω 表示，即

$$\omega = 2\pi\nu = \frac{2\pi}{T}$$

系统的角频率由系统的固有属性决定，是一个常量，它就是简谐振动系统运动微分方程中的 ω ，如弹簧振子的 $\omega = \sqrt{\dfrac{k}{m}}$ ，单摆的 $\omega = \sqrt{\dfrac{g}{l}}$ 。

（3）相位和初相位。

相位：对于给定的振动系统，在已知 A 和 ω 的前提下，系统的振动状态 $x = A\cos(\omega t + \varphi_0)$ ， $v = -\omega A\sin(\omega t + \varphi_0)$ 由 $\varphi = \omega t + \varphi_0$ 决定， φ 叫相位。它是描述质点在某时刻的位置和速度的物理量。

初相位： $t = 0$ 时刻的相位，用 φ_0 表示，它表达了质点在初始时刻的位置和速度。其值由初始条件决定，即

$$\tan \varphi_0 = -\frac{v_0}{\omega x_0}$$

注意： 选取不同的开始计时时刻，初相位 φ_0 的值是不同的；反之，知道了初相位 φ_0 的值，初始时刻的振动状态（ x_0, v_0 ）即被唯一确定，有

$$x_0 = A\cos\varphi_0$$

$$v_0 = -\omega A\sin\varphi_0$$

3. 描述简谐振动的方法

（1）数学方法。

① 振幅 A：根据公式 $A = \sqrt{x_0^2 + \dfrac{v_0^2}{\omega^2}}$ 求出，式中 x_0 为振子的初始位移，v_0 为初速度，ω 为系统的角频率。

② 角频率 ω：根据公式 $\omega = \sqrt{\dfrac{k}{m}}$ 求出，它是系统本身的属性，与初始条件无关。

③ 初相位 φ_0：根据公式 $\varphi_0 = \arctan\left(\dfrac{-v_0}{\omega x_0}\right)$ 求出。

（2）几何方法——旋转矢量表示法。

为简单、直观地描述简谐振动，可用旋转矢量端点的运动来形象地描述质点的简谐振动。如图 4-1 所示，矢量 A 绕 O 点以匀角速度 ω 旋转时，其矢量端点在 x 轴上的投影点将在 O 点附近往复振动，且由几何图可知 $x = A\cos(\omega t + \varphi_0)$，因此，矢量 A 的端点在 x 轴上的投影点的运动与弹簧振子的振动可一一对应起来。

① 简谐振动的振幅 A 是旋转矢量的模，角频率 ω 是旋转矢量逆时针匀速转动的角速度，相位 $\omega t + \varphi_0$ 是旋转矢量沿逆时针方向旋转时与 x 轴正方向的夹角。

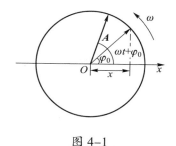

图 4-1

② 旋转矢量端点在 x 轴上的投影表示简谐振动的位移。

③ 由位移和速度的方向可以很方便地判断相位的范围，即

$$x > 0,\ v < 0 \quad \text{第 I 象限}$$
$$x < 0,\ v < 0 \quad \text{第 II 象限}$$
$$x < 0,\ v > 0 \quad \text{第 III 象限}$$
$$x > 0,\ v > 0 \quad \text{第 IV 象限}$$

注意：旋转矢量本身不作简谐振动，而旋转矢量端点在 x 轴上的投影作简谐振动。

（3）曲线方法（即 $x-t$ 图、$v-t$ 图、$a-t$ 图）。

$x-t$ 图称为振动曲线。由振动曲线可以直观地读出振幅 A、周期 T，并可根据振动曲线来确定初始时刻或某个时刻的相位。这里的关键是根据振动曲线来确定给

定时刻的振动状态（x、v）。

由 $v-t$ 图、$a-t$ 图同样可以读出振动的周期，但此时幅值分别是速度振幅和加速度振幅。

4. 简谐振动的能量

对于孤立的简谐振动系统，其动能为

$$E_k = \frac{1}{2}mv^2 = \frac{1}{2}m\omega^2 A^2 \sin^2\left(\omega t + \varphi_0\right)$$

势能为

$$E_p = \frac{1}{2}kx^2 = \frac{1}{2}kA^2 \cos^2\left(\omega t + \varphi_0\right)$$

机械能为

$$E = E_k + E_p = \frac{1}{2}kA^2 = 常量$$

对于竖直悬挂的弹簧，$E_p = \frac{1}{2}kx^2$ 中的 x 是振子离开平衡位置的位移，而非弹簧的实际伸长量。可以证明，$E_p = \frac{1}{2}kx^2$ 中既包括重力势能，也包括弹性势能。

5. 简谐振动的合成

两个同方向、同频率简谐振动的合振动仍是同方向、同频率的简谐振动。

它们的合振动可表示为

$$x = A\cos\left(\omega t + \varphi_0\right)$$

其合振幅为

$$A = \sqrt{A_1^2 + A_2^2 + 2A_1 A_2 \cos\left(\varphi_{20} - \varphi_{10}\right)}$$

合振动的初相位可由下式确定：

$$\tan\varphi_0 = \frac{A_1 \sin\varphi_{10} + A_2 \sin\varphi_{20}}{A_1 \cos\varphi_{10} + A_2 \cos\varphi_{20}}$$

合振动加强或减弱的条件如下：

当 $\Delta\varphi = \varphi_{20} - \varphi_{10} = \pm 2k\pi$ $(k = 0, 1, 2, \cdots)$ 时，$A = A_1 + A_2$，合振动加强；

当 $\Delta\varphi = \pm(2k+1)\pi$ $(k = 0, 1, 2, \cdots)$ 时，$A = |A_1 - A_2|$，合振动减弱。

以上的结论是讨论波的干涉的基础知识，同时它们也适用于电磁波、光波的合成及干涉。

习　题

题 4-1　分析下列运动是不是简谐振动：（1）拍皮球时球的运动；（2）一小球在一半径很大的光滑凹球面内滚动，如图所示（设小球所经过的弧线很短）。

题 4-1 图

解：一个系统作简谐振动，必须同时满足以下三个条件：① 描述系统的各种参量，如质量、转动惯量、摆长……在运动中保持为常量；② 系统在自己的稳定平衡位置附近作往复运动；③ 在运动中，系统只受到其内部的线性回复力的作用。或者说，若一个系统的运动微分方程能用

$$\frac{\mathrm{d}^2\xi}{\mathrm{d}t^2} + \omega^2\xi = 0$$

描述，则其所作的运动就是简谐振动。

（1）拍皮球时球的运动不是简谐振动。第一，球的运动轨道中并不存在一个稳定的平衡位置；第二，球在运动中所受的三个力：重力、地面给予的弹性力、拍球者给予的拍击力，都不是线性回复力。

（2）小球在图中所示的情况下所作的小弧度的运动，是简谐振动。显然，小球在运动过程中，各种参量均为常量；该系统（小球、凹球面、地球）的稳定平衡位置即凹球面最低点，即系统势能最小值位置点 O；而小球在运动中的回复力为 $-mg\sin\theta$，$\Delta s \ll R$，故 $\theta = \dfrac{\Delta s}{R} \to 0$，所以回复力可写为 $-mg\theta$。式中负号表示回复力的方向始终与角位移的方向相反。即小球在 O 点附近的往复运动中所受的回复力是线性的。若以小球为对象，则小球在以 O 为圆心的竖直平面内作圆周运动，由牛顿第二定律，在凹球面切线方向上有

$$mR\frac{\mathrm{d}^2\theta}{\mathrm{d}t^2} = -mg\theta$$

令 $\omega^2 = \dfrac{g}{R}$，则有

$$\frac{\mathrm{d}^2\theta}{\mathrm{d}t^2} + \omega^2\theta = 0$$

题 4-2　一个沿 x 轴作简谐振动的弹簧振子，其振幅为 A，周期为 T，其振动方程用余弦函数表示。如果 $t = 0$ 时质点的状态分别是（1）$x_0 = A$；（2）过平衡位置向 x 轴负方向运动；（3）过 $x_0 = \dfrac{A}{2}$ 处向 x 轴正方向运动；（4）过 $x_0 = -\dfrac{A}{\sqrt{2}}$ 处向 x 轴负方向运动。试求出相应的初相位，并写出振动方程。

解：（1）根据旋转矢量法，如图（a）所示，初相位 $\varphi_0 = 0$。故有

$$x = A\cos\frac{2\pi}{T}t$$

（2）根据旋转矢量法，如图（b）所示，初相位 $\varphi_0 = \dfrac{\pi}{2}$。故有

$$x = A\cos\left(\frac{2\pi}{T}t + \frac{\pi}{2}\right)$$

（3）根据旋转矢量法，如图（c）所示，初相位 $\varphi_0 = -\dfrac{\pi}{3}$。故有

$$x = A\cos\left(\frac{2\pi}{T}t - \frac{\pi}{3}\right)$$

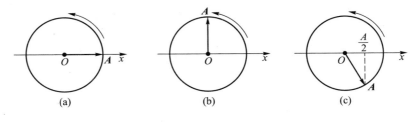

题 4-2 图

（4）该问仍然可以用旋转矢量法求出初相位 φ_0，然后写出方程。下面我们换一种方法来求解。

因为

$$x_0 = A\cos\varphi_0$$

所以

$$-\frac{A}{\sqrt{2}} = A\cos\varphi_0$$

$$\cos\varphi_0 = -\frac{\sqrt{2}}{2}$$

由于弹簧振子向 x 轴负方向运动，所以 φ_0 取第二象限角。故有

$$\varphi_0 = \pi - \frac{\pi}{4} = \frac{3}{4}\pi$$

振动方程为

$$x = A\cos\left(\frac{2\pi}{T}t + \frac{3\pi}{4}\right)$$

题 4-3 图为两个简谐振动的 $x-t$ 曲线，试分别写出其简谐振动方程。

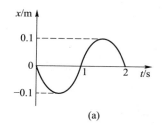 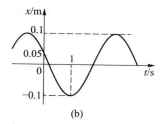

(a)　　　　　　　　(b)

题 4-3 图

解： 由图（a），因为 $t=0$ 时，$x_0=0$，$v_0<0$，所以 $\varphi_0=\dfrac{\pi}{2}$，又 $A=0.1\,\text{m}$，$T=2\,\text{s}$，即

$$\omega=\frac{2\pi}{T}=\pi\,\text{rad}\cdot\text{s}^{-1}$$

故

$$x_a=0.1\cos\left(\pi t+\frac{\pi}{2}\right)（\text{SI 单位}）$$

由图（b），$t=0$ 时，$x_0=\dfrac{A}{2}$，$v_0<0$，所以 $\varphi_0=\dfrac{\pi}{3}$。$t_1=1\,\text{s}$ 时，$x_1=-A$，所以 $\varphi_1=\pi$。又

$$\varphi_1=\omega\times(1\,\text{s})+\frac{\pi}{3}=\pi$$

$$\omega=\frac{2}{3}\pi\ \text{rad}\cdot\text{s}^{-1}$$

故

$$x_b=0.1\cos\left(\frac{2}{3}\pi t+\frac{\pi}{3}\right)\ （\text{SI 单位}）$$

题 4-4 若简谐振动方程为 $x=0.10\sin(\pi t+0.25\pi)$（SI 单位），求：（1）振幅、频率、角频率、周期和初相位；（2）$t=2\,\text{s}$ 时的位移、速度和加速度。

解： 把简谐振动方程变成标准形式：

$$x=0.10\cos(\pi t-0.25\pi)（\text{SI 单位}）$$

（1）$A=0.1\,\text{m}$，$\omega=\pi\,\text{rad}\cdot\text{s}^{-1}$，有

$$T=2\pi/\omega=(2\pi/\pi)\,\text{s}=2\,\text{s}$$

$$\nu=1/T=0.5\,\text{s}^{-1}$$

$$\varphi_0=-0.25\,\pi$$

（2）速度为

$$v=-0.1\pi\sin(\pi t-0.25\pi)\ （\text{SI 单位}）$$

加速度为

$$a = -0.1\pi^2 \cos(\pi t - 0.25\pi) \text{(SI 单位)}$$

将 $t = 2$ s 代入上述式子中，得

$$x \approx 7.07 \times 10^{-2} \text{ m}$$

$$v \approx 2.22 \times 10^{-1} \text{ m} \cdot \text{s}^{-1}$$

$$a \approx -6.98 \times 10^{-1} \text{ m} \cdot \text{s}^{-2}$$

题 4-5 一放置在水平桌面上的弹簧振子，振幅为 A，周期为 T。当 $t = 0$ 时：（1）物体在正方向端点；（2）物体在平衡位置、向负方向运动；（3）物体在 $x = \dfrac{A}{2}$ 处，向负方向运动；（4）物体在 $x = -\dfrac{A}{2}$ 处，向正方向运动（如图所示）。求以上各情况的振动方程。

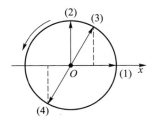

题 4-5 图

解： A 和 ω 可由已知条件求出，代入 $t = 0$ 时各种情况的 x_0 值，再根据 v_0 的方向即可求出 φ_0。

（1）
$$x = A\cos\frac{2\pi}{T}t$$

（2）
$$x = A\cos\left(\frac{2\pi}{T}t + \frac{\pi}{2}\right)$$

（3）
$$x = A\cos\left(\frac{2\pi}{T}t + \frac{\pi}{3}\right)$$

（4）
$$x = A\cos\left(\frac{2\pi}{T}t + \frac{4\pi}{3}\right)$$

题 4-6 有一弹簧，当其下端挂一质量为 m 的物体时，伸长量为 x_0。若使物体上下振动，且规定向下为正方向。（1）当 $t = 0$ 时，物体在平衡位置上方 $2x_0$ 处，由静止开始向下运动，求振动方程；（2）当 $t = 0$ 时，物体在平衡位置并以 v_0 的速度向下运动，求振动方程。

解： 用旋转矢量图确定 $x = A\cos(\omega t + \varphi_0)$ 的初相位，ω 可由已知条件求出，代入 $t = 0$ 时各种情况的 x_0 值，再根据 v_0 的方向即可求出 φ_0。A 的值在第一种情况下为初位移的绝对值，在第二种情况下根据机械能守恒定律可求。

（1）在平衡位置，有

$$mg = kx_0$$

从而有

$$\omega = \sqrt{\frac{k}{m}} = \sqrt{\frac{g}{x_0}}$$

$$x = 2x_0 \cos\left(\sqrt{\frac{g}{x_0}}t + \pi\right)$$

（2）
$$x = \sqrt{\frac{g}{x_0}}v_0 \cos\left(\sqrt{\frac{g}{x_0}}t - \frac{\pi}{2}\right)$$

题 4-7 某振动质点的 $x - t$ 曲线如图所示，试求：（1）振动方程；（2）点 P 对应的相位；（3）到达点 P 相应位置所需的时间。

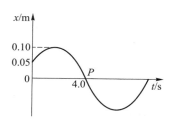

题 4-7 图

解： 振动方程为 $x = A\cos(\omega t + \varphi_0)$，$A$ 和 ω 可由图求出，代入 $t = 0$ 时的 x_0 值，再根据旋转矢量图，由 4 s 与周期的比值可得周期。

（1）振动方程为

$$x = 0.1\cos\left(5\pi t/24 - \pi/3\right) \text{（SI 单位）}$$

（2）点 P 对应的相位为

$$\varphi_P = \frac{\pi}{2}$$

（3）所需的时间为

$$\Delta t = \frac{\Delta\varphi}{\omega} = 4 \text{ s}$$

题 4-8 如图所示，一弹性系数为 k 的水平轻弹簧，左端固定，右端系一质量为 m 的滑块 a，置于无摩擦的水平面上，此时弹簧为原长。质量与滑块 a 相等的滑块 b，以速度 v 从 a 的右侧与 a 作完全非弹性碰撞，撞后一起作简谐振动。若取碰撞时为起始时刻，试写出其振动方程。

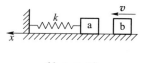

题 4-8 图

解： 碰撞时，动量守恒，有

$$mv = 2mv_0 , \ v_0 = v/2$$

设振动方程为

$$x = A\cos\left(\omega t + \varphi_0\right)$$

角频率为

$$\omega = \sqrt{\frac{k}{m}}$$

由机械能守恒，$kA^2/2 = 2mv_0^2/2$，得

$$A = \sqrt{\frac{m}{2k}}\, v$$

$t = 0$ 时，$x_0 = 0$，$0 = A\cos\varphi_0$，$\varphi_0 = \pm\pi/2$；

又 $t = 0$ 时，$v_0 > 0$，所以 $\sin\varphi_0 < 0$，$\varphi_0 = -\pi/2$。

所以有

$$x = \sqrt{\frac{m}{2k}}\, v\cos\left(\sqrt{\frac{k}{m}}\, t - \frac{\pi}{2}\right)$$

题 4-9 一原长为 0.5 m 的弹簧，上端固定，下端挂一质量为 0.1 kg 的物体，当物体静止时，弹簧长度为 0.6 m。现将物体上推，使弹簧缩回到原长，然后放手，以放手时开始计时，取竖直向下为正方向，写出振动方程。（g 取 9.8 m·s^{-2}。）

解： 振动方程为

$$x = A\cos\left(\omega t + \varphi_0\right)$$

在本题中，$k\Delta x = mg$，$\Delta x = 0.6$ m $- 0.5$ m $= 0.1$ m，所以 $k = 9.8$ N·m^{-1}。故有

$$\omega = \sqrt{\frac{k}{m}} = \sqrt{\frac{9.8}{0.1}}\ \text{rad·s}^{-1} = \sqrt{98}\ \text{rad·s}^{-1}$$

振幅是物体离开平衡位置的最大距离。以弹簧长度为 0.6 m 处为物体的平衡位置，以向下为正方向。如果使弹簧的初状态为原长，那么 $A = 0.1$ m。当 $t = 0$ 时，$x_0 = -A$，那么就可以知道初相位为 π。

所以有

$$x = 0.1\cos\left(\sqrt{98}\, t + \pi\right)\ (\text{SI 单位})$$

题 4-10 一竖直悬挂的弹簧下端挂一物体，最初用手将物体在弹簧原长处托住，然后放手，此系统便上下振动起来，已知物体最低位置是初始位置下方 10.0 cm 处，（1）求振动频率；（2）求物体在初始位置下方 8.0 cm 处的速度大小；（3）如果以向下为 x 轴正方向，求物体的振动方程。

解：（1）由题知 $2A = 10$ cm，所以 $A = 5$ cm。

$$\frac{k}{m} = \frac{g}{\Delta x} = \frac{9.8}{5\times10^{-2}}\ \text{s}^{-2} = 196\ \text{s}^{-2}$$

又

$$\omega = \sqrt{\frac{k}{m}} = \sqrt{196}\ \text{rad·s}^{-1} = 14\ \text{rad·s}^{-1}$$

即

$$\nu = \frac{1}{2\pi}\sqrt{\frac{k}{m}} = \frac{7}{\pi} \text{ s}^{-1}$$

（2）物体在初始位置下方 8.0 cm 处，对应着 $x = 3$ cm 的位置，所以

$$\cos\varphi = \frac{x}{A} = \frac{3}{5}$$

那么此时有

$$\sin\varphi = -\frac{v}{A\omega} = \pm\frac{4}{5}$$

速度的大小为

$$v = \frac{4}{5}A\omega = 0.56 \text{ m}\cdot\text{s}^{-1}$$

（3）由旋转矢量法，得初相位为

$$\varphi_0 = -\pi$$

物体的振动方程为

$$x = 5 \times 10^{-2}\cos(14t - \pi)（\text{SI 单位}）$$

题 4-11 一质点沿 x 轴作简谐振动，振幅为 0.12 m，周期为 2 s。当 $t = 0$ 时，位移为 0.06 m，且向 x 轴负方向运动。（1）求振动方程；（2）求 $t = 0.5$ s 时，质点的位置、速度和加速度；（3）如果在某时刻质点位于 $x = -0.06$ m 处，且向 x 轴正方向运动，求从该位置回到平衡位置所需要的时间。

解：（1）由题已知

$$T = 2 \text{ s}, \quad \omega = 2\pi/T = \pi \text{ rad}\cdot\text{s}^{-1}$$

又 $t = 0$ 时，$x_0 = \dfrac{A}{2}$，$v_0 < 0$。由旋转矢量图，可知

$$\varphi_0 = \frac{\pi}{3}$$

故振动方程为

$$x = 0.12\cos\left(\pi t + \frac{\pi}{3}\right)（\text{SI 单位}）$$

（2）将 $t = 0.5$ s 代入得

$$x = 0.12\cos\left(\pi t + \frac{\pi}{3}\right) = -0.06\sqrt{3} \text{ m}$$

$$v = -0.12\pi\sin\left(\pi t + \frac{\pi}{3}\right) = -0.06\pi \text{ m}\cdot\text{s}^{-1}$$

$$a = -0.12\pi^2 \cos\left(\pi t + \frac{\pi}{3}\right) = 0.12\pi^2 \sin\frac{\pi}{3} \ \text{m·s}^{-2} = 0.06\sqrt{3}\pi^2 \ \text{m·s}^{-2}$$

本题所有解答步骤均采用 SI 单位。

（3）由题知，某时刻质点位于 $x = -0.06$ m 处，且向 x 轴正方向运动，即 $x_0 = -A/2$，且 $v_0 > 0$，故相位差 $\Delta\varphi = \dfrac{\pi}{6}$，所以有

$$t = \Delta\varphi / \omega = \left[(\pi/6)/\pi\right] \ \text{s} = (1/6) \ \text{s}$$

题 4-12 两质点作同方向、同频率的简谐振动，振幅相等。当质点 1 在 $x_1 = A/2$ 处且向左运动时，另一个质点 2 在 $x_2 = -A/2$ 处且向右运动。求：（1）这两个质点的相位差；（2）合振动振幅。

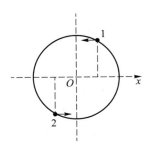

解：（1）如图所示，由旋转矢量图可知：

当质点 1 在 $x_1 = A/2$ 处且向左运动时，相位为 $\pi/3$；

当质点 2 在 $x_2 = -A/2$ 处且向右运动时，相位为 $4\pi/3$。

所以它们的相位差为 π。

题 4-12 图

（2）合振动振幅为

$$A = \sqrt{A_1^2 + A_2^2 + 2A_1 A_2 \cos\Delta\varphi} = 0$$

题 4-13 如图所示，一质量为 m 的密度计，放在密度为 ρ 的液体中。已知密度计圆管的直径为 d。（1）试证明，密度计经推动后，在竖直方向的振动为简谐振动，并计算其周期；（2）如果 $t = 0$ 时刻密度计被按到平衡位置以下 x_0 处，然后由静止释放，以向上为 x 轴正方向，求释放后密度计的振动方程。

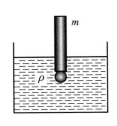

题 4-13 图

解：（1）设浮力大小为 F，当 $F = G$ 时，密度计处于平衡位置。设此时密度计进入水中的深度为 a，则有

$$\rho g S a = mg$$

以水面作为坐标原点，以向上为 x 轴正方向，密度计质心的位移为 x，则分析受力可得，不管它处在什么位置，其浸没水中的部分都可以用 $a - x$ 来表示，所以有

$$F = \rho g (a - x) S - \rho g a S = -\rho g S x = -kx$$

$$a = \frac{F}{m} = -\frac{\rho g S x}{m} = \frac{\mathrm{d}^2 x}{\mathrm{d}t^2}$$

令

$$\omega^2 = \frac{\rho g S}{m} = \frac{\rho g \pi d^2}{4m}$$

可得到

$$\frac{\mathrm{d}^2 x}{\mathrm{d}t^2} + \omega^2 x = 0$$

可见它是一个简谐振动。

周期为

$$T = 2\pi / \omega = \frac{4}{d}\sqrt{\frac{\pi m}{\rho g}}$$

（2）由旋转矢量可知，初相位 $\varphi_0 = \pi$。振动方程为

$$x = x_0 \cos\left(\sqrt{\frac{\rho g \pi d^2}{4m}}\, t + \pi\right)$$

题 4-14 当简谐振动的位移为振幅的一半时，其动能和势能各占总能量的多少？物体在什么位置时其动能和势能各占总能量的一半？

解： 总能量为

$$E = \frac{1}{2}kA^2$$

势能为

$$E_{\mathrm{p}} = \frac{1}{2}kx^2 = \frac{1}{2}k\left(\frac{1}{2}A\right)^2 = \frac{1}{4}E$$

动能为

$$E_{\mathrm{k}} = \frac{3}{4}E$$

当物体的动能和势能各占总能量的一半时，有

$$\frac{1}{2}kx^2 = \frac{1}{2}\left(\frac{1}{2}kA^2\right) = \frac{1}{2}E$$

所以

$$x = \pm\frac{\sqrt{2}}{2}A$$

题 4-15 试用最简单的方法求出下列两组简谐振动合成后所得合振动的表达式。

$$（1）\begin{cases} x_1 = 0.7\cos\left(3t + \dfrac{\pi}{3}\right)（\text{SI 单位}） \\ x_2 = 0.5\cos\left(3t + \dfrac{7\pi}{3}\right)（\text{SI 单位}） \end{cases} （2）\begin{cases} x_1 = 0.7\cos\left(3t + \dfrac{\pi}{3}\right)（\text{SI 单位}） \\ x_2 = 0.5\cos\left(3t + \dfrac{4\pi}{3}\right)（\text{SI 单位}） \end{cases}$$

解：（1）

$$\Delta\varphi = \varphi_2 - \varphi_1 = \frac{7\pi}{3} - \frac{\pi}{3} = 2\pi$$

合振幅为

$$A = A_1 + A_2 = 1.2 \text{ m}$$

合振动表达式为

$$x = x_1 + x_2 = 1.2\cos\left(3t + \frac{\pi}{3}\right)（\text{SI 单位}）$$

（2）

$$\Delta\varphi = \frac{4\pi}{3} - \frac{\pi}{3} = \pi$$

合振幅为

$$A = 0.2 \text{ m}$$

合振动表达式为

$$x = x_1 + x_2 = 0.2\cos\left(3t + \frac{\pi}{3}\right)（\text{SI 单位}）$$

题 4-16 两个同方向的简谐振动曲线如图（a）所示。（1）求合振动的振幅；
（2）求合振动的振动方程。

解：（1）通过旋转矢量图分析最为简单，如图（b）所示。

先分析两个振动的状态：

$$t = 0 \text{ 时，} \quad \varphi_{10} = \frac{\pi}{2}$$

$$t = 0 \text{ 时，} \quad \varphi_{20} = -\frac{\pi}{2}$$

由旋转矢量图，两者处于反相状态，所以合成结果为

$$A = \left| A_2 - A_1 \right|$$

（2）振动相位判断：当 $A_1 > A_2$ 时，$\varphi_0 = \varphi_{10}$；当 $A_1 < A_2$ 时，$\varphi_0 = \varphi_{20}$。所以本题中，$\varphi_0 = \varphi_{20} = -\dfrac{\pi}{2}$。

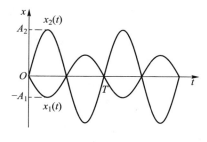

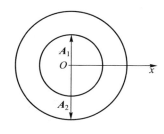

(a) 简谐振动曲线　　　　(b) $t=0$ 时的旋转矢量图

题 4-16 图

振动方程为

$$x = \left(A_2 - A_1 \right) \cos \left(\frac{2\pi}{T} t - \frac{\pi}{2} \right)$$

题 4-17 某弹簧振子在真空中自由振动的周期为 T_0，现将该弹簧振子浸入水中，由于水的阻尼作用，经过每个周期振幅降为原来的 90%，求振子在水中的振动周期 T。

解： 有阻尼时，

$$T = \frac{2\pi}{\sqrt{\omega_0^2 - \beta^2}}, \quad T_0 = \frac{2\pi}{\omega_0}$$

$$A = A_0 e^{-\beta t}, \quad 0.9 A_0 = A_0 e^{-\beta T}, \quad \beta = -\frac{\ln 0.9}{T}$$

$$T = \frac{T_0}{2\pi} \sqrt{4\pi^2 + \left(\ln 0.9 \right)^2} \approx 1.000\,14 T_0$$

题 4-18 质点分别参与下列三组互相垂直的简谐振动：

（1）
$$\begin{cases} x = 4 \cos \left(8\pi t + \dfrac{\pi}{6} \right) \\ y = 4 \cos \left(8\pi t - \dfrac{\pi}{6} \right) \end{cases}$$

（2）
$$\begin{cases} x = 4 \cos \left(8\pi t + \dfrac{\pi}{6} \right) \\ y = 4 \cos \left(8\pi t - \dfrac{5\pi}{6} \right) \end{cases}$$

（3）
$$\begin{cases} x = 4 \cos \left(8\pi t + \dfrac{\pi}{6} \right) \\ y = 4 \cos \left(8\pi t + \dfrac{2\pi}{3} \right) \end{cases}$$

试判别质点运动的轨道。（本题采用 SI 单位。）

解：质点参与的运动是两个频率相同、振幅相同的互相垂直的简谐振动的叠加。

$$\frac{x^2}{A^2} + \frac{y^2}{A^2} - \frac{2xy}{A^2}\cos(\varphi_2 - \varphi_1) = \sin^2(\varphi_2 - \varphi_1)$$

（1）$\Delta\varphi = \varphi_2 - \varphi_1 = -\dfrac{\pi}{3}$，则方程化为

$$x^2 + y^2 - xy = 12（\text{SI 单位}）$$

轨道为一椭圆。

（2）$\Delta\varphi = \varphi_2 - \varphi_1 = -\pi$，则方程化为

$$\left(\frac{x}{A} + \frac{y}{A}\right)^2 = 0,\quad y = -x$$

轨道在一直线上。

（3）$\Delta\varphi = \varphi_2 - \varphi_1 = \dfrac{\pi}{2}$，则方程化为

$$x^2 + y^2 = 16（\text{SI 单位}）$$

轨道为一圆。

题 4-19 在示波器的水平和垂直输入端分别加上余弦式交变电压，荧光屏上出现如图所示的李萨如图形。已知水平方向振动频率为 2.7×10^4 Hz，求垂直方向的振动频率。

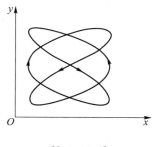

题 4-19 图

解：通过和书上的李萨如图形相比较，可发现它满足两方向的振动频率比 $3:2$。由水平方向振动频率为 2.7×10^4 Hz，可得垂直方向的振动频率为 1.8×10^4 Hz。

题 4-20 一轻弹簧的弹性系数为 k，其下端悬有一质量为 m 的盘子。现有一质量为 m' 的物体从离盘底 h 高度处自由下落到盘中并和盘子粘在一起，于是盘子开始振动。（1）此时的振动周期与空盘子作振动时的周期有何不同？（2）此时的振动振幅有多大？（3）取平衡位置为原点，位移以向下为正，并以弹簧开始振动时作为计时起点，求初相位并写出物体与盘子的振动方程。

解：（1）空盘子的振动周期为 $2\pi\sqrt{\dfrac{m}{k}}$，物体落下后振动周期为 $2\pi\sqrt{\dfrac{m+m'}{k}}$，即增大。

（2）按（3）所设坐标原点及计时起点，$t = 0$ 时，$x_0 = -\dfrac{m'g}{k}$。碰撞时，以 m、m' 为一系统，其动量守恒，即

$$m'\sqrt{2gh} = (m' + m)v_0$$

则有

$$v_0 = \frac{m'\sqrt{2gh}}{m' + m}$$

于是

$$A = \sqrt{x_0^2 + \left(\frac{v_0}{\omega}\right)^2} = \sqrt{\frac{m'^2 g^2}{k^2} + \frac{m'^2 \cdot 2gh}{(m' + m)k}}$$

（3）$\tan \varphi_0 = -\dfrac{v_0}{x_0 \omega} = \sqrt{\dfrac{2kh}{(m + m')g}}$（第三象限），所以振动方程为

$$x = \sqrt{\frac{m'^2 g^2}{k^2} + \frac{m'^2 \cdot 2gh}{(m' + m)k}} \cos\left[\sqrt{\frac{k}{m' + m}}\,t + \arctan\sqrt{\frac{2kh}{(m + m')g}}\right]$$

题 4-21 有一单摆，摆长为 $l = 1.0$ m，摆球质量为 $m = 10 \times 10^{-3}$ kg，当摆球处在平衡位置时，若给小球一水平向右的冲量 $F\Delta t = 1.0 \times 10^{-4}$ kg·m·s^{-1}，取打击时刻为计时起点（$t = 0$），求振动的初相位和角振幅，并写出小球的振动方程。

解： 由动量定理，有

$$F\Delta t = mv - 0$$

所以有

$$v = \frac{F\Delta t}{m} = \frac{1.0 \times 10^{-4}}{10 \times 10^{-3}}\,\text{m·s}^{-1} = 0.01\,\text{m·s}^{-1}$$

按题设计时起点，并设向右为 x 轴正方向，则知 $t = 0$ 时，$x_0 = 0$，$v_0 = 0.01$ m·s$^{-1} > 0$。所以有

$$\varphi_0 = 3\pi / 2$$

又因为

$$\omega = \sqrt{\frac{g}{l}} = \sqrt{\frac{9.8}{1.0}}\,\text{rad·s}^{-1} \approx 3.13\,\text{rad·s}^{-1}$$

所以有

$$A = \sqrt{x_0^2 + \left(\frac{v_0}{\omega}\right)^2} = \frac{v_0}{\omega} = \frac{0.01}{3.13}\,\text{m} \approx 3.2 \times 10^{-3}\,\text{m}$$

故其角振幅为

$$\Theta = \frac{A}{l} = 3.2 \times 10^{-3}\,\text{rad}$$

小球的振动方程为

$$\theta = 3.2 \times 10^{-3} \cos\left(3.13t + \frac{3}{2}\pi\right)（\text{SI 单位}）$$

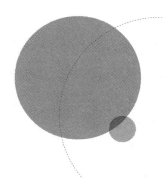

Chapter 5

第 5 章
机械波

基本要求

1. 掌握描述简谐波的各物理量及各量间的关系。

2. 理解机械波产生的条件。掌握由已知质点的简谐振动方程得出平面简谐波的波函数的方法。理解波函数的物理意义。了解波的能量传播特征及能流、能流密度概念。

3. 了解惠更斯原理和波的叠加原理。理解波的相干条件，能应用相位差和波程差分析、确定相干波叠加后振幅加强和减弱的条件。

4. 理解驻波及其形成条件，了解驻波和行波的区别。

5. 了解机械波的多普勒效应及其产生的原因。在波源或观察者沿二者连线运动的情况下，能计算多普勒频移。

内容提要

1. 描述波动的物理量

（1）周期 T。

介质中各质点振动的周期和频率称为波的周期和频率。

波的周期和频率等于振源的周期和频率。所以波的周期和频率由振源的状况决定，与介质的性质无关。在时间上，每经过一个周期，介质中各质点的振动状态重复一次。可见，周期体现了波动过程在时间上的周期性。

（2）波长 λ。

振源的振动在一个周期内传播的距离称为波长。

波长是波动过程所特有的物理量。介质中的质点每经过一个周期，振动状态重复一次，与此同时，振动状态传播了一个波长。所以沿着波传播的方向，相隔一个波长的两点，它们的振动状态相同，即振动相位相同，或者说相位差为 2π。因此反过来说，振动相位相同的相邻两质点间的距离是一个波长。在空间中，每经过一个波长，介质中各质点的振动状态重复一次。可见，波长体现了波动过程在空间上的周期性。

（3）波速 u。

振动状态在介质中传播的速度称为波速。

振动状态的传播也就是振动相位的传播，所以波速又可以称为相速。机械波的传播速度完全取决于介质的性质，即取决于介质的弹性性质和惯性性质。表征介质弹性性质的物理量是弹性模量，表征其惯性性质的物理量是密度。对各向同性的介质来说，波速是常量，与波的频率及振源的状况无关。

（4）波速与波长、周期（频率）的关系：

$$\lambda = uT = \frac{u}{\nu}$$

2. 平面简谐波的波动方程

（1）公式：

$$
\begin{aligned}
y(x,t) &= A\cos\left[\omega\left(t \mp \frac{x}{u}\right) + \varphi_0\right] \\
&= A\cos\left[2\pi\left(\nu t \mp \frac{x}{\lambda}\right) + \varphi_0\right] \\
&= A\cos\left[2\pi\left(\frac{t}{T} \mp \frac{x}{\lambda}\right) + \varphi_0\right] \\
&= A\cos\left[k\left(ut \mp x\right) + \varphi_0\right]
\end{aligned}
$$

式中 $k = \dfrac{2\pi}{\lambda}$ 叫作波矢。

注意：波沿 x 轴正方向传播时，取 "$-$" 号；波沿 x 轴负方向传播时，取 "$+$" 号。波动方程实质上是波线上任一点 x 的振动方程。

说明：

① 波动方程中有 x、t 两个自变量。

② 位移 y 是 x、t 的二元函数。

（2）物理意义。

① x 一定时，$y = y(t)$，此时波动方程为 x 处质元的振动方程，定量描述了简谐波的时间周期性，该质元的振动初相位为

$$\varphi_{x0} = \varphi_0 \mp 2\pi \frac{x}{\lambda}$$

φ_0 是坐标原点处质元的振动初相位，$\mp 2\pi \frac{x}{\lambda}$ 表示 x 处质元相对于原点处质元落后或超前的相位（负号表示"落后"，正号表示"超前"）。显然，φ_{x0} 沿 x 方向逐点变化，这就定量描述了波线上各质元在运动步调上的差异及其内在联系。正是这种相位差异和联系反映了波动中振动状态由近及远的传播。

② t 一定时，$y = y(x)$，此时波动方程描述了此时刻波线上各质元的位移在空间的分布，即此刻的波形。

由方程可得到此刻波线上任意两质元之间的相位关系，即 t 时刻 x_1 和 x_2 两质元的相位差为

$$\Delta \varphi = \left(\omega t + \varphi \mp 2\pi \frac{x_2}{\lambda} \right) - \left(\omega t + \varphi \mp 2\pi \frac{x_1}{\lambda} \right) = \mp 2\pi \frac{x_2 - x_1}{\lambda} = \mp 2\pi \frac{\Delta x}{\lambda}$$

这就从波动方程得到了同一时刻波线上两质元间的相位差关系式。若 $\Delta x = k\lambda$（k 为整数），则 $\Delta \varphi = 2k\pi$。可见，当波线上两质元间的距离为波长的整数倍时，其振动同相，具有相同的振动状态，这表明波动中任一时刻振动状态的分布都具有空间周期性，且波动方程决定了这种周期分布的余弦性质，这就定量描述了简谐波的空间周期性。如果将方程用 y–x 曲线图示出来，那么该曲线就是 t 时刻的波形曲线。这也是简谐波空间周期性的一种形象而又准确的描绘。

③ x、t 均变化时，$y = y(x,t)$，由方程 $y(x+\Delta x, t+\Delta t) = y(x,t)$ 可知，随着时间的推移，经 Δt 时间后 x 处质元的振动状态以波速传至 $x + \Delta x$ 处。这样，当 x 和 t 都变化时，波动方程不仅描述了所有质元的简谐振动，展示出任一时刻质元振动状态的空间分布，而且定量描绘出振动状态和波形以波速向前传播的动态图景。

（3）相位差与波程差的关系：

$$\Delta \varphi = \frac{2\pi}{\lambda} \Delta x$$

（4）由已知条件求波动方程。

求波动方程的关键是确定 x 处质元的初相位 φ_{x0}。

① 建立坐标系。

② 根据已知条件写出坐标轴上某点（常取坐标原点）的振动方程：

$$y = A\cos(\omega t + \varphi_0)$$

③ 在坐标轴上任取一质元 P（距原点 x），看 P 的振动（相位）比原点是落后还是超前，然后写出波动方程：

$$y = A\cos\left[\omega\left(t \mp \frac{x}{u}\right) + \varphi_0\right]$$

$$= A\cos\left(\omega t \mp \frac{2\pi}{\lambda}x + \varphi_0\right)$$

落后用"−"号，超前用"+"号。

注意：沿波的传播方向，质元的振动相位依次落后。

3. 波的能量

（1）波的能量密度 w。

单位体积介质内的能量称为波的能量密度。

$$w = \frac{\mathrm{d}E}{\mathrm{d}V} = \rho A^2 \omega^2 \sin^2\left[\omega\left(t - \frac{x}{u}\right) + \varphi_0\right]$$

（2）平均能量密度 $\overline{w}$。

能量密度在一个周期内的平均值称为平均能量密度。

$$\overline{w} = \frac{1}{T}\int_0^T w\mathrm{d}t = \frac{1}{T}\int_0^T \rho A^2 \omega^2 \sin^2\left[\omega\left(t - \frac{x}{u}\right) + \varphi_0\right]\mathrm{d}t = \frac{1}{2}\rho A^2 \omega^2$$

（3）能流 P。

单位时间内通过介质中垂直于波速 $\boldsymbol{u}$ 的某一面积 ΔS 的能量称为能流。

$$P = wu\Delta S = u\Delta S \rho A^2 \omega^2 \sin^2\left[\omega\left(t - \frac{x}{u}\right) + \varphi_0\right]$$

（4）平均能流。

一个周期内能流的平均值称为平均能流。

$$\overline{P} = \overline{w}u\Delta S$$

（5）平均能流密度或波的强度（波强）。

通过与波动传播方向垂直的单位面积的平均能流称为平均能流密度或波的强度（波强）。

$$I = \frac{\overline{P}}{\Delta S} = \overline{w}u$$

简谐波的波强为

$$I = \frac{1}{2}\rho A^2 \omega^2 u$$

4. 波的干涉

（1）相干波：

振动频率相同、振动方向相同、相位相同或相位差恒定的两列波。

（2）合振幅与初相位：

$$A = \sqrt{A_1^2 + A_2^2 + 2A_1 A_2 \cos \Delta \varphi}$$

$$\varphi_0 = \arctan \frac{A_1 \sin \left(\varphi_{10} - \dfrac{2\pi r_1}{\lambda} \right) + A_2 \sin \left(\varphi_{20} - \dfrac{2\pi r_2}{\lambda} \right)}{A_1 \cos \left(\varphi_{10} - \dfrac{2\pi r_1}{\lambda} \right) + A_2 \cos \left(\varphi_{20} - \dfrac{2\pi r_2}{\lambda} \right)}$$

（3）干涉加强与干涉减弱条件。

两相干波在相遇点的相位差为

$$\Delta \varphi = \left(\varphi_{20} - \varphi_{10} \right) - 2\pi \frac{r_2 - r_1}{\lambda}$$

式中 φ_{10}、φ_{20} 分别为两波源初相位，r_1、r_2 分别为两波源到相遇点的波程。

干涉加强条件为

$$\Delta \varphi = \varphi_{20} - \varphi_{10} - 2\pi \frac{r_2 - r_1}{\lambda} = 2k\pi \quad (k = 0, \pm 1, \pm 2, \cdots)$$

合振幅为

$$A = A_1 + A_2$$

干涉减弱条件为

$$\Delta \varphi = \varphi_{20} - \varphi_{10} - 2\pi \frac{r_2 - r_1}{\lambda} = (2k+1)\pi \quad (k = 0, \pm 1, \pm 2, \cdots)$$

合振幅为

$$A = \left| A_1 - A_2 \right|$$

当 $\varphi_{20} - \varphi_{10} = 0$ 时，令 $\delta = r_2 - r_1$，称之为"波程差"，则干涉加强、减弱条件分别为

$$\delta = k\lambda \quad (k = 0, \pm 1, \pm 2, \cdots)$$

$$\delta = (2k+1)\frac{\lambda}{2} \quad (k = 0, \pm 1, \pm 2, \cdots)$$

5. 驻波

（1）产生条件：

两列振幅相同的相干波沿相反方向传播时叠加。

（2）驻波方程：

$$y = 2A\cos\left(\frac{2\pi}{\lambda}x + \frac{\varphi_{20} - \varphi_{10}}{2}\right)\cos\left(\frac{2\pi}{T}t + \frac{\varphi_{20} + \varphi_{10}}{2}\right)$$

相干波初相位为零时，驻波方程简化为

$$y = \left(2A\cos\frac{2\pi}{\lambda}x\right)\cos\frac{2\pi}{T}t$$

（3）驻波特点。

① 振幅分布：

$$A(x) = 2A\left|\cos 2\pi\frac{x}{\lambda}\right|$$

振幅随质元位置而异，呈余弦周期性分布。波腹处振幅最大，波节处振幅最小（为零）。两相邻波节（腹）之间的距离为 $\frac{\lambda}{2}$。

② 相位分布：两相邻波节间各质元同相；一波节两侧各质元反相。

③ 波形与能量：波形（振动状态）不传播；波线上无能量的定向传播。

综上所述，驻波既不传播振动状态也不传播能量，只是在特定区域内的分段振动。因此严格来说，驻波并不是通常意义上的波（行波），而是一种特定形式的集体振动。

传播方向相反、振幅相等的两列相干波叠加后就形成了驻波。

注意：① 驻波没有行波的相位，它本质上是振幅作周期性分布的物体振动。

② 驻波一般产生于入射波与反射波的叠加。若波从波密介质（$\sqrt{\rho u}$ 大的介质叫作波密介质，否则为波疏介质）表面反射，则有半波损失，否则无半波损失（透射波也无半波损失）。

③ 两相邻波节或波腹间的距离为 $\frac{\lambda}{2}$。

6. 多普勒效应

（1）波源不动，观察者以速度 v_R 相对于介质运动：

$$\nu_R = \frac{u + v_R}{u}\nu_S$$

（2）观察者不动，波源以速度 v_S 相对于介质运动：

$$\nu_R = \frac{u}{u - v_S}\nu_S$$

（3）观察者与波源同时相对于介质运动：

$$\nu_R = \frac{u + v_R}{u - v_S}\nu_S$$

习　　题

题 5-1　在一平面简谐波的波线上，有相距 2.0 m 的两质点 A 与 B，B 点振动相位比 A 点落后 $\dfrac{\pi}{6}$，已知振动周期为 2.0 s，求波长和波速。

解：根据题意，对于 A、B 两点，$\Delta\varphi = \varphi_2 - \varphi_1 = -\dfrac{\pi}{6}$，$\Delta x = 2$ m。而相位和波长之间又满足这样的关系：

$$\Delta\varphi = \varphi_2 - \varphi_1 = -\frac{x_2 - x_1}{\lambda}2\pi = -\frac{\Delta x}{\lambda}2\pi$$

代入数据，可得波长 $\lambda = 24$ m。又已知 $T = 2$ s，所以波速 $u = \lambda/T = 12$ m $\cdot$ s^{-1}。

题 5-2　已知一波的波动方程为 $y = 5\times10^{-2}\sin(10\pi t - 0.6x)$（SI 单位）。（1）求波长、频率、波速及传播方向；（2）说明 $x = 0$ 时波动方程的意义。

解：（1）与波动方程 $y = A\cos\left(\omega t - \dfrac{2\pi}{\lambda}x\right)$ 比较，有

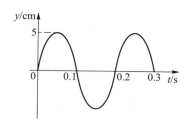

题 5-2 图

$$2\pi/\lambda = 0.6 \text{ (SI 单位)}$$

则波长为

$$\lambda \approx 10.47 \text{ m}$$

角频率为

$$\omega = 10\pi \text{ rad} \cdot \text{s}^{-1}$$

频率为

$$\nu = \omega/2\pi = 5 \text{ Hz}$$

波速为

$$u = \lambda/T = \lambda\nu \approx 52.36 \text{ m} \cdot \text{s}^{-1}$$

传播方向为 x 轴正方向。

（2）当 $x = 0$ 时，波动方程就成为该处质元的振动方程，如图所示。

$$y = 5\times10^{-2}\sin(10\pi t) = 5\times10^{-2}\cos(10\pi t - \pi/2) \text{ (SI 单位)}$$

题 5-3　某质点作简谐振动，周期为 2 s，振幅为 0.06 m，开始计时（$t = 0$）时，质点恰好处在负方向最大位移处，求：（1）该质点的振动方程；（2）此振动以速度 $u = 2$ m $\cdot$ s^{-1} 沿 x 轴正方向传播时，形成的一维简谐波的波动方程；（3）该波的波长。

解： 质点作简谐振动的标准方程为

$$y = A\cos\left(2\pi\frac{t}{T} + \varphi_0\right)$$

（1）由初始条件得

$$y = 0.06\cos\left(\pi t + \pi\right)\text{（SI单位）}$$

（2）一维简谐波的波动方程为

$$y = 0.06\cos\left[\pi\left(t - \frac{x}{2}\right) + \pi\right]\text{（SI单位）}$$

（3）波长为

$$\lambda = uT = 4\text{ m}$$

题 5-4 有一沿 x 轴正方向传播的平面波，其波速为 $u = 1\text{ m}\cdot\text{s}^{-1}$，波长为 $\lambda = 0.04\text{ m}$，振幅为 $A = 0.03\text{ m}$。若以坐标原点恰在平衡位置而向负方向运动时作为开始时刻，（1）试求此平面波的波动方程；（2）试求与波源相距 $x = 0.01\text{ m}$ 处质点的振动方程，并求该点的初相位。

解：（1）设坐标原点的振动方程为

$$y_0 = A\cos\left(\omega t + \varphi_0\right)$$

其中

$$A = 0.03\text{ m}$$

由于 $u = \lambda/T$，所以质点振动的周期为

$$T = \lambda/u = 0.04\text{ s}$$

角频率为

$$\omega = 2\pi/T = 50\pi\text{ rad}\cdot\text{s}^{-1}$$

当 $t = 0$ 时，$y_0 = 0$，因此 $\cos\varphi_0 = 0$；由于质点速度大于零，所以 $\varphi_0 = \pi/2$。
坐标原点的振动方程为

$$y_0 = 0.03\cos\left(50\pi t + \pi/2\right)\text{(SI 单位)}$$

平面波的波动方程为

$$y = 0.03 \cos\left[50\pi\left(t - \frac{x}{u}\right) + \frac{\pi}{2}\right] = 0.03 \cos\left[50\pi(t - x) + \frac{\pi}{2}\right] \text{(SI单位)}$$

（2）与波源相距 $x = 0.01$ m 处质点的振动方程为

$$y = 0.03\cos(50\pi t) \text{（SI 单位）}$$

该点的初相位 $\varphi_0 = 0$。

题 5-5 如图所示，一平面波在介质中以速度 $u = 20 \text{ m} \cdot \text{s}^{-1}$ 沿 x 轴负方向传播。已知在传播路径上的某点 B 的振动方程为 $y_B = 3\cos(4\pi t)$（SI 单位）。（1）如以 B 点为坐标原点，写出波动方程；（2）如以距 B 点 5 m 处的 A 点为坐标原点，写出波动方程；（3）写出传播方向上 A、C、D 点的振动方程。

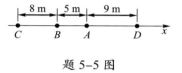

题 5-5 图

解：（1）以 B 点为坐标原点，波动方程为

$$y = 3\cos 4\pi\left(t + \frac{x}{u}\right) = 3\cos\left(4\pi t + \frac{\pi x}{5}\right) \text{（SI单位）}$$

（2）把 $x_A = 5$ m 代入上式，得 A 点的振动方程：

$$y_A = 3\cos\left(4\pi t + \pi\right) \text{（SI单位）}$$

以 A 点为坐标原点，波动方程为

$$y = 3\cos\left[4\pi\left(t + \frac{x}{u}\right) + \pi\right] = 3\cos\left(4\pi t + \frac{\pi}{5}x + \pi\right) \text{（SI单位）}$$

（3）以 B 点为坐标原点，则 $x_A = 5$ m，$x_C = -8$ m，$x_D = 14$ m，各点的振动方程为

$$y_A = 3\cos\left(4\pi t + \frac{\pi}{5}x_A\right) = 3\cos\left(4\pi t + \pi\right) \text{（SI单位）}$$

$$y_C = 3\cos\left(4\pi t + \frac{\pi}{5}x_C\right) = 3\cos\left(4\pi t - \frac{8}{5}\pi\right) \text{（SI单位）}$$

$$y_D = 3\cos\left(4\pi t + \frac{\pi}{5}x_D\right) = 3\cos\left(4\pi t + \frac{14}{5}\pi\right) \text{（SI单位）}$$

题 5-6 已知一平面波波源的振动表达式为 $y_0 = 6.0 \times 10^{-2} \sin \frac{\pi}{2} t$（SI 单位），求距波源 5 m 处质点的振动方程和该质点与波源的相位差。设波速为 2 m · s^{-1}。

解：先把振动方程化成标准式：

$$y_0 = 6.0 \times 10^{-2} \sin \frac{\pi}{2} t = 0.06 \cos \left(\frac{\pi}{2} t - \frac{\pi}{2} \right) \text{（SI单位）}$$

其波动方程为

$$y = 0.06 \cos \left(\frac{\pi}{2} t - \frac{\pi}{4} x - \frac{\pi}{2} \right) \text{（SI单位）}$$

则 5 m 处质点的振动方程为

$$y = 0.06 \cos \left(\frac{\pi}{2} t - \frac{7}{4} \pi \right) \text{（SI单位）}$$

该质点与波源的相位差为

$$\Delta \varphi = -5\pi / 4$$

题 5-7 已知一平面波沿 x 轴正方向传播，距坐标原点 O 为 x_1 处 P 点的振动表达式为 $y_P = A \cos(\omega t + \varphi_0)$，波速为 u。（1）求平面波的波动方程；（2）若平面波沿 x 轴负方向传播，则波动方程又如何？

解：（1）根据题意，距坐标原点 O 为 x_1 处 P 点的振动是由坐标原点处的振动传递过来的，O 点振动状态传到 P 点需用时间 $\Delta t = \dfrac{x_1}{u}$，也就是说 t 时刻 P 处质点的振动状态重复 $t - \dfrac{x_1}{u}$ 时刻 O 处质点的振动状态。换言之，O 处质点的振动状态相当于 $t + \dfrac{x_1}{u}$ 时刻 P 处质点的振动状态，则 O 点的振动方程为

$$y_O = A \cos \left[\omega \left(t + \frac{x_1}{u} \right) + \varphi_0 \right]$$

波动方程为

$$y = A \cos \left[\omega \left(t + \frac{x_1}{u} - \frac{x}{u} \right) + \varphi_0 \right] = A \cos \left[\omega \left(t + \frac{x_1 - x}{u} \right) + \varphi_0 \right]$$

（2）若波沿 x 轴负方向传播，则 O 处质点的振动状态相当于 $t - \dfrac{x_1}{u}$ 时刻 P 处质点的振动状态，则 O 点的振动方程为

$$y_O = A \cos \left[\omega \left(t - \frac{x_1}{u} \right) + \varphi_0 \right]$$

波动方程为

$$y = A \cos \left[\omega \left(t - \frac{x_1}{u} + \frac{x}{u} \right) + \varphi_0 \right]$$

题 5-8　一平面简谐波在空间传播，如图所示，已知 A 点的振动规律为 $y_A = A\cos(2\pi\nu t + \varphi_0)$，试写出：（1）该平面简谐波的表达式；（2）$B$ 点的振动表达式（B 点位于 A 点右方 d 处）。

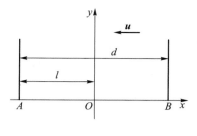

题 5-8 图

解：（1）仿照上题的思路，根据题意，A 点的振动规律为 $y_A = A\cos(2\pi\nu t + \varphi_0)$，它的振动是 O 点传递过来的，所以 O 点的振动方程为

$$y_O = A\cos\left[2\pi\nu\left(t + \frac{l}{u}\right) + \varphi_0\right]$$

那么该平面简谐波的表达式为

$$y = A\cos\left[2\pi\nu\left(t + \frac{x+l}{u}\right) + \varphi_0\right]$$

（2）要求出 B 点的振动表达式，可直接将坐标 $x = d - l$ 代入波动方程：

$$y_B = A\cos\left[2\pi\nu\left(t + \frac{d-l+l}{u}\right) + \varphi_0\right] = A\cos\left[2\pi\nu\left(t + \frac{d}{u}\right) + \varphi_0\right]$$

也可以根据 B 点的振动经过 $\dfrac{d}{u}$ 时间传给 A 点的思路来求。

题 5-9　一平面简谐波在介质中以波速 $u = 20\ \text{m} \cdot \text{s}^{-1}$ 自左向右传播，已知在传播路径上的某点 A 的振动方程为 $y_A = 3\cos(4\pi t - \pi)$（SI 单位），另一点 D 在 A 点右方 9 m 处。（1）如图（a）所示，若取 x 轴方向向左，并以 A 点为坐标原点，试写出波动方程，并求出 D 点的振动方程；（2）如图（b）所示，若取 x 轴方向向右，以 A 点左方 5 m 处的 O 点为坐标原点，重新写出波动方程及 D 点的振动方程。

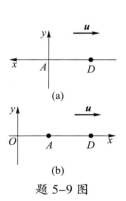

(a)

(b)

题 5-9 图

解：（1）x 轴方向向左，传播方向向右。

A 点的振动方程为

$$y_A = 3\cos(4\pi t - \pi)\ （\text{SI 单位}）$$

波动方程为

$$y = 3\cos\left[4\pi\left(t + \frac{x}{20}\right) - \pi\right]\ （\text{SI 单位}）$$

将 $x = -9$ m 代入波动方程，得到 D 点的振动方程：

$$y_D = 3\cos\left(4\pi t - \frac{14}{5}\pi\right) \text{（SI 单位）}$$

（2）取 x 轴方向向右，O 点的振动方程为

$$y_O = 3\cos\left[4\pi\left(t + \frac{5}{20}\right) - \pi\right] \text{（SI 单位）}$$

波动方程为

$$y = 3\cos\left[4\pi\left(t - \frac{x}{20} + \frac{5}{20}\right) - \pi\right] = 3\cos 4\pi\left(t - \frac{x}{20}\right) \text{（SI 单位）}$$

将 $x = 14$ m 代入波动方程，得到 D 点的振动方程：

$$y_D = 3\cos\left(4\pi t - \frac{14}{5}\pi\right) \text{（SI 单位）}$$

可见，对于给定的波动，某一点的振动方程与坐标原点以及 x 轴正方向的选取无关。

题 5-10 一平面简谐波沿 x 轴正方向传播，波长为 λ，$t = 0$ 时刻，P 处质点的振动规律如图所示。（1）求 P 处质点的振动方程；（2）求此波的波动方程。若图中 $d = \dfrac{\lambda}{2}$，求坐标原点 O 处质点的振动方程。

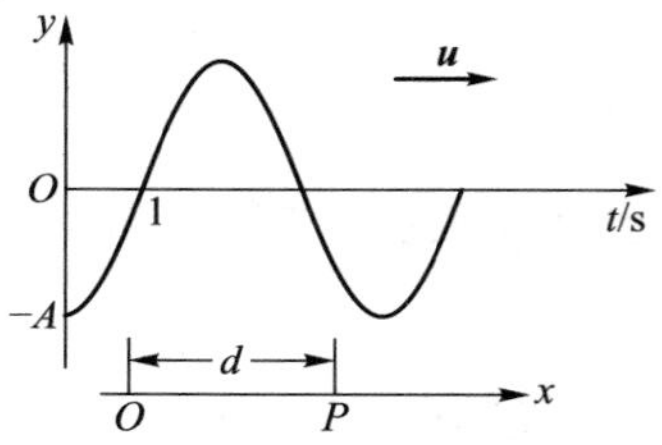

题 5-10 图

解：（1）P 处质点的振动方程为

$$y_P = A\cos\left(2\pi\frac{t}{T} + \varphi_0\right)$$

根据图中给出的条件：$T = 4$ s，由初始条件：$t = 0$，$y_P = -A$，$\varphi_0 = \pi$，有

$$y_P = A\cos\left(\frac{\pi}{2}t + \pi\right) \text{（SI 单位）}$$

（2）以 P 点为原点的波动方程为

$$y = A\cos\left(\frac{\pi}{2}t - \frac{2\pi}{\lambda}x + \pi\right) \text{（SI 单位）}$$

原点 O 处质点的振动方程为

$$y_O = A\cos\left[\left(\frac{\pi}{2}t + \frac{2\pi d}{\lambda}\right) + \pi\right] \text{（SI 单位）（O 点振动超前于 P 点的振动）}$$

波动方程为

$$y = A\cos\left[\frac{\pi}{2}t - \frac{2\pi(x-d)}{\lambda} + \pi\right] \text{（SI 单位）}$$

如果 $d = \frac{1}{2}\lambda$，那么原点 O 处质点的振动方程为

$$y_O = A\cos\left(\frac{1}{2}\pi t\right) \text{（SI 单位）}$$

题 5-11 一简谐波沿 x 轴正方向传播，波长为 $\lambda = 4$ m，周期为 $T = 4$ s，已知 $x = 0$ 处质点的振动曲线如图（a）所示。（1）写出 $x = 0$ 处质点的振动方程；（2）写出波的表达式；（3）画出 $t = 1$ s 时刻的波形曲线。

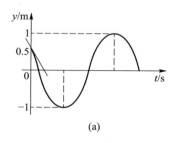

(a)

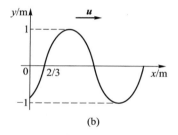

(b)

题 5-11 图

解： 波速为

$$u = \lambda/T = 1 \text{ m·s}^{-1}$$

（1）设 $x = 0$ 处的质点的振动方程为

$$y = A\cos(\omega t + \varphi_0)$$

其中 $A = 1$ m，$\omega = 2\pi/T = (\pi/2) \text{ rad·s}^{-1}$。当 $t = 0$ 时，$y_0 = 0.5$ m，因此 $\cos\varphi_0 = 0.5$，$\varphi_0 = \pm\pi/3$。

在 $t = 0$ 时刻的曲线上作一切线，可知该时刻的速度小于零，因此

$$\varphi_0 = \frac{\pi}{3}$$

振动方程为

$$y = \cos\left(\frac{\pi t}{2} + \frac{\pi}{3}\right) \text{（SI 单位）}$$

（2）波的表达式为

$$y = A\cos\left[2\pi\left(\frac{t}{T} - \frac{x}{\lambda}\right) + \varphi_0\right]$$

$$= \cos\left[\frac{\pi}{2}(t-x) + \frac{\pi}{3}\right] \text{（SI 单位）}$$

（3）$t = 1$ s 时刻的波形方程为

$$y = \cos\left(\frac{\pi}{2}x - \frac{5\pi}{6}\right) \text{（SI 单位）}$$

波形曲线如图（b）所示。

题 5-12 一平面简谐波以波速 $u = 0.8$ m·s^{-1} 沿 x 轴负方向传播。已知原点的振动曲线如图（a）所示。试求：（1）原点处的振动方程；（2）波动表达式；（3）同一时刻相距 1 m 的两点之间的相位差。

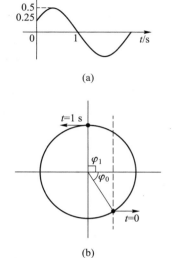

（a）

解：（1）由图（a）可知 $A = 0.5$ cm，原点处的振动方程为

$$y = A\cos\left(\omega t + \varphi_0\right)$$

由图（b）可知，$t = 0$ 时，$y_0 = A/2$，$v_0 > 0$，可知其相位为 $\varphi_0 = -\dfrac{\pi}{3}$；$t = 1$ s 时，$y_1 = 0$，$v_1 < 0$，可知其相位为 $\varphi_1 = \dfrac{\pi}{2}$。将数据代入振动方程，有

$$\varphi_0 = -\frac{\pi}{3}, \ \omega t + \varphi_0 = \frac{\pi}{2}$$

题 5-12 图

可得

$$\omega = \frac{5\pi}{6} \text{ rad·s}^{-1}, T = 2\pi/\omega = (12/5) \text{ s}$$

则有

$$y = 0.5\cos\left(\frac{5\pi}{6}t - \frac{\pi}{3}\right)$$

（2）波动表达式为

$$y = 0.5\cos\left[\frac{5\pi}{6}\left(t + \frac{x}{u}\right) - \frac{\pi}{3}\right]$$

当 $u = 0.8$ m·s^{-1} 时，波动表达式为

$$y = 0.5\cos\left(\frac{5\pi}{6}t + \frac{25\pi}{24}x - \frac{\pi}{3}\right)$$

（3）根据 $T = (12/5)$ s，$u = 0.8$ m·s^{-1}，可知 $\lambda = \dfrac{48}{25}$ m。同一时刻相距 1 m 的两点之间的相位差为

$$\Delta\varphi = 2\pi\frac{\Delta x}{\lambda} = \frac{25}{24}\pi \approx 3.27$$

本题中，x 的单位为 m，y 的单位为 cm，t 的单位为 s。

题 5-13　图（a）所示为一列沿 x 轴负方向传播的平面简谐波在 $t = T/4$ 时的波形图，振幅 A、波长 λ 以及周期 T 均已知。（1）写出该波的波动方程；（2）画出 $x = \lambda/2$ 处质点的振动曲线；（3）图（a）中波线上 a 和 b 两点的相位差 $\varphi_a - \varphi_b$ 为多少?

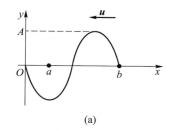

(a)

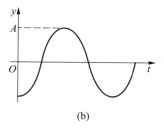

(b)

题 5-13 图

解：（1）设此波的波动方程为

$$y = A\cos\left[2\pi\left(\frac{t}{T} + \frac{x}{\lambda}\right) + \varphi_0\right]$$

当 $t = T/4$ 时，波形方程为

$$y = A\cos\left(2\pi\frac{x}{\lambda} + \varphi_0 + \frac{\pi}{2}\right) = -A\sin\left(2\pi\frac{x}{\lambda} + \varphi_0\right)$$

在 $x = 0$ 处 $y = 0$，因此得 $\sin\varphi_0 = 0$，解得 $\varphi_0 = 0$ 或 π。而在 $x = \lambda/4$ 处 $y = -A$，所以 $\varphi_0 = 0$。因此波动方程为

$$y = A\cos 2\pi\left(\frac{t}{T} + \frac{x}{\lambda}\right)$$

（2）在 $x = \lambda/2$ 处质点的振动方程为

$$y = A\cos\left(2\pi\frac{t}{T} + \pi\right) = -A\cos\left(2\pi\frac{t}{T}\right)$$

振动曲线如图（b）所示。

（3）$x_a = \lambda/4$ 处的质点的振动方程为

$$y_a = A\cos\left(2\pi\frac{t}{T} + \frac{\pi}{2}\right)$$

$x_b = \lambda$ 处的质点的振动方程为

$$y_b = A\cos\left(2\pi\frac{t}{T} + 2\pi\right)$$

波线上 a 和 b 两点的相位差为

$$\varphi_a - \varphi_b = -3\pi/2$$

题 5-14　已知一沿 x 轴正方向传播的平面余弦波，$t = \frac{1}{3}$ s 时的波形如图（a）所示，且周期 T 为 2 s。（1）写出 O 点的振动表达式；（2）写出该波的波动方程；（3）写出 A 点的振动表达式；（4）写出 A 点离 O 点的距离。

解： 由图（a）可知 $A = 0.1$ m，$\lambda = 0.4$ m，由题知 $T = 2$ s，$\omega = 2\pi/T = \pi$ rad·s^{-1}，而 $u = \lambda/T = 0.2$ m·s^{-1}。波动方程为

$$y = 0.1\cos\left[\pi(t - x/0.2) + \varphi_0\right] \text{（SI 单位）}$$

关键在于确定 O 点的初相位。

（1）由上式可知，O 点的相位也可写成

$$\varphi = \pi t + \varphi_0$$

由图（b）可知，$t = \dfrac{1}{3}$ s 时，$y_0 = -A/2$，$v_0 < 0$，所以此时 $\varphi = 2\pi/3$。将此条件代入，有

$$\frac{2\pi}{3} = \frac{\pi}{3} + \varphi_0$$

所以

$$\varphi_0 = \frac{\pi}{3}$$

O 点的振动表达式为

$$y_O = 0.1\cos\left(\pi t + \pi/3\right) \text{（SI 单位）}$$

（2）波动方程为

$$y = 0.1\cos\left[\pi(t - x/0.2) + \pi/3\right] \text{（SI 单位）}$$

（3）A 点的振动表达式的确定方法与 O 点相似，可知 A 点的相位也可写成

$$\varphi_A = \pi t + \varphi_{A0}$$

由图（b）可知，$t = \dfrac{1}{3}$ s 时，$y_0 = 0$，$v_0 > 0$，所以此时的 $\varphi_A = -\pi/2$。将此条件代入，有

$$-\frac{\pi}{2} = \frac{\pi}{3} + \varphi_{A0}$$

所以

$$\varphi_{A0} = -\frac{5\pi}{6}$$

A 点的振动表达式为

$$y = 0.1\cos\left(\pi t - 5\pi/6\right) \text{（SI 单位）}$$

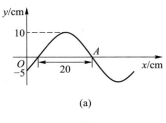

(a)

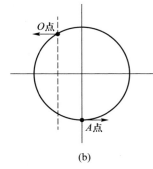

(b)

题 5-14 图

（4）将 A 点的坐标代入波动方程，可得到 A 的振动方程，与（3）结果相同，所以有

$$y = 0.1\cos\left[\pi\left(t - x_A/0.2\right) + \pi/3\right] = 0.1\cos\left(\pi t - 5\pi/6\right)（\text{SI 单位}）$$

可得

$$x_A = \frac{7}{30}\,\text{m} \approx 0.233\,\text{m}$$

题 5-15 一列简谐波沿 x 轴正方向传播，在 $t_1 = 0$，$t_2 = 0.25$ s 两时刻的波形如图（a）所示。（1）求 P 点的振动方程；（2）求波动方程；（3）画出 O 点的振动曲线。

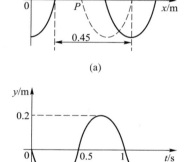

题 5-15 图

解：（1）设 P 点的振动方程为

$$y_P = A\cos\left(\omega t + \varphi_0\right)$$

其中 $A = 0.2$ m。在 $\Delta t = 0.25$ s 内，波向右传播了

$$\Delta x = (0.45/3)\,\text{m} = 0.15\,\text{m}$$

所以波速为

$$u = \Delta x/\Delta t = 0.6\,\text{m}\cdot\text{s}^{-1}$$

波长为

$$\lambda = 4\Delta x = 0.6\,\text{m}$$

周期为

$$T = \lambda/u = 1\,\text{s}$$

角频率为

$$\omega = 2\pi/T = 2\pi\,\text{rad}\cdot\text{s}^{-1}$$

当 $t = 0$ 时，$y_P = 0$，因此 $\cos\varphi_0 = 0$。由于波沿 x 轴正方向传播，所以 P 点在此时向上运动，速度大于零，所以 $\varphi_0 = -\pi/2$。

P 点的振动方程为

$$y_P = 0.2\cos\left(2\pi t - \pi/2\right)（\text{SI 单位}）$$

（2）P 点的位置是 $x_P = 0.3$ m，所以波动方程为

$$y = 0.2\cos\left[2\pi\left(t - \frac{x - x_P}{u}\right) - \frac{\pi}{2}\right]$$

$$= 0.2\cos\left(2\pi t - \frac{10\pi}{3}x + \frac{\pi}{2}\right) \text{（SI 单位）}$$

（3）O 点的振动方程为

$$y_O = 0.2\cos\left(2\pi t + \frac{\pi}{2}\right) \text{（SI 单位）}$$

振动曲线如图（b）所示。

题 5-16 如图所示，一平面简谐波沿 x 轴正方向传播，波动方程为 $y = A\cos\left[2\pi\left(\nu t - \frac{x}{\lambda}\right) + \varphi_0\right]$，求：（1）$P$ 处质点的振动方程；（2）P 处质点的速度表达式与加速度表达式。

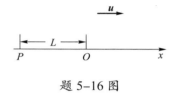

题 5-16 图

解：（1）P 处质点的振动方程为

$$y = A\cos\left[2\pi\left(\nu t + \frac{L}{\lambda}\right) + \varphi_0\right]$$

（2）P 处质点的速度为

$$v = \frac{\mathrm{d}y}{\mathrm{d}t} = -2A\pi\nu\sin\left[2\pi\left(\nu t + \frac{L}{\lambda}\right) + \varphi_0\right]$$

P 处质点的加速度为

$$a = \frac{\mathrm{d}v}{\mathrm{d}t} = -4A\pi^2\nu^2\cos\left[2\pi\left(\nu t + \frac{L}{\lambda}\right) + \varphi_0\right]$$

题 5-17 一平面简谐声波在空气中传播，波速为 $u = 340 \text{ m} \cdot \text{s}^{-1}$，频率为 500 Hz。声波到达人耳时，振幅 $A = 1 \times 10^{-4}$ cm，试求人耳接收到的声波的平均能量密度和声强。此时声强相当于多少分贝？已知空气密度 $\rho = 1.29 \text{ kg} \cdot \text{m}^{-3}$。

解： 声波的角频率为

$$\omega = 2\pi\nu \approx 3.142 \times 10^3 \text{ rad} \cdot \text{s}^{-1}$$

声波的平均能量密度为

$$\overline{w} = \frac{1}{2}\rho\omega^2 A^2 \approx 6.37 \times 10^{-6} \text{ J} \cdot \text{m}^{-3}$$

平均能流密度为

$$I = \overline{w}u \approx 2.17 \times 10^{-3} \text{ W} \cdot \text{m}^{-2}$$

标准声强为

$$I_0 = 1 \times 10^{-12} \text{ W} \cdot \text{m}^{-2}$$

此声强的分贝数为

$$L = 10 \lg \frac{I}{I_0} \approx 93.4 \text{ (dB)}$$

题 5-18　一弹性波在介质中传播的波速为 $u = 10^3 \text{ m} \cdot \text{s}^{-1}$，振幅为 $A = 1.0 \times 10^{-4} \text{ m}$，频率为 $\nu = 10^3 \text{ Hz}$。若该介质的密度为 $800 \text{ kg} \cdot \text{m}^{-3}$，求：（1）该波的平均能流密度；（2）该波在 1 min 内垂直通过面积 $S = 4.0 \times 10^{-4} \text{ m}^2$ 的总能量。

解： $\quad \omega = 2\pi\nu = 2\pi \times 10^3 \text{ rad} \cdot \text{s}^{-1}$

（1）平均能流密度为

$$I = \frac{1}{2} u\rho A^2 \omega^2 = \frac{1}{2} \times 10^3 \times 800 \times \left(10^{-4}\right)^2 \times \left(2\pi \times 10^3\right)^2 \text{ W} \cdot \text{m}^{-2}$$

$$\approx 1.58 \times 10^5 \text{ W} \cdot \text{m}^{-2}$$

（2）1 min 内垂直通过面积 $S = 4.0 \times 10^{-4} \text{ m}^2$ 的总能量为

$$W = ISt = 1.58 \times 10^5 \times 4 \times 10^{-4} \times 60 \text{ J} \approx 3.79 \times 10^3 \text{ J}$$

题 5-19　两列相干平面简谐波沿 x 轴传播，如图所示。波源 S_1 与 S_2 相距 $d = 30 \text{ m}$，S_1 处为坐标原点。已知 $x_1 = 9 \text{ m}$ 和 $x_2 = 12 \text{ m}$ 处的两点是相邻的两个因干涉而静止的点。求两列波的波长和两波源的最小相位差。

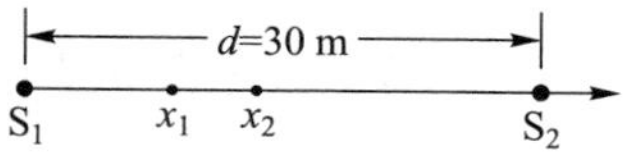

题 5-19 图

解： 选取 x 轴正方向向右，S_1 发出的波向右传播，S_2 发出的波向左传播。两列波的波动方程为

$$y_1 = A_1 \cos\left[\left(\omega t - \frac{x}{\lambda} 2\pi\right) + \varphi_{10}\right]$$

$$y_2 = A_2 \cos\left[\left(\omega t - \frac{d-x}{\lambda} 2\pi\right) + \varphi_{20}\right]$$

$x_1 = 9$ m 和 $x_2 = 12$ m 处的两点为干涉相消，满足

$$\varphi_2 - \varphi_1 = \left[\left(\omega t - \frac{d-x}{\lambda}2\pi \right) + \varphi_{20} \right] - \left[\left(\omega t - \frac{x}{\lambda}2\pi \right) + \varphi_{10} \right] = (2k+1)\pi \quad (k = 0, \pm 1, \pm 2, \cdots)$$

得

$$\left(\varphi_{20} - \varphi_{10} \right) + 2\pi \left(\frac{x_1}{\lambda} - \frac{d-x_1}{\lambda} \right) = (2k+1)\pi$$

$$\left(\varphi_{20} - \varphi_{10} \right) + 2\pi \left(\frac{x_2}{\lambda} - \frac{d-x_2}{\lambda} \right) = \left[2(k+1)+1 \right]\pi$$

以上两式相减，得

$$4\pi \left(\frac{x_2 - x_1}{\lambda} \right) = 2\pi$$

$$\lambda = 6 \text{ m}$$

由

$$\left(\varphi_{20} - \varphi_{10} \right) + 2\pi \left(\frac{x_1}{\lambda} - \frac{d-x_1}{\lambda} \right) = (2k+1)\pi$$

得到

$$\varphi_{20} - \varphi_{10} = (2k+1)\pi + 4\pi \quad (k = 0, \pm 1, \pm 2, \pm 3, \cdots)$$

两波源的最小相位差为

$$\varphi_{20} - \varphi_{10} = \pi$$

题 5-20 两相干波源 S_1 与 S_2 相距 5 m，其振幅相等，频率都是 100 Hz，相位差为 π；波在介质中的波速为 400 m·s^{-1}，试以 S_1S_2 连线为坐标轴 x，以 S_1S_2 连线中点为原点，求 S_1S_2 间因干涉而静止的各点的坐标。

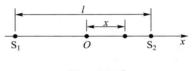

题 5-20 图

解： 如图所示，设 S_1 在其右侧产生的波的波动方程为

$$y_1 = A\cos\left[2\pi\nu \left(t - \frac{x+l/2}{u} \right) + \varphi_0 \right] = A\cos\left(2\pi\nu t - \frac{\pi}{2}x + \varphi_0 - \frac{5\pi}{4} \right) \text{（SI 单位）}$$

那么 S_2 在其左侧产生的波的波动方程为

$$y_2 = A\cos\left[2\pi\nu \left(t + \frac{x-l/2}{u} \right) + \varphi_0 + \pi \right] = A\cos\left(2\pi\nu t + \frac{\pi}{2}x + \varphi_0 - \frac{\pi}{4} \right) \text{（SI 单位）}$$

相位差为 $\Delta\varphi = \pi x + \pi$。

当 $\Delta\varphi = (2k+1)\pi$ 时，质点由于两波干涉而静止，静止点为 $x = 2k$，k 为整数，但必须使 x 在 $-2.5 \sim 2.5$ m 之间。

当 $k = -1$、0 和 1 时，可得静止点的坐标为 $x = -2$ m、0 m 和 2 m。

题 5-21 设 S_1 与 S_2 为两个相干波源，相距 $\dfrac{1}{4}$ 波长，S_1 的相位比 S_2 超前 $\dfrac{\pi}{2}$，如图所示。若两波在 S_1、S_2 连线方向上的强度相同（I_0）且不随距离变化，问 S_1、S_2 连线上在 S_1 外侧各点的合成波的强度如何？在 S_2 外侧各点的强度如何？

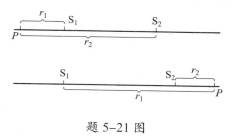

题 5-21 图

解： 由题意知

$$\varphi_{10} - \varphi_{20} = \frac{\pi}{2}$$

对于在 S_1 左侧的点，有

$$\Delta\varphi = \varphi_{20} - \varphi_{10} - 2\pi\frac{r_2 - r_1}{\lambda} = -\frac{\pi}{2} - 2\pi\frac{(1/4)\lambda}{\lambda} = -\pi$$

所以 $A = A_1 - A_2 = 0$，$I = 0$。

对于在 S_2 右侧的点，有

$$\Delta\varphi = \varphi_{20} - \varphi_{10} - 2\pi\frac{r_2 - r_1}{\lambda} = -\frac{\pi}{2} - 2\pi\frac{(-1/4)\lambda}{\lambda} = 0$$

所以 $A = A_1 + A_2 = 2A_0$，$I = 4I_0$。

题 5-22 设入射波的波动方程为 $y_1 = A\cos 2\pi\left(\dfrac{t}{T} + \dfrac{x}{\lambda}\right)$，在 $x = 0$ 处发生反射，反射点为一固定点，求：（1）反射波的波动方程；（2）驻波方程；（3）波腹、波节的位置。

解：（1）入射波的波动方程为

$$y_1 = A\cos 2\pi\left(\frac{t}{T} + \frac{x}{\lambda}\right)$$

反射点为一固定点，说明反射波存在半波损失。

反射波的波动方程为

$$y_2 = A\cos\left[2\pi\left(\frac{t}{T} - \frac{x}{\lambda}\right) + \pi\right]$$

（2）根据波的叠加原理，驻波方程为

$$y = 2A\cos\left(2\pi\frac{x}{\lambda} + \frac{\varphi_{20} - \varphi_{10}}{2}\right)\cos\left(2\pi\frac{t}{T} + \frac{\varphi_{20} + \varphi_{10}}{2}\right)$$

将 $\varphi_{10} = 0$ 和 $\varphi_{20} = \pi$ 代入，驻波方程变为

$$y = 2A\sin\left(2\pi\frac{x}{\lambda}\right)\cos\left(2\pi\nu t + \frac{\pi}{2}\right)$$

（3）波腹的位置为

$$2\pi\frac{x}{\lambda} = (2k+1)\frac{\pi}{2}$$

$$x = (2k+1)\frac{\lambda}{4} \quad (k = 0, 1, 2, 3, \cdots)$$

波节的位置为

$$2\pi\frac{x}{\lambda} = k\pi$$

$$x = \frac{k}{2}\lambda \quad (k = 0, 1, 2, 3, \cdots)$$

题 5-23　一驻波方程为 $y = 2A\left(\cos 2\pi\frac{x}{\lambda}\right)\cos\omega t$，求：（1）$x = \frac{\lambda}{2}$ 处质点的振动表达式；（2）质点的振动速度。

解：（1）驻波方程为

$$y = 2A\left(\cos 2\pi\frac{x}{\lambda}\right)\cos\omega t$$

在 $x = \frac{\lambda}{2}$ 处的质点，其振幅为

$$\left|2A\cos 2\pi\frac{x}{\lambda}\right| = 2A$$

其振动表达式为

$$y = 2A\cos(\omega t + \pi)$$

（2）该质点的振动速度为

$$v = \frac{dy}{dt} = -2A\omega\sin(\omega t + \pi) = 2A\omega\sin\omega t$$

题 5-24 一绳上的波以波速 $u = 25\ \text{m} \cdot \text{s}^{-1}$ 传播，若绳的两端固定，相距 2 m，在绳上形成驻波，且除端点外其间有 3 个波节。设驻波振幅为 0.1 m，$t = 0$ 时绳上各点均经过平衡位置。试写出：（1）驻波方程；（2）合成该驻波的两列波的波动方程。

解：（1）根据驻波的定义，相邻两波节（腹）的间距为 $\Delta x = \dfrac{\lambda}{2}$，如果绳的两端固定，那么两个端点都是波节，除端点外其间还有 3 个波节，可见两端点之间有四个半波长的距离，$\Delta x = 4 \times \dfrac{\lambda}{2} = 2\ \text{m}$，所以波长为 $\lambda = 1\ \text{m}$，$u = 25\ \text{m} \cdot \text{s}^{-1}$，所以

$$\omega = 2\pi \frac{u}{\lambda} = 50\pi\ \text{rad} \cdot \text{s}^{-1}$$

又已知驻波振幅为 0.1 m，$t = 0$ 时绳上各点均经过平衡位置，说明它们的初始相位为 $\dfrac{\pi}{2}$，关于时间部分的余弦函数应为 $\cos\left(50\pi t + \dfrac{\pi}{2}\right)$，所以驻波方程为

$$y = 0.1\cos\left(2\pi x\right)\cos\left(50\pi t + \frac{\pi}{2}\right)\ \left(\text{SI单位}\right)$$

（2）合成波的形式为

$$y = y_1 + y_2 = 2A\cos\left(\frac{2\pi x}{\lambda} + \frac{\varphi_{20} - \varphi_{10}}{2}\right)\cos\left(2\pi \nu t + \frac{\varphi_{20} + \varphi_{10}}{2}\right)$$

可推出合成该驻波的两列波的波动方程为

$$y_1 = 0.05\cos\left(50\pi t - 2\pi x + \frac{\pi}{2}\right)\left(\text{SI单位}\right)$$

$$y_2 = 0.05\cos\left(50\pi t + 2\pi x + \frac{\pi}{2}\right)\left(\text{SI单位}\right)$$

题 5-25 一弦线上的驻波方程为 $y = A\cos\left(\dfrac{2\pi}{\lambda}x + \dfrac{\pi}{2}\right)\cos \omega t$。设弦线的质量线密度为 ρ。（1）指出振动势能和动能总是为零的各点位置；（2）计算 $0 \sim \dfrac{\lambda}{2}$ 半个波段内的振动势能、动能和总能量。

解：（1）振动势能和动能总是为零的各点位置是 $\cos\left(\dfrac{2\pi}{\lambda}x + \dfrac{\pi}{2}\right) = 0$ 的地方，即

$$\frac{2\pi}{\lambda}x + \frac{\pi}{2} = (2k+1)\frac{\pi}{2}$$

可得

$$x = \frac{k\lambda}{2}\quad \left(k = 0, \pm 1, \pm 2, \pm 3, \cdots\right)$$

（2）振动势能为

$$\mathrm{d}W_{\mathrm{p}} = \frac{1}{2}k(\mathrm{d}y)^2 = \frac{1}{2}\rho\mathrm{d}VA^2\omega^2\cos^2\left(\frac{2\pi}{\lambda}x + \frac{\pi}{2}\right)\cos^2\omega t$$

$0\sim\dfrac{\lambda}{2}$ 半个波段内的振动势能为

$$W_{\mathrm{p}} = \int_0^{\frac{\lambda}{2}}\frac{1}{2}k(\mathrm{d}y)^2 = \int_0^{\frac{\lambda}{2}}\frac{1}{2}\rho A^2\omega^2\cos^2\left(\frac{2\pi}{\lambda}x + \frac{\pi}{2}\right)\cos^2\omega t\mathrm{d}x$$

$$= \frac{\lambda}{8}\rho A^2\omega^2\cos^2\omega t$$

$0\sim\dfrac{\lambda}{2}$ 半个波段内的振动动能为

$$W_{\mathrm{k}} = \int_0^{\frac{\lambda}{2}}\frac{1}{2}(\mathrm{d}m)v^2 = \int_0^{\frac{\lambda}{2}}\frac{1}{2}\rho A^2\omega^2\sin^2\left(\frac{2\pi}{\lambda}x + \frac{\pi}{2}\right)\sin^2\omega t\mathrm{d}x$$

$$= \frac{\lambda}{8}\rho A^2\omega^2\sin^2\omega t$$

所以总能量为

$$W = W_{\mathrm{k}} + W_{\mathrm{p}} = \frac{\lambda}{8}\rho A^2\omega^2$$

题 5-26 一固定波源在海水中发射频率为 ν 的超声波，超声波射在一艘运动的潜艇上反射回来，反射波与入射波的频率差为 $\Delta\nu$，潜艇的运动速度 v 远小于海水中的声速 u，试证明潜艇运动的速度为

$$v = \frac{u}{2\nu}\Delta\nu$$

证明：根据多普勒效应，潜艇收到的信号频率为

$$\nu' = \left(1 - \frac{v}{u}\right)\nu \quad (\text{波源静止，观察者背离波源运动})$$

潜艇反射回来的信号频率为

$$\nu'' = \left(\frac{u}{u+v}\right)\nu' \quad (\text{观察者静止，波源背离观察者运动})$$

$$\nu'' = \left(\frac{u}{u+v}\right)\left(1 - \frac{v}{u}\right)\nu$$

$$v = \left(\frac{u}{\nu+\nu''}\right)(\nu-\nu'')$$

当 $v \ll u$ 时，$\nu + \nu'' = 2\nu$，$\Delta\nu = \nu - \nu''$，则有

$$v = \frac{u}{2\nu}\Delta\nu$$

题 5-27 一个观察者在铁路边看到一列火车从远处开来，他测得远处传来的火车汽笛声的频率为 650 Hz，当火车从身旁驶过而远离他时，他测得汽笛声频率降低为 540 Hz，求火车行驶的速度。已知空气中的声速为 330 m·s^{-1}。

解： 根据多普勒效应，火车接近观察者时，测得汽笛的频率为

$$\nu' = \left(\frac{u}{u - v_s}\right)\nu_o \quad (\text{观察者静止，波源朝着观察者运动})$$

火车离开观察者时，测得汽笛的频率为

$$\nu'' = \left(\frac{u}{u + v_s}\right)\nu_o \quad (\text{观察者静止，波源背离观察者运动})$$

由上面两式得到

$$\frac{\nu'}{\nu''} = \frac{u + v_s}{u - v_s}$$

火车行驶的速度为

$$v_s = \frac{\nu' - \nu''}{\nu' + \nu''}u \approx 30.5 \ \text{m·s}^{-1}$$

题 5-28 设空气中声速为 330 m·s^{-1}。一列火车以 30 m·s^{-1} 的速率行驶，火车上汽笛声的频率为 600 Hz。问一静止的观察者在火车的正前方和火车驶过其身后听到的汽笛声频率分别是多少？如果观察者以速率 10 m·s^{-1} 与这列火车相向运动，在上述两个位置，他听到的汽笛声频率分别是多少？

解： 取声速的方向为正，多普勒频率公式可统一表示为

$$\nu_B = \frac{u - u_B}{u - u_s}\nu_s$$

其中 ν_s 表示声源的频率，u 表示声速，u_B 表示观察者的速度，u_s 表示声源的速度，ν_B 表示观察者接收的频率。

（1）当观察者静止时，$u_B = 0$，火车驶来时其速度方向与声速方向相同，$u_s = 30 \ \text{m·s}^{-1}$，观察者听到的汽笛声频率为

$$\nu_B = \frac{u}{u - u_s}\nu_s = \frac{330}{330 - 30} \times 600 \ \text{Hz} = 660 \ \text{Hz}$$

火车驶去时其速度方向与声速方向相反，$u_s = -30 \ \text{m·s}^{-1}$，观察者听到的汽笛声频率为

$$\nu_B = \frac{u}{u - u_S}\nu_S = \frac{330}{330 + 30} \times 600\,\mathrm{Hz} = 550\,\mathrm{Hz}$$

（2）当观察者与火车靠近时，观察者的速度方向与声速相反，$u_B = -10\,\mathrm{m \cdot s^{-1}}$；火车速度方向与声速方向相同，$u_S = 30\,\mathrm{m \cdot s^{-1}}$，观察者听到的汽笛声频率为

$$\nu_B = \frac{u - u_B}{u - u_S}\nu_S = \frac{330 + 10}{330 - 30} \times 600\,\mathrm{Hz} = 680\,\mathrm{Hz}$$

当观察者与火车远离时，观察者的速度方向与声速相同，$u_B = 10\,\mathrm{m \cdot s^{-1}}$；火车速度方向与声速方向相反，$u_S = -30\,\mathrm{m \cdot s^{-1}}$，观察者听到的汽笛声频率为

$$\nu_B = \frac{u - u_B}{u - u_S}\nu_S = \frac{330 - 10}{330 + 30} \times 600\,\mathrm{Hz} \approx 533\,\mathrm{Hz}$$

注意：这类题目涉及声速、声源的速度和观察者的速度，规定方向之后将公式统一起来，很容易判别速度方向，这给计算带来了方便。

第 6 章
气体动理论

基本要求

1. 了解气体分子热运动的图像。

2. 理解理想气体的压强公式和温度公式，通过推导气体压强公式，了解从提出模型、进行统计平均、建立宏观量与微观量的联系，到阐明宏观量的微观本质的思想和方法。能从宏观和微观两方面理解压强和温度等概念。了解系统的宏观性质是微观运动的统计表现。

3. 了解自由度的概念，理解能量均分定理，会计算理想气体（刚性分子模型）的摩尔定容热容、摩尔定压热容和内能。

4. 了解麦克斯韦速率分布律、速率分布函数和速率分布曲线的物理意义。了解气体分子热运动的三种统计速率。

5. 了解气体分子平均碰撞频率和平均自由程。

6. 了解热力学第二定律的统计意义及玻耳兹曼关系式。

内容提要

1. 压强和温度的统计意义

（1）理想气体压强。

① 压强概念：压强在数值上等于垂直作用于器壁单位面积上的压力。

② 压强公式：$p = nkT = \dfrac{2}{3}n\bar{\varepsilon} = \dfrac{1}{3}nm_0\overline{v^2}$，$\bar{\varepsilon}$ 为分子平均平动动能。

③ 适用条件：理想气体（由大量分子组成）处于平衡态。

④ 微观本质：

（a）压强由大量气体分子对器壁的碰撞所产生，表示单位时间内气体分子作用于器壁单位面积上的平均冲量。

（b）一定温度的平衡态下，单位体积内的气体分子数（分子数密度 n）越大，或分子平均平动动能（$\overline{\varepsilon}$）越大，压强就越高。n、$\overline{\varepsilon}$ 为气体分子微观量的统计平均值。

（2）理想气体温度。

① 温度概念：温度是表征系统处于热平衡态的物理量。

② 温度公式：

$$\overline{\varepsilon} = \frac{3}{2}kT$$

③ 适用条件：理想气体（由大量分子组成）处于平衡态。

④ 微观本质：温度反映了大量分子热运动的剧烈程度，是分子平均平动动能的量度。

2. 统计规律

（1）能量均分定理。

气体分子每个自由度的平均动能为

$$\frac{1}{2}kT$$

每个分子的平均动能为

$$\overline{\varepsilon}_{\mathrm{k}} = \frac{i}{2}kT$$

物质的量为 ν 的理想气体的内能为

$$E = \nu \frac{i}{2}RT$$

气体自由度：

$$单原子分子，i = 3$$
$$刚性双原子分子，i = 5$$
$$刚性多原子分子，i = 6$$

（2）麦克斯韦速率分布律。

① 速率分布函数：

$$f(v) = \frac{\mathrm{d}N}{N\mathrm{d}v}$$

表示速率 v 附近单位速率区间内的分子分布概率（即分子数占总分子数的百分比）。

麦克斯韦速率分布函数为

$$f\left(v\right)=4\pi\left(\frac{m_0}{2\pi kT}\right)^{3/2}v^2\mathrm{e}^{-m_0v^2/2kT}$$

此式适用条件为理想气体（由大量分子组成）处于热平衡态，无外场作用。

② 麦克斯韦速率分布曲线，即 $f(v)$–v 曲线，如图 6–1 所示。

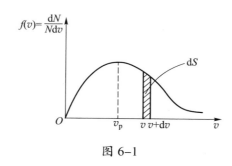

图 6–1

曲线下的面积：

（a）v~$v+\mathrm{d}v$ 区间内的元面积 $\mathrm{d}S$。

$\mathrm{d}S=f(v)\mathrm{d}v$，表示平衡态时速率在 v~$v+\mathrm{d}v$ 区间内的分子数占总分子数的百分比。

（b）v_1~v_2 区间内的面积 S。

$S=\int_{v_1}^{v_2}f\left(v\right)\mathrm{d}v$，表示平衡态时速率在 v_1~v_2 区间内的分子数占总分子数的百分比。

（c）曲线下的总面积。

曲线下总面积恒等于 1，这是速率分布函数 $f(v)$ 的归一化条件的几何表示，即 $\int_0^\infty f\left(v\right)\mathrm{d}v=1$。

③ 曲线随温度 T 或分子质量 m_0 的变化。

（a）给定气体（m_0 不变），温度改变时对曲线的影响。

温度升高时，由分子平均平动动能 $\bar{\varepsilon}=\frac{1}{2}m_0\overline{v^2}=\frac{3}{2}kT$ 可知，速率大的分子相对增多，最概然速率 $v_{\mathrm{p}}\propto\sqrt{T}$ 增大，因而曲线高峰右移；又因曲线下总面积恒等于 1，故曲线变得较为平坦。若温度降低，则曲线高峰左移，曲线变得较为陡峭。

（b）同一温度，不同气体（m_0 不同）的速率分布曲线。

温度相同，分子质量不同时，因最概然速率 $v_{\mathrm{p}}\propto\sqrt{\dfrac{1}{m_0}}$，$m_0$ 小的气体，v_{p} 大，且因不同气体的分子平均平动动能相等，质量小的分子的各种平均速率相对较大，即具有较大速率的分子相对较多，因而曲线高峰偏右，曲线较为平坦；反之，对于质量大的分子，曲线高峰偏左，曲线较为陡峭。

④ 三种速率。

最概然速率——与麦克斯韦速率分布函数 $f(v)$ 的极大值对应的速率，即

$$v_p = \sqrt{\frac{2kT}{m_0}} = \sqrt{\frac{2RT}{M}}$$

平均速率——大量气体分子速率的统计平均值，即

$$\bar{v} = \int_0^\infty v f(v) \mathrm{d}v = \sqrt{\frac{8kT}{\pi m_0}} = \sqrt{\frac{8RT}{\pi M}}$$

方均根速率——大量气体分子速率二次方平均值的二次方根值。速率的二次方平均值为

$$\overline{v^2} = \int_0^\infty v^2 f(v) \mathrm{d}v$$

方均根速率为

$$\sqrt{\overline{v^2}} = \sqrt{\frac{3kT}{m_0}} = \sqrt{\frac{3RT}{M}}$$

习　　题

题 6-1　有一水银气压计，当水银柱高度为 0.76 m 时，管顶离水银柱液面 0.12 m，管的截面积为 2.0×10^{-4} m^2，当有少量氧气混入水银管内顶部时，水银柱高度下降为 0.60 m，此时温度为 27 ℃，试问有多少质量的氧气在管顶？（氧气的摩尔质量为 0.032 $kg \cdot mol^{-1}$。）

分析：水银气压计的原理是水银柱在底面产生的压强与大气压强相平衡，一旦水银柱中混入气体，则其在底面产生的压强即该气体的压强与水银柱压强之和。

解：每 1 m 水银柱产生的压强为

$$p_{Hg} = \rho_{Hg} g \approx 1.33 \times 10^5 \text{ N} \cdot \text{m}^{-3}$$

氧气的压强为水银柱前后高度差产生的压强，有

$$p = (0.76 - 0.60) \text{ m} \times p_{Hg}$$

且氧气的体积为

$$V = (0.88 - 0.60) \times 2.0 \times 10^{-4} \text{ m}^3$$

由理想气体物态方程

$$pV = \frac{m}{M}RT$$

得

$$m = M\frac{pV}{RT}$$

即氧气的质量为

$$m = 0.032 \times \frac{(0.76 - 0.60) \times 1.33 \times 10^5 \times (0.28 \times 2.0 \times 10^{-4})}{8.31 \times (273 + 27)}\ \text{kg}$$

$$\approx 1.53 \times 10^{-5}\ \text{kg}$$

题 6-2 有一高压氧气瓶，其中：$p = 1.3 \times 10^7$ Pa，$V = 30$ L。若每天用氧气，其 $p_1 = 1.0 \times 10^5$ Pa，$V_1 = 400$ L，为保证瓶内压强 $p' \geq 1.0 \times 10^6$ Pa，问氧气瓶能用几天?

解： 由理想气体物态方程

$$pV = \nu RT$$

得

$$\nu = \frac{pV}{RT}$$

$$\frac{\nu - \nu'}{\nu_1} = \frac{pV - p'V}{p_1 V_1} = \frac{1.3 \times 10^7 \times 30 - 1.0 \times 10^6 \times 30}{1.0 \times 10^5 \times 400} = 9$$

能用 9 天。

题 6-3 一长金属管下端封闭，上端开口，置于压强为 p_0 的大气中。在封闭端加热达 $T_1 = 1\,000$ K，另一端保持 $T_2 = 200$ K，设温度沿管长均匀变化。现封闭开口端，并使管子冷却到 100 K，求管内气体压强。

分析： 加热时，气压为大气压强，温度沿管长均匀变化，我们垂直管长截取一小段气体体积元，其温度为 T，体积为管的横截面积与体积元长度的乘积，即 $dV = Sdl$，根据理想气体物态方程，即可求得小体积元内气体的物质的量 $d\nu$，积分即可得到气体的总物质的量。所有气体最终将达到温度为 100 K 的平衡态，即可求得管内气体压强。

解： 根据题意，温度沿管长均匀变化，管子一端 $T_1 = 1\,000$ K，另一端保持 $T_2 = 200$ K，所以温度函数为

$$T = 200 + kx$$

其中

$$k = \frac{800}{l}$$

由理想气体物态方程

$$pV = \nu RT$$

可知管内气体的物质的量为

$$\nu = \int \mathrm{d}\nu = \int_0^l \frac{pS}{RT}\mathrm{d}l = \frac{p_0 S}{R}\int_0^l \frac{1}{200+kx}\mathrm{d}x$$

$$= \frac{p_0 S}{Rk}\ln\frac{200+800}{200}$$

$$= \frac{p_0 S}{R\dfrac{800}{l}}\ln 5$$

$$= \frac{p_0 V}{800R}\ln 5$$

当封闭开口端，并使管子冷却到 100 K 时，有

$$\nu = \frac{pV}{RT} = \frac{pV}{100R}$$

即

$$\frac{pV}{100R} = \frac{p_0 V}{800R}\ln 5$$

所以有

$$p = \frac{p_0}{8}\ln 5$$

本题所有解答步骤均采用 SI 单位。

题 6-4 氢分子的质量为 3.3×10^{-24} g，如果每秒有 10^{23} 个氢分子沿着与容器器壁的法线成 $45°$ 角的方向以 10^5 cm·s^{-1} 的速率撞击在 2.0 cm^2 的面积上（碰撞是完全弹性的），求器壁所承受的压强。

分析： 气体压强在数值上等于器壁单位面积受到的平均作用力。

解： 根据气体压强公式，得

$$p = \frac{\overline{F}}{S} = \frac{\dfrac{N \cdot 2m_0 v \cos 45°}{\Delta t}}{S}$$

$$= \frac{10^{23} \times 2 \times 3.3 \times 10^{-27} \times 10^3 \times \dfrac{\sqrt{2}}{2}}{1 \times 2 \times 10^{-4}} \, \text{Pa}$$

$$\approx 2.33 \times 10^3 \, \text{Pa}$$

题 6-5 室内生起炉子后，温度从 15 ℃上升到 27 ℃，设升温过程中，室内的气压保持不变，问升温后室内气体分子数减少了百分之几?

分析: 室内气体总分子数 $N = nV$，因室内气体体积 V 不变，故只需要考虑分子数密度 n 升温前后的变化。升温过程中室内气压保持不变，根据压强公式 $p = nkT$ 可得出分子数密度和温度的关系。

解: 由压强公式 $p = nkT$ 可得

$$n = \frac{p}{kT}$$

已知升温前室温为

$$T_1 = 15\,\text{K} + 273\,\text{K} = 288\,\text{K}$$

升温后室温变为

$$T_2 = 27\,\text{K} + 273\,\text{K} = 300\,\text{K}$$

则有

$$\frac{n_2}{n_1} = \frac{\dfrac{p}{kT_2}}{\dfrac{p}{kT_1}} = \frac{T_1}{T_2} = \frac{288}{300}$$

即分子数减少的百分比为

$$\frac{N_1 - N_2}{N_1} = \frac{n_1 - n_2}{n_1} = \frac{12}{300} = 4\%$$

题 6-6 一容器内储有氧气，温度为 27 ℃，其压强为一个大气压，求: (1) 氧气分子数密度; (2) 氧气的密度; (3) 氧气分子的平均动能; (4) 氧气分子间的平均距离。

解: (1) 压强公式 $p = nkT$，则分子数密度为

$$n = \frac{p}{kT} = \frac{1.01 \times 10^5}{1.38 \times 10^{-23} \times (273 + 27)} \text{ m}^{-3} \approx 2.44 \times 10^{25} \text{ m}^{-3}$$

（2）由理想气体物态方程

$$pV = \frac{m}{M} RT$$

可得

$$\rho = \frac{m}{V} = \frac{pM}{RT} = \frac{1.01 \times 10^5 \times 32 \times 10^{-3}}{8.31 \times 300} \text{ kg} \cdot \text{m}^{-3} \approx 1.3 \text{ kg} \cdot \text{m}^{-3}$$

（3）
$$\overline{\varepsilon_{\text{k}}} = \frac{5kT}{2} = \frac{5 \times 1.38 \times 10^{-23} \times (273 + 27)}{2} \text{ J} \approx 1.04 \times 10^{-20} \text{ J}$$

（4）
$$\overline{d} = \sqrt[3]{\frac{1}{n}} \approx 3.45 \times 10^{-9} \text{ m}$$

题 6-7 设想太阳是由氢原子组成的理想气体，其密度可当成均匀的，若此理想气体的压强为 1.35×10^{14} Pa，试估计太阳的温度。（已知氢原子质量为 $m_{\text{H}} = 1.67 \times 10^{-27}$ kg，太阳半径为 $R_{\text{S}} = 6.96 \times 10^8$ m，太阳质量为 $m_{\text{S}} = 1.99 \times 10^{30}$ kg。）

分析：用理想气体压强公式可导出压强、分子数密度和温度之间的关系，再用已知条件求出温度即可。

解：理想气体压强公式

$$p = nkT = \frac{N}{V} kT$$

即

$$T = \frac{pV}{Nk}$$

$$N = \frac{m_{\text{S}}}{m_{\text{H}}}$$

$$V = \frac{4}{3} \pi R_{\text{S}}^3$$

所以，太阳的温度为

$$T = \frac{pV}{Nk} = \frac{p \frac{4}{3} \pi R_{\text{S}}^3}{\frac{m_{\text{S}}}{m_{\text{H}}} k}$$

$$\approx \frac{1.35 \times 10^{14} \times \frac{4}{3} \times 3.14 \times \left(6.96 \times 10^{8}\right)^{3}}{\frac{1.99 \times 10^{30}}{1.67 \times 10^{-27}} \times 1.38 \times 10^{-23}} \text{K}$$

$$\approx 1.16 \times 10^{7} \text{ K}$$

题 6-8 在一容积为 2.0×10^{-3} m³ 的容器中，有内能为 6.75×10^{2} J 的刚性双原子分子理想气体。（1）求气体的压强；（2）若容器中分子总数为 5.4×10^{22}，求分子的平均平动动能及气体的温度。

解：（1）由 $E = \dfrac{i}{2} \dfrac{m}{M} RT$ 和 $pV = \dfrac{m}{M} RT$ 得

$$E = \frac{i}{2} pV$$

因刚性双原子分子理想气体自由度为 $i = 5$，故气体压强为

$$p = \frac{2E}{5V} = \frac{2 \times 6.75 \times 10^{2}}{5 \times 2.0 \times 10^{-3}} \text{Pa} = 1.35 \times 10^{5} \text{ Pa}$$

（2）由 $n = \dfrac{N}{V}$ 可知，气体分子数密度为

$$n = \frac{N}{V} = \frac{5.4 \times 10^{22}}{2.0 \times 10^{-3}} \text{m}^{-3} = 2.7 \times 10^{25} \text{ m}^{-3}$$

由压强公式 $p = \dfrac{2}{3} n \overline{\varepsilon}_{k}$ 可知分子平均平动动能为

$$\overline{\varepsilon}_{k} = \frac{3p}{2n} = \frac{3 \times 1.35 \times 10^{5}}{2 \times 2.7 \times 10^{25}} \text{J} = 7.5 \times 10^{-21} \text{ J}$$

由压强公式 $p = nkT$ 可知，温度为

$$T = \frac{p}{nk} = \frac{1.35 \times 10^{5}}{2.7 \times 10^{25} \times 1.38 \times 10^{-23}} \text{K} \approx 3.62 \times 10^{2} \text{ K}$$

题 6-9 1 mol 氢气，在温度为 127 ℃时，它的平动动能、转动动能和内能各是多少？

分析： 平均平动动能只和温度有关，平均转动动能则和气体分子的自由度有关，内能为二者之和。

解： 理想气体分子的能量为

$$E = \frac{i}{2} \nu RT$$

平动动能为

$$E_t = \frac{3}{2}\nu RT = \frac{3}{2} \times 8.31 \times 400 \text{ J} = 4\,986 \text{ J}$$

转动动能为

$$E_r = \frac{2}{2}\nu RT = \frac{2}{2} \times 8.31 \times 400 \text{ J} = 3\,324 \text{ J}$$

内能为

$$E = \frac{5}{2} \times 8.31 \times 400 \text{ J} = 8\,310 \text{ J}$$

题 6-10　在标准状态下，若氧气（视为刚性双原子分子理想气体）和氦气的体积比为 $V_1/V_2 = 1/2$，则其内能之比 E_1/E_2 为多少？

分析：根据内能公式 $E = \frac{i}{2}\frac{m}{M}RT$ 和理想气体物态方程 $pV = \frac{m}{M}RT$ 可得内能与压强和温度的关系。

解：由公式 $E = \frac{i}{2}\frac{m}{M}RT$ 和 $pV = \frac{m}{M}RT$，得

$$E = \frac{i}{2}pV$$

已知 $\frac{V_1}{V_2} = \frac{1}{2}$，且标准状态下，两种理想气体压强相同，则有

$$\frac{E_1}{E_2} = \frac{\frac{i_1}{2}pV_1}{\frac{i_2}{2}pV_2} = \frac{5 \times 1}{3 \times 2} = \frac{5}{6}$$

其中，两种气体分子自由度之比为 $\frac{i_1}{i_2} = \frac{5}{3}$。

题 6-11　某些恒星的温度可达 1.0×10^8 K，这也是发生聚变反应所需的温度，在此温度下，恒星可视为由质子组成。问：（1）质子的平均动能是多少？（2）质子的方均根速率为多大？

解：（1）　$\bar{\varepsilon}_k = \frac{i}{2}kT = \frac{3}{2} \times 1.38 \times 10^{-23} \times 1.0 \times 10^8 \text{ J} = 2.07 \times 10^{-15} \text{ J}$

（2）方均根速率为

$$\sqrt{\overline{v^2}} = \sqrt{\frac{3kT}{m_0}} = \sqrt{\frac{3RT}{M}} \approx 1.73\sqrt{\frac{RT}{M}}$$

即

$$\sqrt{\overline{v^2}} = 1.73 \times \sqrt{\frac{8.31 \times 1.0 \times 10^8}{1.0 \times 10^{-3}}} \ \text{m} \cdot \text{s}^{-1} \approx 1.58 \times 10^6 \ \text{m} \cdot \text{s}^{-1}$$

题 6-12　一容器中储有压强为一个大气压、温度为 27 ℃的氢气，求：（1）分子数密度 n；（2）氢气分子的质量 m_0；（3）气体密度 ρ；（4）平均速率 $\overline{v}$；（5）方均根速率 $\sqrt{\overline{v^2}}$；（6）分子的平均动能 $\overline{\varepsilon_k}$。

解：（1）由理想气体物态方程 $p = nkT$ 得

$$n = \frac{p}{kT} = \frac{1.013 \times 10^5}{1.38 \times 10^{-23} \times 300} \ \text{m}^{-3} \approx 2.45 \times 10^{25} \ \text{m}^{-3}$$

（2）氢气分子的质量为

$$m_0 = \frac{M}{N_A} = \frac{2 \times 10^{-3}}{6.02 \times 10^{23}} \ \text{kg} \approx 3.32 \times 10^{-27} \ \text{kg}$$

（3）由理想气体物态方程 $pV = \frac{m}{M}RT$ 得

$$\rho = \frac{m}{V} = \frac{Mp}{RT} = \frac{2 \times 10^{-3} \times 1.013 \times 10^5}{8.31 \times 300} \ \text{kg} \cdot \text{m}^{-3} \approx 0.08 \ \text{kg} \cdot \text{m}^{-3}$$

（4）平均速率为

$$\overline{v} \approx 1.60 \sqrt{\frac{RT}{M}} = 1.60 \times \sqrt{\frac{8.31 \times 300}{0.002}} \ \text{m} \cdot \text{s}^{-1} \approx 1\,786.3 \ \text{m} \cdot \text{s}^{-1}$$

（5）方均根速率为

$$\sqrt{\overline{v^2}} \approx 1.73 \sqrt{\frac{RT}{M}} = 1.73 \times \sqrt{\frac{8.31 \times 300}{0.002}} \ \text{m} \cdot \text{s}^{-1} \approx 1\,931.5 \ \text{m} \cdot \text{s}^{-1}$$

（6）分子的平均动能为

$$\overline{\varepsilon_k} = \frac{5}{2}kT = \frac{5}{2} \times 1.38 \times 10^{-23} \times 300 \ \text{J} \approx 1.04 \times 10^{-20} \ \text{J}$$

题 6-13　计算下列一组粒子的平均速率和方均根速率。

N_i	21	4	6	8	2
$v_i/(\text{m} \cdot \text{s}^{-1})$	10	20	30	40	50

解：平均速率为

$$\overline{v} = \frac{\sum N_i v_i}{\sum N_i}$$

$$= \frac{21 \times 10 + 4 \times 20 + 6 \times 30 + 8 \times 40 + 2 \times 50}{21 + 4 + 6 + 8 + 2} \, \mathrm{m \cdot s^{-1}}$$

$$= \frac{890}{41} \, \mathrm{m \cdot s^{-1}} \approx 21.7 \, \mathrm{m \cdot s^{-1}}$$

方均根速率为

$$\sqrt{\overline{v^2}} = \sqrt{\frac{\sum N_i v_i^2}{\sum N_i}}$$

$$= \sqrt{\frac{21 \times 10^2 + 4 \times 20^2 + 6 \times 30^3 + 8 \times 40^2 + 2 \times 50^2}{21 + 4 + 6 + 8 + 2}} \, \mathrm{m \cdot s^{-1}}$$

$$\approx 25.6 \, \mathrm{m \cdot s^{-1}}$$

题 6-14 两种理想气体的分子数分别为 N_A 和 N_B，某一温度下，速率分布函数分别为 $f_A(v)$ 和 $f_B(v)$，问此温度下，A 和 B 所组成的系统的速率分布函数如何？

分析：此题考查对速率分布函数定义的理解。

解：根据速率分布函数的定义：

$$f(v) = \frac{1}{N} \frac{\mathrm{d}N}{\mathrm{d}v}$$

混合后的总分子数为

$$N = N_A + N_B$$
$$\mathrm{d}N = N_A f_A(v) \mathrm{d}v + N_B f_B(v) \mathrm{d}v$$

A 和 B 所组成系统的速率分布函数为

$$f(v) = \frac{N_A f_A(v) \mathrm{d}v + N_B f_B(v) \mathrm{d}v}{(N_A + N_B) \mathrm{d}v} = \frac{N_A f_A(v) + N_B f_B(v)}{N_A + N_B}$$

题 6-15 金属导体中的电子在金属内部作无规则运动（与容器中的气体分子类似），设金属中共有 N 个自由电子，其中电子的最大速率为 v_m，速率在 $v \sim v + \mathrm{d}v$ 之间的电子的分布概率为

$$\frac{\mathrm{d}N}{N} = \begin{cases} Av^2 \mathrm{d}v & (v \leq v_m) \\ 0 & (v > v_m) \end{cases}$$

式中 A 为常量。问电子的平均速率为多少？

解：根据平均速率的定义，有

$$\overline{v} = \int_0^\infty v f(v) \mathrm{d}v$$

其中

$$f(v)dv = \frac{dN}{N}$$

则

$$\overline{v} = \int_0^\infty v\frac{dN}{N} = \int_0^{v_m} vAv^2 dv$$

$$= \frac{1}{4}Av_m^4$$

题 6-16 一热力学系统内有 N 个粒子，其速率分布函数为

$$f(v) = \begin{cases} c(v-v_0)v & (0 < v \leqslant v_0) \\ 0 & (v > v_0) \end{cases}$$

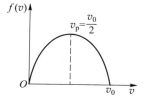

题 6-16 图

（1）求常量 c；（2）作出速率分布函数曲线示意图；（3）求速率分布在 v_1（$v_1 < v_0$）附近单位速率区间内的粒子数；（4）求速率分布在 $\frac{v_0}{3} \sim v_0$ 间隔内的粒子数及此间隔内粒子的平均速率；（5）求粒子的最概然速率、平均速率和方均根速率。

解：（1）由速率分布函数归一化条件

$$\int_0^\infty f(v)dv = 1$$

有

$$\int_0^{v_0} c(v-v_0)v dv + \int_{v_0}^\infty 0 dv = \frac{1}{3}cv_0^3 - \frac{1}{2}cv_0^3 = 1$$

则有

$$c = -\frac{6}{v_0^3}$$

则速率分布函数为

$$f(v) = \begin{cases} -\dfrac{6}{v_0^3}(v-v_0)v & (0 < v \leqslant v_0) \\ 0 & (v > v_0) \end{cases}$$

（2）由（1）解画出速率分布函数曲线，如图所示。

（3）速率分布函数为

$$f(v) = \frac{dN}{Ndv}$$

在 v_1（$v_1 < v_0$）附近单位速率区间内的粒子数为

$$\frac{dN}{dv} = Nf(v_1) = N\left[-\frac{6}{v_0^3}(v_1 - v_0)v_1\right] = \frac{6N}{v_0^3}(v_0 - v_1)v_1$$

（4）速率分布在 $\frac{v_0}{3} \sim v_0$ 间隔内的粒子数为

$$\Delta N = \int_{\frac{v_0}{3}}^{v_0} Nf(v)dv = -\frac{6N}{v_0^3}\int_{\frac{v_0}{3}}^{v_0}(v - v_0)vdv = \frac{20}{27}N$$

速率分布在 $\frac{v_0}{3} \sim v_0$ 间隔内的粒子的平均速率为

$$\overline{v} = \frac{\int_{\frac{v_0}{3}}^{v_0} Nf(v)vdv}{\Delta N}$$

$$= \frac{1}{\Delta N}\left[-\frac{6N}{v_0^3}\int_{\frac{v_0}{3}}^{v_0}(v - v_0)v^2dv\right]$$

$$= \frac{3}{5}v_0$$

（5）粒子的最概然速率由 $\frac{df(v)}{dv} = 0$ 可得。

$$-\frac{12}{v_0^3}v_p + \frac{6}{v_0^2} = 0$$

即

$$v_p = \frac{v_0}{2}$$

粒子的平均速率为

$$\overline{v} = \frac{\int_0^{\infty} Nf(v)vdv}{N} = -\frac{6}{v_0^3}\int_0^{\infty}(v - v_0)v^2dv = \frac{1}{2}v_0$$

又有

$$\overline{v^2} = \frac{\int_0^{\infty} Nf(v)v^2dv}{N}$$

$$= -\frac{6}{v_0^3}\int_0^{\infty}(v - v_0)v^3dv$$

$$= 0.3v_0^2$$

则粒子的方均根速率为

$$\sqrt{\overline{v^2}} = \sqrt{0.3v_0^2} \approx 0.55v_0$$

题6-17 大量粒子（$N_0 = 7.2 \times 10^{10}$）的速率分布函数曲线如图所示，试问：（1）速率小于 30 m·s^{-1} 的粒子数为多少？（2）速率处在 99 m·s^{-1} 到 101 m·s^{-1} 之间的粒子数为多少？（3）所有粒子的平均速率为多少？（4）速率大于 60 m·s^{-1} 的那些粒子的平均速率为多少？

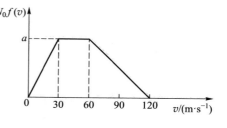

题 6-17 图

解：根据题意

$$N_0 = 7.2 \times 10^{10} = \frac{1}{2}(30 + 120)a$$

所以求得常量

$$a = 9.6 \times 10^8 \ \text{m}^{-1} \cdot \text{s}$$

速率分布函数如下：

$$N_0 f(v) = \begin{cases} \dfrac{a}{30}v & (0 \leq v \leq 30 \ \text{m·s}^{-1}) \\ a & (30 \ \text{m·s}^{-1} < v \leq 60 \ \text{m·s}^{-1}) \\ 2a - \dfrac{v}{60}a & (60 \ \text{m·s}^{-1} < v \leq 120 \ \text{m·s}^{-1}) \\ 0 & (v > 120 \ \text{m·s}^{-1}) \end{cases}$$

（1）速率小于 30 m·s^{-1} 的粒子数为

$$N = \frac{1}{2} \times 30 \times a = 1.44 \times 10^{10}$$

（2）速率处在 99 m·s^{-1} 到 101 m·s^{-1} 之间的粒子数为

$$\Delta N = \int_{99}^{101} N_0 f(v) \mathrm{d}v = \int_{99}^{101}\left(2a - \frac{v}{60}a\right)\mathrm{d}v = 6.4 \times 10^8$$

（3）所有粒子的平均速率为

$$\overline{v} = \frac{1}{N_0}\int_0^{\infty} v N_0 f(v) \mathrm{d}v$$

$$= \frac{1}{N_0}\left[\int_0^{30} v\frac{a}{30}v\mathrm{d}v + \int_{30}^{60} v a\mathrm{d}v + \int_{60}^{120} v\left(2a - \frac{v}{60}a\right)\mathrm{d}v\right]$$

$$= 54 \ \text{m·s}^{-1}$$

（4）速率大于 60 m·s^{-1} 的那些粒子的平均速率为

$$\overline{v} = \frac{\int_{60}^{\infty} N_0 v f(v) \mathrm{d}v}{\int_{60}^{\infty} N_0 f(v) \mathrm{d}v} = \frac{\int_{60}^{120} v\left(2a - \frac{v}{60}a\right)\mathrm{d}v}{\int_{60}^{120}\left(2a - \frac{v}{60}a\right)\mathrm{d}v} = 80 \text{ m}\cdot\text{s}^{-1}$$

本题所有解答步骤均采用 SI 单位。

题 6-18 氦气、氧气分子数均为 N，氧气温度是氦气温度的二倍，速率分布函数曲线如图所示。（1）哪条曲线是氦气分子的速率分布曲线？（2）求 $\frac{v_{p_{O_2}}}{v_{p_{He}}}$ 的值；（3）v_0 的意义是什么？（4）$\int_{v_0}^{\infty} N\left[f_B(v) - f_A(v)\right]\mathrm{d}v$ 为多少？其对应的物理意义是什么？

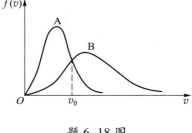

题 6-18 图

解：（1）由理想气体最概然速率公式

$$v_p = \sqrt{\frac{2RT}{M}}$$

可知，对于氧气和氦气，即使 $T_{O_2} = 2T_{He}$，氦气分子的最概然速率还是大于氧气，所以最概然速率大的曲线 B 是氦气分子的速率分布曲线。

（2）由（1）中公式知，最概然速率之比为

$$\frac{v_{p_{O_2}}}{v_{p_{He}}} = \sqrt{\frac{M_{He}}{M_{O_2}}}\sqrt{\frac{T_{O_2}}{T_{He}}} = \sqrt{\frac{4}{32}} \times \sqrt{\frac{2}{1}} = \frac{1}{2}$$

（3）v_0 的意义：在这速率附近、速率区间 $\mathrm{d}v$ 内的氦气和氧气的分子数相同。

（4）$\int_{v_0}^{\infty} N\left[f_B(v) - f_A(v)\right]\mathrm{d}v$ 为在 v_0 右边的两曲线的面积差乘以 N；其对应的物理意义是 $v_0 \sim \infty$ 的速率区间内氦气分子比氧气分子多的数量。

题 6-19 一瓶氧气和一瓶氢气的压强相同，氧气的温度是氢气的二倍，求：（1）氧气和氢气分子数密度之比；（2）氧气分子和氢气分子的平均速率之比。

解：（1）因为 $p = nkT$，则

$$n_{O_2} = \frac{p_{O_2}}{kT_{O_2}} = \frac{p}{2kT_{H_2}}$$

$$n_{H_2} = \frac{p}{kT_{H_2}}$$

所以

$$\frac{n_{O_2}}{n_{H_2}} = \frac{1}{2}$$

（2）由平均速率公式

$$\overline{v} \approx 1.60\sqrt{\frac{RT}{M}}$$

有

$$\frac{\overline{v}_{O_2}}{\overline{v}_{H_2}} = \sqrt{\frac{M_{H_2}}{M_{O_2}}}\sqrt{\frac{T_{O_2}}{T_{H_2}}} = \sqrt{\frac{2}{32}} \times \sqrt{\frac{2}{1}} = \frac{\sqrt{2}}{4}$$

题 6-20　在麦克斯韦速率分布下：（1）计算温度 $T_1 = 300$ K 和 $T_2 = 600$ K 时氧气分子的最概然速率 v_{p_1} 和 v_{p_2}；（2）计算在 T_1 温度下的最概然速率附近单位速率区间内的分子数占总分子数的百分比；（3）计算 300 K 时氧气分子在 $2v_{p_1}$ 处单位速率区间内的分子数占总分子数的百分比。

解：最概然速率的定义为

$$v_p = \sqrt{\frac{2RT}{M}}$$

（1）$T_1 = 300$ K 时，有

$$v_{p_1} = \sqrt{\frac{2RT_1}{M}} = \sqrt{\frac{2 \times 8.31 \times 300}{32 \times 10^{-3}}} \; \text{m·s}^{-1} \approx 395 \; \text{m·s}^{-1}$$

$T_2 = 600$ K 时，有

$$v_{p_2} = \sqrt{\frac{2RT_2}{M}} = \sqrt{\frac{2 \times 8.31 \times 600}{32 \times 10^{-3}}} \; \text{m·s}^{-1} \approx 558 \; \text{m·s}^{-1}$$

（2）在最概然速率附近单位速率区间内的分子数占总分子数的百分比就是麦克斯韦速率分布函数在最概然速率处的值，有

$$f\left(v_{p_1}\right) = \frac{4}{\sqrt{\pi}}\left(\frac{m_0}{2kT}\right)^{\frac{3}{2}} e^{-\frac{m_0}{2kT}v_{p_1}^2} v_{p_1}^2$$

$$\approx \frac{4}{\sqrt{3.14}}\left(\frac{\dfrac{32 \times 10^{-3}}{6.02 \times 10^{23}}}{2 \times 1.38 \times 10^{-23} \times 300}\right)^{\frac{3}{2}} e^{-\frac{\frac{32 \times 10^{-3}}{6.02 \times 10^{23}}}{2 \times 1.38 \times 10^{-23} \times 300} \times 395^2} \times 395^2$$

$$\approx 0.21\%$$

（3）将 $T = 300$ K，$v = 2 \times 395 \; \text{m·s}^{-1} = 790 \; \text{m·s}^{-1}$ 代入麦克斯韦速率分布函数得

$$f(v) = \frac{4}{\sqrt{\pi}} \left(\frac{m_0}{2kT} \right)^{\frac{3}{2}} e^{-\frac{m_0}{2kT}v^2} v^2 \approx 0.042\%$$

题 6-21 求温度为 127 ℃的氢气分子和氧气分子的平均速率、方均根速率及最概然速率。

解：

氢气分子：

$$\overline{v}_{\mathrm{H_2}} \approx 1.60 \sqrt{\frac{RT}{M_{\mathrm{H_2}}}} = 1.60 \times \sqrt{\frac{8.31 \times 400}{2 \times 10^{-3}}} \ \mathrm{m \cdot s^{-1}} \approx 2\,063 \ \mathrm{m \cdot s^{-1}}$$

$$\sqrt{\overline{v^2}}_{\mathrm{H_2}} \approx 1.73 \sqrt{\frac{RT}{M_{\mathrm{H_2}}}} = 1.73 \times \sqrt{\frac{8.31 \times 400}{2 \times 10^{-3}}} \ \mathrm{m \cdot s^{-1}} \approx 2\,230 \ \mathrm{m \cdot s^{-1}}$$

$$v_{\mathrm{pH_2}} \approx 1.41 \sqrt{\frac{RT}{M_{\mathrm{H_2}}}} = 1.41 \times \sqrt{\frac{8.31 \times 400}{2 \times 10^{-3}}} \ \mathrm{m \cdot s^{-1}} \approx 1\,818 \ \mathrm{m \cdot s^{-1}}$$

氧气分子：

$$\overline{v}_{\mathrm{O_2}} \approx 1.60 \sqrt{\frac{RT}{M_{\mathrm{O_2}}}} = 1.60 \times \sqrt{\frac{8.31 \times 400}{32 \times 10^{-3}}} \ \mathrm{m \cdot s^{-1}} \approx 516 \ \mathrm{m \cdot s^{-1}}$$

$$\sqrt{\overline{v^2}}_{\mathrm{O_2}} \approx 1.73 \sqrt{\frac{RT}{M_{\mathrm{O_2}}}} = 1.73 \times \sqrt{\frac{8.31 \times 400}{32 \times 10^{-3}}} \ \mathrm{m \cdot s^{-1}} \approx 558 \ \mathrm{m \cdot s^{-1}}$$

$$v_{\mathrm{pO_2}} \approx 1.41 \sqrt{\frac{RT}{M_{\mathrm{O_2}}}} = 1.41 \times \sqrt{\frac{8.31 \times 400}{32 \times 10^{-3}}} \ \mathrm{m \cdot s^{-1}} \approx 454 \ \mathrm{m \cdot s^{-1}}$$

题 6-22 理想气体分子沿 x 方向的速度分布函数为 $f(v_x) = \left(\frac{m_0}{2\pi kT} \right)^{\frac{1}{2}} e^{-\frac{m_0 v_x^2}{2kT}}$，

试据此推导压强公式 $p = nkT$（已知 $\int_0^\infty x^2 e^{-\beta x^2} \mathrm{d}x = \frac{1}{4\beta} \sqrt{\frac{\pi}{\beta}}$）。

分析： 压强的推导公式为

$$p = \frac{m_0}{V} \sum_{i=1}^{N} v_{ix}^2 = \frac{m_0}{V} N \overline{v_x^2}$$

关键在于求出 N 个分子在 x 方向上速度分量二次方的平均值。另，此题给出的是速度分布函数，粒子速度相对 x 方向有正、负两个方向，若换成同样大小的速率区间的分子数，则分布函数需要乘 2。

解： 根据速度分布函数

$$f\left(v_x\right) = \left(\frac{m_0}{2\pi kT}\right)^{\frac{1}{2}} \mathrm{e}^{-\frac{m_0 v_x^2}{2kT}}$$

可得 x 方向上速度分量二次方的平均值为

$$\overline{v_x^2} = \int_0^\infty 2v_x^2 f\left(v_x\right)\mathrm{d}v_x = \int_0^\infty v_x^2 \left(\frac{2m_0}{\pi kT}\right)^{\frac{1}{2}} \mathrm{e}^{-\frac{m_0 v_x^2}{2kT}} \mathrm{d}v_x = \frac{kT}{m_0}$$

则压强为

$$p = \frac{m_0}{V} N \overline{v_x^2} = \frac{m_0}{V} N \frac{kT}{m_0} = nkT$$

题 6-23 试将理想气体中质量为 m_0 的单原子分子的速率分布函数 $f(v) = 4\pi\left(\frac{m_0}{2\pi kT}\right)^{\frac{3}{2}} \mathrm{e}^{-\frac{m_0 v^2}{2kT}} v^2$ 改写成按动能 $\varepsilon = \frac{1}{2} m_0 v^2$ 分布的函数形式 $f(\varepsilon)\mathrm{d}\varepsilon$，然后求出其最概然动能及平均动能。

解： 根据题意，已知理想气体分子的速率分布函数为

$$f\left(v\right) = 4\pi\left(\frac{m_0}{2\pi kT}\right)^{\frac{3}{2}} \mathrm{e}^{-\frac{m_0 v^2}{2kT}} v^2$$

则速率分布在 v 附近的分子数占总分子数的百分比为

$$\frac{\mathrm{d}N}{N} = f\left(v\right)\mathrm{d}v = 4\pi\left(\frac{m_0}{2\pi kT}\right)^{\frac{3}{2}} \mathrm{e}^{-\frac{m_0 v^2}{2kT}} v^2 \mathrm{d}v$$

若用动能来表示该百分比，则需要把公式中的速率用以下公式替代：

$$v = \sqrt{\frac{2\varepsilon}{m_0}}$$

得到

$$\frac{\mathrm{d}N}{N} = f\left(\varepsilon\right)\mathrm{d}\varepsilon = 4\pi\left(\frac{1}{2\pi kT}\right)^{\frac{3}{2}} \mathrm{e}^{-\frac{\varepsilon}{kT}} \sqrt{\varepsilon}\, \mathrm{d}\varepsilon$$

其最概然动能也就是 $\mathrm{d}\left[f(\varepsilon)\mathrm{d}\varepsilon\right]\big/\mathrm{d}\varepsilon = 0$ 所对应的动能，为 $\frac{1}{2}kT$；平均动能为

$$\overline{\varepsilon} = \int_0^\infty \varepsilon f\left(\varepsilon\right)\mathrm{d}\varepsilon = \frac{3}{2}kT$$

题 6-24 一飞机起飞前机舱中的气体压强为 1.0 atm（1.013×10^5 Pa），温度为 27 ℃；起飞后气体压强为 0.8 atm（$0.810\,4 \times 10^5$ Pa），温度仍为 27 ℃，试计算

飞机距地面的高度。（已知空气的摩尔质量为 28.97×10^{-3} kg·mol^{-1}。）

解：气体压强随高度变化的规律为

$$p = n_0 \mathrm{e}^{-m_0gh/kT}kT = p_0\mathrm{e}^{-m_0gh/kT} = p_0\mathrm{e}^{-mgh/RT}$$

而高度公式则为

$$h = \frac{RT}{Mg}\ln\frac{p_0}{p}$$

即高度为

$$h = \left(\frac{8.31\times300}{28.97\times10^{-3}\times9.8}\times\ln\frac{1}{0.8}\right)\text{m} \approx 1\,959\text{ m} \approx 2\,000\text{ m}$$

题 6-25 上升到什么高度处，大气压强减为地面的 75%？设空气温度为 0 ℃。

解：根据高度公式有

$$h = \frac{RT}{Mg}\ln\frac{p_0}{p} = \left(\frac{8.31\times273}{28.97\times10^{-3}\times9.8}\times\ln\frac{1}{0.75}\right)\text{m} \approx 2\,299\text{ m} \approx 2\,300\text{ m}$$

题 6-26 在一定的压强下，温度为 20 ℃时，氩气和氮气分子的平均自由程分别为 9.9×10^{-8} m 和 2.75×10^{-7} m。试求：（1）氩气和氮气分子的有效直径之比；（2）当温度不变且压强为原值的一半时，氮气分子的平均自由程和平均碰撞频率。

分析：（1）根据压强公式 $p = nkT$ 可知，当压强、温度均相同时，两种理想气体的分子数密度相同，则可根据平均自由程公式 $\bar{\lambda} = \dfrac{1}{\sqrt{2}\pi d^2 n}$ 求出两者有效直径之比。

（2）根据平均自由程公式 $\bar{\lambda} = \dfrac{kT}{\sqrt{2}\pi d^2 p}$ 可看出平均自由程与温度和压强的关系。在已求得平均自由程后，平均碰撞频率可由公式 $\bar{\lambda} = \dfrac{\bar{v}t}{\bar{Z}t} = \dfrac{\bar{v}}{\bar{Z}}$ 导出。

解：（1）

$$\bar{\lambda} = \frac{1}{\sqrt{2}\pi d^2 n}$$

有效直径为

$$d = \left(\frac{1}{\sqrt{2}\pi n\bar{\lambda}}\right)^{1/2}$$

氩气和氮气分子的有效直径之比为

$$\frac{d_1}{d_2} = \left(\frac{\bar{\lambda}_2}{\bar{\lambda}_1}\right)^{1/2} = \sqrt{\frac{2.75\times10^{-7}}{9.9\times10^{-8}}} \approx 1.67$$

（2）
$$\overline{\lambda} = \frac{kT}{\sqrt{2}\pi d^2 p}$$

当压强为原值的一半时，有

$$\frac{\overline{\lambda}_2}{\overline{\lambda}_1} = \frac{p_1}{p_2} = 2$$

即

$$\overline{\lambda}_2 = 2 \times 2.75 \times 10^{-7} \text{ m} = 5.5 \times 10^{-7} \text{ m}$$

$$\overline{\lambda} = \frac{\overline{v}}{\overline{Z}}$$

则平均碰撞频率为

$$\overline{Z} = \frac{\overline{v}}{\overline{\lambda}}$$

其中，平均速率为

$$\overline{v} \approx 1.60\sqrt{\frac{RT}{M}}$$

$$= 1.60 \times \sqrt{\frac{8.31 \times (273 + 20)}{28 \times 10^{-3}}} \text{ m} \cdot \text{s}^{-1} \approx 471.82 \text{ m} \cdot \text{s}^{-1}$$

$$\overline{Z} = \frac{\overline{v}}{\overline{\lambda}} = \frac{471.82}{5.5 \times 10^{-7}} \text{ s}^{-1} \approx 8.6 \times 10^8 \text{ s}^{-1}$$

题 6-27 （1）求氮气分子在标准状态下的平均碰撞频率；（2）若温度不变，气压降到 1.33×10^{-4} Pa，则平均碰撞频率又为多少？（设氮气分子有效直径为 10^{-10} m。）

解： 平均碰撞频率公式为

$$\overline{Z} = \sqrt{2}\pi d^2 n \overline{v}$$

对于理想气体有 $p = nkT$，即

$$n = \frac{p}{kT}$$

所以有

$$\overline{Z} = \frac{\sqrt{2}\pi d^2 \overline{v} p}{kT}$$

又有

$$\overline{v} \approx 1.60\sqrt{\frac{RT}{M}} = 1.60 \times \sqrt{\frac{8.31 \times 273}{28 \times 10^{-3}}}\ \text{m} \cdot \text{s}^{-1} \approx 455.43\ \text{m} \cdot \text{s}^{-1}$$

（1）氮气分子在标准状态下的平均碰撞频率为

$$\overline{Z} = \frac{\sqrt{2}\pi \times 10^{-20} \times 455.43 \times 1.013 \times 10^{5}}{1.38 \times 10^{-23} \times 273}\ \text{s}^{-1} \approx 5.44 \times 10^{8}\ \text{s}^{-1}$$

（2）气压下降后的平均碰撞频率为

$$\overline{Z} = \frac{\sqrt{2}\pi \times 10^{-20} \times 455.43 \times 1.33 \times 10^{-4}}{1.38 \times 10^{-23} \times 273}\ \text{s}^{-1} \approx 0.714\ \text{s}^{-1}$$

题 6-28 1 mol 氧气从初态出发，经过等容升压过程，压强增大为原来的 2 倍，然后又经过等温膨胀过程，体积增大为原来的 2 倍，求初态与末态之间：（1）气体分子方均根速率之比；（2）气体分子平均自由程之比。

解:（1）由理想气体物态方程，有

$$\frac{p_1}{T_1} = \frac{p_2}{T_2} \quad \text{及} \quad p_2 V_2 = p_3 V_3$$

根据方均根速率公式，有

$$\sqrt{\overline{v^2}} \approx 1.73\sqrt{\frac{RT}{M}}$$

$$\frac{\sqrt{\overline{v^2_{初}}}}{\sqrt{\overline{v^2_{末}}}} = \sqrt{\frac{T_1}{T_2}} = \sqrt{\frac{p_1}{p_2}} = \frac{1}{\sqrt{2}}$$

（2）对于理想气体，$p = nkT$，即 $n = \dfrac{p}{kT}$，所以有

$$\overline{\lambda} = \frac{kT}{\sqrt{2}\pi d^2 p}$$

$$\frac{\overline{\lambda}_{初}}{\overline{\lambda}_{末}} = \frac{T_1 p_3}{p_1 T_3} = \frac{T_1 p_2}{2 p_1 T_2} = \frac{1}{2}$$

Chapter 7

第 7 章
热力学基础

基本要求

1. 掌握内能、功和热量等概念。理解准静态过程。

2. 掌握热力学第一定律，能分析、计算理想气体在等容、等压、等温和绝热过程中的功、热量和内能的改变量。

3. 理解循环的意义和循环过程中的能量转化关系，会计算卡诺循环和其他简单循环的效率。

4. 会计算理想气体（刚性分子模型）的摩尔定容热容、摩尔定压热容和摩尔热容比。

5. 了解可逆过程和不可逆过程，了解热力学第二定律和熵增加原理。

内容提要

1. 基本概念

（1）准静态过程。

热力学系统在状态变化时，如果所经历的每一个中间状态都可以看作平衡态，那么这种中间变化过程就可以称为准静态过程（也称平衡过程）。

准静态过程是实际过程的一种理想化抽象。当过程进行的时间远大于系统恢复平衡所需要的时间（称为弛豫时间）时，过程的每一个中间状态便可以近似视为平衡态，这一过程也就可以看作准静态过程。

（2）功和热量。

① 功：准静态过程中，若系统体积膨胀，则系统对外界做功。

$$\mathrm{d}A = p\mathrm{d}V$$

$$A = \int_{V_1}^{V_2} p\mathrm{d}V$$

若 $A > 0$，则系统对外界做功；若 $A < 0$，则外界对系统做功。功是过程量。

② 热量：做功可以改变系统的状态，传热也可以改变系统的状态。准静态过程中，系统的热量变化为

$$\mathrm{d}Q = \nu C_{\mathrm{m}}\mathrm{d}T$$

$$Q = \int_{T_1}^{T_2} \nu C_{\mathrm{m}}\mathrm{d}T$$

规定系统从外界吸热时 $Q > 0$，而系统向外界放热时 $Q < 0$。其中 C_{m} 为气体的摩尔热容，表示 1 mol 气体温度升高 1 K 所吸收的热量。

摩尔定容热容：1 mol 理想气体在体积不变的条件下温度升高 1 K 所吸收的热量。

$$C_{V,\mathrm{m}} = \frac{i}{2}R$$

摩尔定压热容：1 mol 理想气体在压强不变的条件下温度升高 1 K 所吸收的热量。

$$C_{p,\mathrm{m}} = C_{V,\mathrm{m}} + R$$

摩尔热容比：

$$\gamma = \frac{C_{p,\mathrm{m}}}{C_{V,\mathrm{m}}} = \frac{i+2}{i}$$

做功与传热是热力学系统与外界交换能量的两种方式。在改变系统内能这一点上，两种方式等效。但是从微观看，两种方式又有区别：做功是通过物体有规则运动与系统内分子无规则运动之间的转化来实现能量传递的，传热是通过系统外物体分子无规则热运动与系统内分子无规则热运动之间的转化来实现能量传递的。两种方式所传递的能量分别用功和热量来度量。功和热量都与系统的状态变化过程相联系。

（3）内能。

内能是组成系统的所有分子作无规则热运动的各种动能及分子势能的总和。

系统的内能是系统宏观状态的函数。例如实际气体的内能是气体体积 V 和温度 T 的函数，而理想气体的内能则只是温度 T 的函数。

理想气体的内能：

$$E = \frac{i}{2}\nu RT$$

$$\Delta E = \frac{i}{2}\nu R\Delta T$$

2. 基本定律

（1）热力学第一定律。

系统吸收的热量，一部分用于内能的增加，一部分用于对外做功。

① 数学表示：

$$Q = E_2 - E_1 + A = \Delta E + A$$

因为功和热量都是过程量，所以在相同的两个状态间，过程不同，热力学第一定律所得的结果也不同。因此，求解热力学问题要先确定过程的微分规律，然后通过积分得到结果。

$$\mathrm{d}Q = \mathrm{d}E + \mathrm{d}A$$

热力学第一定律的实质是包括热现象在内的能量守恒与转化定律；它是物理学重要的基本定律之一，是反映热现象的基本规律；它说明第一类永动机是不能制造成功的。

② 热力学第一定律在理想气体准静态过程中的应用，见表 7-1。

表 7-1　热力学第一定律在理想气体准静态过程中的应用

过程名称	等容	等压	等温	绝热
过程方程	$\frac{p}{T}=$常量	$\frac{V}{T}=$常量	$pV=$常量	$pV^{\gamma}=$常量 $TV^{\gamma-1}=$常量
系统吸热 Q	$\frac{m}{M}C_{V,\mathrm{m}}(T_2-T_1)$	$\frac{m}{M}C_{p,\mathrm{m}}(T_2-T_1)$	$\frac{m}{M}RT\ln\frac{V_2}{V_1}$ 或 $pV\ln\frac{p_2}{p_1}$	0
对外做功 A	0	$p(V_2-V_1)$	同上	$\frac{1}{\gamma-1}(p_1V_1-p_2V_2)$ 或 $-\frac{m}{M}C_{V,\mathrm{m}}(T_2-T_1)$
内能增量 ΔE	$\frac{m}{M}C_{V,\mathrm{m}}(T_2-T_1)$	$\frac{m}{M}C_{V,\mathrm{m}}(T_2-T_1)$	0	$\frac{m}{M}C_{V,\mathrm{m}}(T_2-T_1)$ 或 $\frac{1}{\gamma-1}(p_2V_2-p_1V_1)$
特点	$Q=\Delta E$	$Q=\Delta E+A$	$Q=A$	$A=-\Delta E$
结论	系统吸取的热量完全变为内能	系统吸取的热量一部分变为内能，一部分变为对外做的功	系统吸取的热量完全变为对外做的功	系统的内能减少并对外做功

③ 循环过程。

特点：系统经一系列状态变化过程以后又回到原来的状态（$\Delta E = 0$）。

热机效率：系统从高温热源吸热 Q_1，对外做功 A，向低温热源放热 Q_2，效率为

$$\eta = \frac{A}{Q_1} = \frac{Q_1 - Q_2}{Q_1} = 1 - \frac{Q_2}{Q_1}$$

$$\eta \leqslant 1 - \frac{T_2}{T_1}$$

制冷系数：系统从低温热源吸热 Q_2，外界做功 A，向高温热源放热 Q_1，制冷系数为

$$\omega = \frac{Q_2}{A} = \frac{Q_2}{Q_1 - Q_2}$$

卡诺循环：由两个等温过程和两个绝热过程所组成的理想循环。

卡诺热机效率：

$$\eta_卡 = 1 - \frac{T_2}{T_1}$$

卡诺制冷系数：

$$\omega_卡 = \frac{T_2}{T_1 - T_2}$$

（2）热力学第二定律。

① 可逆与不可逆过程——一个系统由某一状态出发，经过某一过程达到另一状态，如果存在另一过程，能使系统和外界都恢复原来状态，则原来的过程叫可逆过程。反之，如果无论用什么方法都不能使系统和外界同时复原，则原来的过程称为不可逆过程。无摩擦的准静态过程是可逆过程。而不可逆过程通常由两个因素引起：一个是摩擦，一个是非静态。由于绝对的无摩擦和静态过程实际上不存在，所以一切实际发生的过程都是不可逆的。

② 热力学第二定律的两种表述。

开尔文表述：不可能只从单一热源吸收热量使之完全变为有用的功而不产生其他影响。

克劳修斯表述：热量不可能自动地从低温物体传向高温物体。

热力学第二定律的实质是一切与热现象有关的实际宏观过程都是不可逆的。

③ 热力学第二定律的统计意义：不受外界影响的孤立系统中发生的过程总是由概率小的状态向概率大的状态演化，即总是从有序走向无序。

由热力学第二定律可以证明，一切实际热机（由于其不可逆过程的存在）的效率均小于可逆热机的效率，即效率为 100% 的热机（第二类永动机）是不可能制造

成功的。

④ 卡诺定理。

（a）在相同的高温热源与低温热源之间工作的一切可逆热机效率都相同，与工作物质无关。

（b）在相同的高温热源与低温热源之间工作的一切不可逆热机的效率都不可能大于可逆热机的效率。

$$\eta \leqslant 1 - \frac{T_2}{T_1}$$

⑤ 熵。从宏观来看，熵是描述热力学系统平衡程度的物理量，熵越大，系统越接近平衡态；从微观来看，熵是描述热力学系统分子运动混乱程度的物理量，熵越大，分子运动越混乱。

熵增加原理：孤立系统内发生的任何不可逆过程总是沿熵增大的方向进行。

习　题

题 7-1　一气缸内储有 2.0 mol 的空气，温度为 27 ℃，若维持压强不变，而使空气的体积膨胀到原体积的 3 倍，求空气膨胀时所做的功。

解：本题是等压膨胀过程，气体所做的功为

$$A = \int_{V_1}^{V_2} p\mathrm{d}V = p(V_2 - V_1)$$

根据理想气体物态方程

$$pV_1 = \nu RT_1$$

气缸内气体的压强为

$$p = \nu RT_1/V_1$$

则空气所做的功为

$$A = p(V_2 - V_1) = \nu RT_1(V_2 - V_1)/V_1 = 2\nu RT_1 \approx 9.97 \times 10^3 \text{ J}$$

题 7-2　1 mol 的空气从热源吸收了热量 2.66×10^5 J，其内能增加了 4.18×10^5 J，问在这个过程中气体做了多少功？是气体对外界做功，还是外界对气体做功？

解：气体吸收热量 $Q = 2.66 \times 10^5$ J，内能增加 $\Delta E = 4.18 \times 10^5$ J，根据热力学第一定律

$$Q = A + \Delta E$$

有

$$A = Q - \Delta E = -1.52 \times 10^5 \text{ J}$$

负号表示外界对气体做功。

题 7-3 如图所示，一定量的气体，开始在状态 A，其压强为 2.0×10^5 Pa，体积为 1.0×10^{-3} m³，沿直线 AB 变化到状态 B 后，压强变为 1.0×10^5 Pa，体积变为 2.0×10^{-3} m³，求此过程中气体所做的功。

解： 理想气体在可逆过程中所做的功，在数值上等于 p–V 图中过程曲线 AB 与横轴所围的面积，即图中梯形的面积。当 p、V 采用国际单位制单位时，有

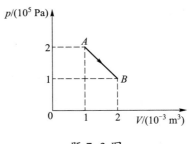

题 7-3 图

$$A = \frac{\left(1 \times 10^5 + 2 \times 10^5\right) \times \left(2.0 \times 10^{-3} - 1.0 \times 10^{-3}\right)}{2} \text{ J} = 1.5 \times 10^2 \text{ J}$$

题 7-4 如图所示，系统从状态 A 沿 ABC 变化到状态 C 的过程中，外界有 326 J 的热量传递给系统，同时系统对外界做功 126 J。如果系统从状态 C 沿另一曲线 CA 回到状态 A，外界对系统所做的功为 52 J，则此过程中系统是吸热还是放热？传递的热量是多少？

解： 系统经 ABC 过程所吸收的热量及对外所做的功分别为

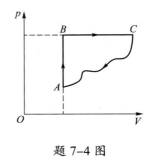

题 7-4 图

$$Q_{ABC} = 326 \text{ J}$$
$$A_{ABC} = 126 \text{ J}$$

则由热力学第一定律可得，由 A 到 C 过程中系统内能的增量为

$$\Delta E_{AC} = Q_{ABC} - A_{ABC} = 200 \text{ J}$$

由此可得从 C 到 A，系统内能的增量为

$$\Delta E_{CA} = -200 \text{ J}$$

从 C 到 A，系统所吸收的热量为

$$Q_{CA} = \Delta E_{CA} + A_{CA} = -252 \text{ J}$$

式中负号表示系统向外界放热 252 J。

题 7-5 如图所示，一定量的理想气体经历 ACB 过程时吸热 200 J，则经历 $ACBDA$ 过程时吸热又为多少？

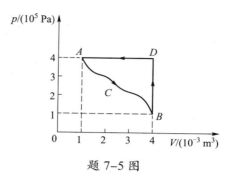

题 7-5 图

解： 从图中可见，$ACBDA$ 过程是一个循环过程。

由于理想气体系统经历一个循环的内能变化为零，故根据热力学第一定律，系统净吸热即外界对系统所做的净功。可将 $ACBDA$ 循环过程分成 ACB、BD 及 DA 三个过程。

由图中数据有

$$p_A V_A = p_B V_B$$

则 A、B 两状态温度相同，故 ACB 过程内能的变化为

$$\Delta E_{ACB} = 0$$

由热力学第一定律可得，系统对外界做的功为

$$A_{ACB} = Q_{ACB} - \Delta E_{ACB} = Q_{ACB} = 200 \, \text{J}$$

在等容过程 BD 及等压过程 DA 中气体所做的功分别为

$$A_{BD} = \int p \, \mathrm{d}V = 0$$

$$A_{DA} = \int p \, \mathrm{d}V = p_A \left(V_A - V_D \right) = -1\,200 \, \text{J}$$

则在循环过程 $ACBDA$ 中系统所做的总功为

$$A = A_{ACB} + A_{BD} + A_{DA} = -1\,000 \, \text{J}$$

负号表示外界对系统做功。

由热力学第一定律可得，系统在循环中吸收的总热量为

$$Q = A = -1\,000 \, \text{J}$$

负号表示在此过程中，热量传递的总效果为放热。

题 7-6 在 300 K 的温度下，2 mol 理想气体的体积从 $4.0 \times 10^{-3} \, \text{m}^3$ 等温压缩

到 $1.0 \times 10^{-3} \text{ m}^3$。（1）求此过程中气体所做的功；（2）如果过程是反向的，那么系统吸收的热量是多少？

解：（1）等温过程中气体所做的功为

$$A = \nu RT \ln\left(\frac{V_2}{V_1}\right) \approx -6.91 \times 10^3 \text{ J}$$

式中负号表示外界对系统做功。

（2）由于等温过程内能的变化为零，所以由热力学第一定律可得，系统吸收的热量为

$$Q = A = -6.91 \times 10^3 \text{ J}$$

式中负号表示系统向外界放热。

题 7-7 一气缸内密封有刚性双原子分子理想气体，经绝热膨胀后气体压强减小为原来的一半，求气体绝热膨胀前后内能之比。

分析： 本题考察理想气体内能与理想气体物态方程之间的关系。理想气体内能与温度成正比，进而可以转化成气体压强与体积之比。对双原子分子理想气体，摩尔热容比 $\gamma = 1.4$。根据绝热过程方程，可求出压强与体积之比。

解： 已知 $\dfrac{p_2}{p_1} = \dfrac{1}{2}$，根据绝热过程方程 $pV^\gamma = C$，有

$$\frac{V_2}{V_1} = \left(\frac{p_1}{p_2}\right)^{\frac{1}{\gamma}}$$

则根据理想气体内能公式，有

$$\frac{E_2}{E_1} = \frac{T_2}{T_1} = \frac{p_2 V_2}{p_1 V_1}$$

$$= \left(\frac{p_1}{p_2}\right)^{\frac{1}{\gamma}}\left(\frac{p_2}{p_1}\right)$$

$$\approx 0.82$$

题 7-8 物质的量为 ν 的某种理想气体，其状态按 $V = a/\sqrt{p}$ 的规律变化（式中 a 为正常量），当气体体积从 V_1 膨胀到 V_2 时，求气体所做的功及气体温度的变化。

分析： 此题考察利用公式求解某一过程的功。

解： 气体所做的功为

$$A = \int_{V_1}^{V_2} p\,\mathrm{d}V$$

则

$$A = \int_{V_1}^{V_2} \frac{a^2}{V^2}\mathrm{d}V = \left(-\frac{a^2}{V}\right)\bigg|_{V_1}^{V_2} = a^2\left(\frac{1}{V_1} - \frac{1}{V_2}\right)$$

由理想气体物态方程 $pV = \nu RT$，可知

$$\frac{pV}{T} = \frac{\frac{a^2}{V^2}V}{T} = \frac{a^2}{VT} = \nu R$$

所以

$$T = \frac{a^2}{\nu RV}$$

则温度的变化为

$$\Delta T = T_2 - T_1 = \frac{a^2}{\nu R}\left(\frac{1}{V_2} - \frac{1}{V_1}\right)$$

题 7-9 一侧面绝热的气缸内盛有 1 mol 单原子分子理想气体。气体的温度 $T_1 = 273$ K，活塞外气压 $p_0 = 1.01 \times 10^5$ Pa，活塞面积 $S = 0.02$ m²，活塞质量 $m = 102$ kg（活塞绝热、不漏气且与气缸壁的摩擦可忽略）。由于气缸内小突起物的阻碍，活塞起初停在距气缸底部 $l_1 = 1$ m 处。今从底部极缓慢地加热气缸中的气体，使活塞上升 $l_2 = 0.5$ m 的一段距离，如图所示。试问：（1）气缸中的气体经历的是什么过程？（2）气缸中的气体在整个过程中吸收了多少热量？

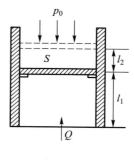

题 7-9 图

分析： 起初气缸中的气体由于压强小于 p_2（$p_2 = $ 外界气体压强 + 活塞重力产生的压强），所以体积不会变，这是一个等容升温的过程，当压强达到 p_2 时，气体将继续作一个等压膨胀的过程。

解：（1）气缸中的气体的过程为等容升温 + 等压膨胀。

（2）

$$p_1 = \frac{\nu RT}{V} = \frac{1 \times 8.31 \times 273}{0.02 \times 1} \text{ Pa} \approx 1.13 \times 10^5 \text{ Pa}$$

$$p_2 = p_0 + \frac{mg}{S} = 1.01 \times 10^5 \text{ Pa} + \frac{102 \times 10}{0.02} \text{ Pa} = 1.52 \times 10^5 \text{ Pa}$$

等容升温过程：

$$Q_V = \nu \frac{i}{2} R(T_2 - T_1) = \frac{i}{2}\Delta pV = \frac{3}{2}(p_2 - p_1)V = 1.17 \times 10^3 \text{ J}$$

等压膨胀过程：

$$Q_p = \nu \frac{5}{2} R (T_2 - T_1)$$

$$= \frac{5}{2} p_2 (V_2 - V_1) = 3.8 \times 10^3 \text{ J}$$

所以有

$$Q = Q_V + Q_p = 4.97 \times 10^3 \text{ J}$$

题 7-10　一定量的理想气体在 $p - V$ 图中的等温线与绝热线交点处两线的斜率之比为 0.714，求其摩尔定容热容。

分析：本题考查绝热过程与等温过程的关系以及摩尔热容比。首先应计算出绝热过程与等温过程在某一相同状态的斜率比值，再根据摩尔热容比与摩尔定容热容之间的关系求得结果。

解：设绝热线在状态 A 的压强和体积为 p_A、V_A，则有

$$p_A V_A^\gamma = C = p V^\gamma$$

$$p = \frac{p_A V_A^\gamma}{V^\gamma}$$

绝热线的斜率为

$$k_1 = \frac{\mathrm{d}p}{\mathrm{d}V} = \frac{\mathrm{d}\left(\dfrac{p_A V_A^\gamma}{V^\gamma}\right)}{\mathrm{d}V} = -\gamma p_A V_A^\gamma V^{-\gamma-1} = -\gamma p V^\gamma V^{-\gamma-1} = -\gamma \frac{p}{V}$$

等温线的斜率的绝对值为

$$k_2 = \frac{\mathrm{d}p}{\mathrm{d}V} = \frac{\mathrm{d}\left(\dfrac{p_A V_A}{V}\right)}{\mathrm{d}V} = -p_A V_A V^{-2} = -p V V^{-2} = -\frac{p}{V}$$

根据题意有

$$\frac{k_2}{k_1} = 0.714 = \frac{1}{\gamma}$$

则

$$\gamma = \frac{1}{0.714} \approx 1.4$$

所以

$$C_{V,\mathrm{m}} = \frac{R}{\gamma - 1} = \frac{8.31}{\dfrac{1}{0.714} - 1} \text{ J} \cdot \text{mol}^{-1} \cdot \text{K}^{-1} \approx 20.8 \text{ J} \cdot \text{mol}^{-1} \cdot \text{K}^{-1}$$

题 7-11 一定量的理想气体，从 A 态出发，经 $p-V$ 图中所示的过程到达 B 态，试求在这过程中，气体吸收的热量。

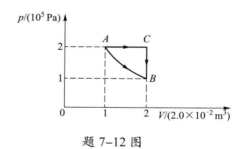

分析： 可以发现 A、B 两态处于相同的等温线上，所以 A、B 两态的内能相同，那么在该过程中，气体吸收的热量全部用来对外界做功，也就是 $ACDB$ 曲线和横轴所围成的面积。

解： 由图可得

$$p_A V_A = p_B V_B$$

有

$$T_A = T_B$$
$$E_A = E_B$$

气体吸收的热量为

$$Q = A = 3 \times 4 \times 10^5 \text{ J} + 3 \times 1 \times 10^5 \text{ J} = 1.5 \times 10^6 \text{ J}$$

题 7-12 如图所示，1 mol 氢气由 A 态出发：（1）经 AB 等温过程变到 B 态；（2）经 AC 等压过程，再经 CB 等容过程变到 B 态。求两种路径中，氢气所做的功、吸收的热量和内能的改变量。

题 7-12 图

分析： 气体经不同过程到达相同终态，内能改变相同，但做功和吸热未必相同。

解： 内能改变只跟初、末状态有关，两种过程中，内能改变量均为 $\Delta E = 0$（A、B 两态在同一等温线上）。

（1）AB 等温过程：

$$Q = A = p_A V_A \ln \frac{V_B}{V_A} = 1 \times 2 \times 10^{-2} \times 2 \times 10^5 \times \ln \frac{2}{1} \text{ J} \approx 2.8 \times 10^3 \text{ J}$$

（2）AC 等压过程：

$$A = p_A (V_C - V_A) = 2 \times 10^5 \times \left[(2-1) \times 2 \times 10^{-2} \right] \text{ J} = 4 \times 10^3 \text{ J}$$

$$Q = \frac{i+2}{2} A = \frac{5+2}{2} A = 1.4 \times 10^4 \text{ J}$$

CB 等容过程：

$$A = 0$$

$$Q = \frac{i}{2} V_B (p_B - p_C) = \frac{5}{2} \times 2 \times 2 \times 10^{-2} \times (1 - 2) \times 10^5 \text{ J} = -1 \times 10^4 \text{ J}$$

ACB 总过程：

$$Q = A = 4 \times 10^3 \text{ J}$$

本题所有解答步骤均采用 SI 单位。

题 7-13 如图所示，AB、DC 是绝热过程，CEA 是等温过程，BED 是任意过程，它们组成一个循环。若图中 $EDCE$ 所包围的面积为 70 J，$EABE$ 所包围的面积为 30 J，在 CEA 过程中系统放热 100 J，求 BED 过程中系统吸收的热量。

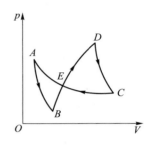

题 7-13 图

解：在整个循环过程中系统内能不变，图中 $EDCE$ 所包围的面积为 70 J，这意味着在这个过程中系统对外做的功为 70 J，即系统放热为 70 J；$EABE$ 所包围的面积为 30 J，这意味着在这个过程中外界对系统所做的功为 30 J，即系统吸热为 30 J，所以整个循环中系统放热是 70 J – 30 J = 40 J。

而在这个循环中，AB、DC 是绝热过程，没有热量的交换，所以如果在 CEA 过程中系统放热 100 J，则在 BED 过程中系统吸收的热量为 100 J + 40 J = 140 J。

题 7-14 如图所示，已知图中画不同斜线的两部分的面积分别为 S_1 和 S_2。（1）如果气体的膨胀过程为 $a1b$，则气体对外所做的功为多少？（2）如果气体进行 $a2b1a$ 的循环过程，则它对外做的功又为多少？

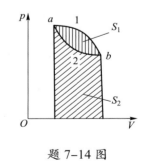

题 7-14 图

分析：根据做功的定义，在 p-V 图中过程曲线围成的面积在数值上等于气体在这一过程所做的功。在循环过程中气体所做净功在数值上等于闭合曲线所围面积。

解：（1）过程 $a1b$ 中气体对外所做的功为 $S_1 + S_2$。

（2）循环过程 $a2b1a$ 中气体所做的功为 S_1。

题 7-15 一系统由如图所示的 a 状态沿 acb 到达 b 状态，有 334 J 热量传入系统，系统所做的功为 126 J。（1）经 *adb* 过程，系统所做的功为 42 J，问有多少热量传入系统？（2）当系统由 *b* 状态沿曲线 *ba* 返回 *a* 状态时，外界对系统做的功为 84 J，试问系统是吸热还是放热？热量传递了多少？

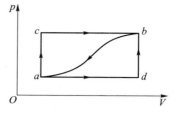

题 7-15 图

分析： 由 *acb* 过程可求出 *b* 状态和 *a* 状态的内能之差。在 *adb* 过程中气体对外做功，需要吸收热量。此外由于 *b* 状态内能高于 *a* 状态内能，所以系统也需要吸收热量，那么 *adb* 过程所吸收的热量自然等于这一过程中的功与内能改变量之和。在 *ba* 过程中气体内能减少，需要以热量的形式释放出去。同时外界对气体做的功 84 J，也必须以热量的形式释放出去。否则气体无法回到 *a* 状态。那么这一过程气体向外界释放的热量等于其减少的内能与外界对气体所做的功之和。

解：（1）根据已知条件，*b* 状态内能与 *a* 状态内能的差为

$$(334-126)\ \text{J} = 208\ \text{J}$$

则 *adb* 过程传入系统的热量为

$$Q = (208+42)\ \text{J} = 250\ \text{J}$$

（2）

$$Q = (-208-84)\ \text{J} = -292\ \text{J}$$

式中负号代表放热。

题 7-16 单原子分子理想气体作如图所示的 *abcda* 的循环，并已求得表中所填的三个数据，试根据热力学第一定律和循环过程的特点完成下表。

过程	Q/J	A/J	$\Delta E/\text{J}$
ab 等压	250		
bc 绝热		75	
cd 等容			
da 等温		−125	
循环效率 $\eta =$			

解： 可根据热力学第一定律

$$Q = \Delta E + A$$

以及循环过程的特点进行如下计算。

ab 等压过程：

已知

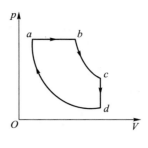

$$Q_{ab} = \nu \frac{5}{2} R(T_b - T_a)$$
$$= \frac{5}{2} p_a (V_b - V_a) = 250 \text{ J}$$

则

$$A_{ab} = p_a(V_b - V_a) = 100 \text{ J}$$
$$\Delta E_{ab} = 150 \text{ J}$$

bc 绝热过程：

$$Q_{bc} = 0$$

所以

$$\Delta E_{bc} = A_{bc} = -75 \text{ J}$$

cd 等容过程：

$$A_{cd} = 0$$

而且整个过程中内能之和为零，所以

$$\Delta E_{cd} = -75 \text{ J}, \quad Q_{cd} = -75 \text{ J}$$

da 等温过程：

$$\Delta E_{da} = 0$$

所以

$$Q_{da} = A_{da} = -125 \text{ J}$$

有

$$A_{\text{总}} = A_{ab} + A_{bc} + A_{cd} + A_{da} = 50 \text{ J}$$

循环效率为

$$\eta = A_{\text{总}}/Q_{ab} = 20\%$$

所有结果见下表。

过程	Q/J	A/J	ΔE/J
ab 等压	250	100	150
bc 绝热	0	75	−75
cd 等容	−75	0	−75
da 等温	−125	−125	0

循环效率 $\eta = 20\%$

题 7-17 有一以刚性双原子分子理想气体为工作物质的热机，其循环如图所示，试计算热机的效率。已知：$p_1 = 2p_2$。

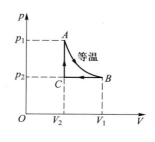

分析： 该热机循环由三个过程组成，图中 AB 是等温过程，BC 是等压压缩过程，CA 是等容升压过程。其中 AB、CA 过程系统吸热，BC 过程系统放热。

题 7-17 图

解： 已知 $p_1 = 2p_2$，且 AB 是等温线，则有 $V_1 = 2V_2$。分别求出各过程吸收的热量：

$$Q_{AB} = \nu RT_A \ln\frac{V_1}{V_2} = p_1 V_2 \ln\frac{V_1}{V_2} = 2p_2 V_2 \ln 2$$

$$Q_{BC} = \nu C_{p,m}\left(T_C - T_B\right) = \frac{i+2}{2}p_2\left(V_2 - V_1\right) = -\frac{7}{2}p_2 V_2$$

$$Q_{CA} = \nu C_{V,m}\left(T_A - T_C\right) = \frac{i}{2}V_2\left(p_1 - p_2\right) = \frac{5}{2}p_2 V_2$$

整理，得

$$Q_1 = \left(\frac{5}{2} + 2\ln 2\right)p_2 V_2$$

$$Q_2 = \frac{7}{2}p_2 V_2$$

该热机的效率为

$$\eta = 1 - \frac{Q_2}{Q_1} = 1 - \frac{\dfrac{7}{2}}{\dfrac{5}{2} + 2\ln 2} \approx 9.9\%$$

题 7-18 如图所示，bcdab 为 1 mol 单原子分子理想气体的循环过程，求：

（1）气体循环一次，从外界吸收的总热量；
（2）气体循环一次对外界做的净功；（3）循环效率。

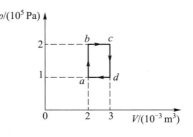

题 7-18 图

分析：本题以等压和等容过程为例介绍功、热量以及效率的计算方法。

首先应当判断出哪一个过程为吸热过程，哪一个过程为放热过程。例如在过程 ab 中，气体的温度增加，压强增加，但体积保持不变。根据热力学第一定律，此过程的功为零，因此气体必然吸收热量以用于增加内能。同样的道理，过程 cd 应该放出热量。

其次，对等压和等容过程中热量的计算，分别利用摩尔定压热容和摩尔定容热容非常方便。

解：（1）过程 ab 和过程 bc 为吸热过程。因此，吸收的热量为

$$Q_1 = C_{V,\mathrm{m}}(T_b - T_a) + C_{p,\mathrm{m}}(T_c - T_b)$$
$$= \frac{3}{2}(p_b V_b - p_a V_a) + \frac{5}{2}(p_c V_c - p_b V_b)$$
$$= 800\,\mathrm{J}$$

（2）循环过程的净功在数值上等于循环闭合曲线所围面积，则

$$A = (p_b - p_d)(V_c - V_b) = 100\,\mathrm{J}$$

（3）
$$\eta = \frac{W}{Q_1} = 12.5\%$$

本题所有解答步骤均采用 SI 单位。

题 7-19 有一以理想气体为工作物质的热机，其循环如图所示，求热机效率。

解：AB 为绝热过程，系统与外界没有热量交换。

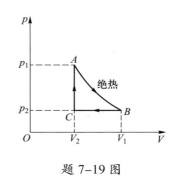

题 7-19 图

BC 过程：

$$Q_{BC} = -\frac{i+2}{2} p_2 (V_1 - V_2) \quad（放热）$$

CA 过程：

$$Q_{CA} = \frac{i}{2} V_2 (p_1 - p_2) \quad（吸热）$$

热机效率为

$$\eta = 1 - \frac{\frac{i+2}{2}p_2(V_1 - V_2)}{\frac{i}{2}V_2(p_1 - p_2)} = 1 - \gamma \frac{\left(\dfrac{V_1}{V_2}\right) - 1}{\left(\dfrac{p_1}{p_2}\right) - 1}$$

题 7-20 图（a）是某种理想气体循环过程的 V-T 图。已知该气体的摩尔定压热容 $C_{p,\mathrm{m}} = 2.5\,R$，摩尔定容热容 $C_{V,\mathrm{m}} = 1.5\,R$，且 $V_C = 2V_A$。（1）试问图（a）中所示循环是代表制冷机还是热机？（2）如是正循环（热机循环），求出循环效率。

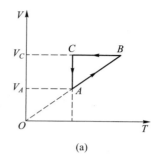

(a)

分析：我们在 p-V 图上观察到正循环是热机，但此图是 V-T 图，我们先将其转化成 p-V 图。

解：（1）AB 过程，$\dfrac{V}{T} = C$，且体积增大，即等压膨胀过程；BC 过程体积不变，温度减小，为等容过程；CA 过程为等温过程，体积减小。将其转化为 p-V 图，如图（b）所示，可看出此循环为正循环，代表热机。

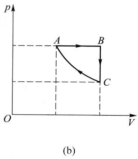

(b)

题 7-20 图

（2）已知 $V_C = 2V_A$，且 $V_C = V_B$，根据理想气体物态方程可得

$$T_B = 2T_C = 2T_A$$

各过程吸收的热量为

$$Q_{AB} = \nu C_{p,\mathrm{m}} \Delta T = 2.5R\nu T_A$$

$$Q_{BC} = \nu C_{V,\mathrm{m}} \Delta T = -1.5R\nu T_A$$

$$Q_{CA} = \nu R T_A \ln \frac{V_A}{V_C} = -R\nu T_A \ln 2$$

效率为

$$\eta = 1 - \frac{1.5R\nu T_A + R\nu T_A \ln 2}{2.5R\nu T_A} \approx 12.3\%$$

题 7-21 刚性多原子分子理想气体经历了如图所示循环，求循环效率，其中 bc 为等温过程，cd 为等容过程，da 为等压过程。

解：bc 为等温过程，可得

$$p_c = 2 \times 10^5 \text{ Pa}$$

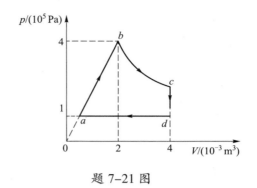

题 7-21 图

ab 为直线过程，且延长线过零点，可得

$$V_a = 5 \times 10^{-4} \ \text{m}^3$$

分别计算四个过程吸收的热量：

$$Q_{ab} = A + \Delta E = A + \frac{i}{2} \Delta (pV)$$

$$= \frac{1}{2} \times (1+4) \times 1.5 \times 10^2 \ \text{J} + \frac{6}{2} \times (4 \times 2 - 0.5) \times 10^2 \ \text{J} = 2\,625 \ \text{J}$$

$$Q_{bc} = p_b V_b \ln \frac{V_c}{V_b} = \left(4 \times 2 \times 10^2 \times \ln 2 \right) \text{J} \approx 555 \ \text{J}$$

$$Q_{cd} = \frac{i}{2} \Delta (pV) = \frac{6}{2} \times 4 \times (1-2) \times 10^2 \ \text{J} = -1\,200 \ \text{J}$$

$$Q_{da} = \frac{i+2}{2} \Delta (pV) = \frac{8}{2} \times 1 \times (0.5 - 4) \times 10^2 \ \text{J} = -1\,400 \ \text{J}$$

循环效率为

$$\eta = 1 - \frac{1\,200 + 1\,400}{2\,625 + 555} \approx 18.2\%$$

题 7-22　在如图所示的循环中，ab，cd，ef 为等温过程，其温度分别为 $3T_0$，T_0，$2T_0$；bc，de，fa 为绝热过程。设 cd 过程曲线下的面积为 A_1，$abcdefa$ 循环过程曲线所包围的面积为 A_2，求该循环的效率。

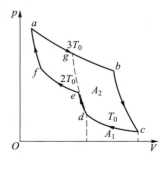

题 7-22 图

分析：将绝热线 de 沿图示方向延长，这样，可以将 $abcdefa$ 循环分为两个循环 $agefa$ 和 $gbcdg$；这两个循环都是卡诺循环且效率可求解。在 $gbcdg$ 循环中，根据其效率和在低温热源放出的热量（cd 过程的功 A_1）可求解出过程的净功（$gbcdg$ 曲线所围面积）以及 gb 过程吸收的热量。

在 *agefa* 循环中，根据其效率和净功（*agefa* 曲线所围面积：A_2 减掉 *gbcdg* 曲线所围面积）可以求解出 *ag* 过程所吸收的热量。

解： 根据定义有

$$\eta_{gbcdg} = 1 - \frac{T_0}{3T_0} = 1 - \frac{Q_{cd}}{Q_{gb}} = 1 - \frac{A_1}{Q_{gb}}$$

于是有

$$Q_{gb} = 3A_1$$

同时有

$$A_{gbcdg} = 3A_1 - A_1 = 2A_1$$

因此，*agefa* 循环过程的净功为

$$A_{agefa} = A_2 - A_{gbcdg} = A_2 - 2A_1$$

$$\eta_{agefa} = 1 - \frac{2T_0}{3T_0} = \frac{A_2 - 2A_1}{Q_{ag}}$$

于是有

$$Q_{ag} = 3(A_2 - 2A_1)$$

所以有

$$\eta = \frac{A_2}{Q_{ab}} = \frac{A_2}{Q_{ag} + Q_{gb}} = \frac{A_2}{3(A_2 - A_1)}$$

题 7-23 1 mol 理想气体在 $T_1 = 400\ \text{K}$ 的高温热源与 $T_2 = 300\ \text{K}$ 的低温热源之间作卡诺循环。在高温等温线上初态体积为 $V_1 = 0.001\ \text{m}^3$，末态体积为 $V_2 = 0.005\ \text{m}^3$。求在一次循环中：（1）气体从高温热源吸收的热量；（2）气体所做的净功；（3）气体向低温热源释放的热量。

分析： 本题考察理想气体卡诺循环效率的计算方法以及在某一理想气体循环中效率与热量及功之间的关系。对卡诺循环而言，效率的计算极为简单，它只依赖于高温热源和低温热源的温度。

对任意理想气体的循环过程来说，由于在经历一次循环后，气体又回到初始状态，所以其内能并没有发生变化。根据热力学第一定律，这说明气体在整个循环过程中的热量只能与功之间发生转化，也就是说在循环过程中多出或减少的热量必然转化成了功，也就是净功。

解：（1）在高温等温线上，温度不变，因此内能不变。那么气体吸收的热量必

然用于对外做功，因此有

$$Q_1 = \nu R T_1 \ln\frac{V_2}{V_1} \approx 5.35 \times 10^3 \text{ J}$$

（2）根据卡诺循环效率公式，有

$$\eta = 1 - \frac{T_2}{T_1} = 0.25$$

由于对任一正循环过程有

$$\eta = \frac{A}{Q_1}$$

于是气体所做的净功为

$$A = \eta Q_1 \approx 1.34 \times 10^3 \text{ J}$$

（3）气体经历一次循环后，有

$$A = Q_1 - Q_2$$

因此有

$$Q_2 = Q_1 - A = 4.01 \times 10^3 \text{ J}$$

题 7-24 设一动力暖气装置由一台卡诺热机和一台卡诺制冷机组合而成。热机靠燃料燃烧时释放的热量工作并向暖气系统中的水放热，同时，热机带动制冷机。制冷机自天然蓄水池中吸热，也向暖气系统放热。假定热机锅炉的温度为 $t_1 = 210$ ℃，天然蓄水池中水的温度为 $t_2 = 15$ ℃，暖气系统的温度为 $t_3 = 60$ ℃，热机从燃料燃烧中获得热量 $Q_1 = 2.1 \times 10^7$ J，计算暖气系统所得热量。

分析：卡诺循环的效率只依赖于其高温热源和低温热源的温度。因此，本题中的热机和制冷机的效率很容易求得，从而可求解出热机和制冷机释放的热量。

解：由

$$\eta_{卡} = 1 - \frac{T_2}{T_1} = 1 - \frac{Q_2}{Q_1}$$

可得

$$\eta_{卡} = 1 - \frac{333}{483} = 1 - \frac{Q_2}{2.1 \times 10^7 \text{ J}}$$

则得到

$$Q_2 \approx 1.45 \times 10^7 \text{ J}$$

$$A \approx 0.65 \times 10^7 \text{ J}$$

而制冷系数为

$$\omega = \frac{Q_2'}{A} = \frac{Q_2'}{Q_1' - Q_2'} = \frac{T_2'}{T_1' - T_2'} = \frac{288}{45}$$

则有

$$Q_2' = 4.16 \times 10^7 \text{ J}$$
$$Q_1' = A + Q_2' = 4.81 \times 10^7 \text{ J}$$
$$Q = Q_2 + Q_1' = 6.26 \times 10^7 \text{ J}$$

题 7-25 以一定量的理想气体作为工作物质，其在 p-T 图中经历图示的循环过程，图中 ab 及 cd 为两个绝热过程，则：（1）此循环为何种循环？（2）循环效率为多少？

分析：此为 p-T 图，不能直接使用 p-V 图的正循环逆循环判断法，要根据四个过程分析。

解：（1）循环由两个等温过程和两个绝热过程组成，此为卡诺循环。低温等温过程中，压强增加，体积减小，气体放热。高温等温过程中，压强降低，体积增大，气体吸热并对外做功。故此循环为卡诺正循环。

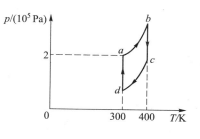

题 7-25 图

（2）
$$\eta_{\text{卡}} = 1 - \frac{T_2}{T_1} = 1 - \frac{300}{400} = 25\%$$

题 7-26 如图所示，有两个有限大的热源，其初温分别为 T_1 和 T_2，热容与温度无关，均为 C，有一热机工作在这两个热源之间，直至两个热源具有共同的温度为止。问此热机能输出的最大功为多少？

分析：显然，在所有热机中卡诺可逆热机的效率最大，自然输出的功也最多。其次，热源的温差越大，卡诺热机的效率就越高。因此，如果要输出最大的功，那么此热机必须在一次循环中将功全部输出。否则，若分多次循环输出功，则每次热机工作的热源温差越来越小，势必会降低热机的效率。

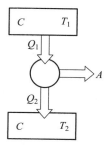

题 7-26 图

解：设高温和低温热源最后到达相同的温度 T，则高温热源放出的热量为

$$Q_1 = C(T_1 - T)$$

低温热源吸收的热量为

$$Q_2 = C(T - T_2)$$

那么热机的效率为

$$\eta = 1 - \frac{T_2}{T_1} = 1 - \frac{Q_2}{Q_1} = 1 - \frac{C(T - T_2)}{C(T_1 - T)}$$

于是有

$$T = \frac{2T_1 T_2}{T_1 + T_2}$$

因此有

$$Q_1 = C(T_1 - T) = C\frac{T_1^2 - T_1 T_2}{T_1 + T_2}$$

$$Q_2 = C(T - T_2) = C\frac{T_1 T_2 - T_2^2}{T_1 + T_2}$$

$$A = Q_1 - Q_2 = \frac{C(T_1 - T_2)^2}{T_1 + T_2}$$

题 7-27 如图所示，一圆柱形绝热容器，其上方活塞由侧壁突出物支撑着，其下方容积为 10 L，被隔板 C 分成容积相等的 A、B 两部分。下部 A 装有 1 mol 氧气，温度为 27 ℃；上部 B 为真空。抽开隔板 C，使气体充满整个容器，且平衡后气体对活塞的压力正好与活塞自身重量平衡。（1）求抽开隔板 C 后，气体的终态温度以及熵变；（2）若随后通过电阻丝对气体缓慢加热使气体膨胀到 20 L，求该过程的熵变。

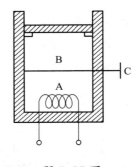

题 7-27 图

分析： 本题在（1）问中应当注意理想气体在真空中自由膨胀不做功。容器又是绝热的，这说明气体与外界无热交换，那么气体内能也不发生变化。因此，可以模拟一个理想气体等温膨胀的可逆过程来计算此过程的熵变。在（2）问中气体压强不变，所以可设计为等压膨胀过程。

解：（1） $\Delta S = S_2 - S_1 = \int_1^2 \frac{\Delta Q}{T} = \int_1^2 \frac{p}{T}\mathrm{d}V = \int_{V_1}^{V_2} \frac{\nu R}{V}\mathrm{d}V = R\ln\frac{V_2}{V_1} = R\ln 2$

（2） $\Delta S = S_2 - S_1 = \int_{T_1}^{T_2} \frac{C_{p,\mathrm{m}}\mathrm{d}T}{T} = C_{p,\mathrm{m}}\ln\frac{T_2}{T_1} = \frac{7}{2}R\ln\frac{V_2}{V_1} = \frac{7}{2}R\ln 2$

本题所有解答步骤均采用 SI 单位。

Chapter 8

第 8 章
狭义相对论

基本要求

1. 了解狭义相对论的两条基本原理，以及在此基础上建立起来的洛伦兹变换式。

2. 了解狭义相对论中同时的相对性，以及长度收缩和时间延缓的概念，了解牛顿力学的时空观和狭义相对论的时空观以及二者的差异。

3. 理解狭义相对论中质量、动量与速度的关系，以及质量与能量的关系。

内容提要

1. 经典力学的相对性原理（经典力学的时空观）

（1）对于任何惯性参考系，牛顿力学的规律都具有相同的形式。

（2）时间和空间的量度和参考系无关，长度和时间的测量是绝对的。

2. 狭义相对论基本原理（洛伦兹变换）

（1）狭义相对论基本原理。

① 狭义相对性原理：物理定律在所有的惯性系中都有相同的数学形式。

② 光速不变原理：在所有惯性系中，真空中的光速都恒为 c，与光源或观察者的运动无关。

注意：① 狭义相对性原理与力学相对性原理基本思想一致，适用范围不同。

② 麦克斯韦电磁场理论和有关光速测量的实验都证实，不论在哪个惯性系中，沿任何方向去测定真空中的光速，结果都相同，其大小都等于常量 c。

（2）洛伦兹变换。

洛伦兹坐标变换公式：

$$\begin{cases} x' = \dfrac{x - ut}{\sqrt{1 - u^2/c^2}} = \gamma(x - ut) \\[2mm] y' = y \\ z' = z \\ t' = \dfrac{t - \dfrac{u}{c^2}x}{\sqrt{1 - u^2/c^2}} = \gamma\left(t - \dfrac{u}{c^2}x\right) \end{cases} \quad 和 \quad \begin{cases} x = \dfrac{x' + ut'}{\sqrt{1 - u^2/c^2}} = \gamma(x' + ut') \\[2mm] y = y' \\ z = z' \\ t = \dfrac{t' + \dfrac{u}{c^2}x'}{\sqrt{1 - u^2/c^2}} = \gamma\left(t + \dfrac{u}{c^2}x'\right) \end{cases}$$

对洛伦兹坐标变换式求时间导数可得洛伦兹速度变换式：

$$\begin{cases} v'_x = \dfrac{v_x - u}{1 - \dfrac{uv_x}{c^2}} \\[4mm] v'_y = \dfrac{v_y}{\gamma\left(1 - \dfrac{uv_x}{c^2}\right)} \\[4mm] v'_z = \dfrac{v_z}{\gamma\left(1 - \dfrac{uv_x}{c^2}\right)} \end{cases} \quad 和 \quad \begin{cases} v_x = \dfrac{v'_x + u}{1 + \dfrac{uv'_x}{c^2}} \\[4mm] v_y = \dfrac{v'_y}{\gamma\left(1 + \dfrac{uv'_x}{c^2}\right)} \\[4mm] v_z = \dfrac{v'_z}{\gamma\left(1 + \dfrac{uv'_x}{c^2}\right)} \end{cases}$$

洛伦兹变换所代表的是同一个物理事件在不同的惯性系中时空坐标的变换关系。式中表明，时间与空间是相互联系的。

洛伦兹变换与伽利略变换的关系：

① 伽利略变换只适用于低速的机械运动。

② 伽利略变换不适用时，惯性系之间的变换要用洛伦兹变换来代替。

③ 洛伦兹变换表明，时间与空间两者是相互联系的，这一点与伽利略变换是不同的。

④ 洛伦兹变换满足对应原理，对于机械运动，在低速情况下，当 $u \ll c$ 时，洛伦兹变换就退化成伽利略变换。

3. 狭义相对论时空观

即相对论力学时空观，这是时空认识的一次飞跃，它认为时间、空间彼此关联，且与物质及其运动有关。长度和时间的测量与参考系的选择有关。

（1）同时的相对性。

同时的概念是因参考系而异的，在一个惯性系中认为同时发生的两个事件，在另一惯性系中看来，不一定同时发生。同时具有相对性。

在一个惯性系中同时同地发生的事件，在其他惯性系中必然是同时发生的；在一个惯性系中同时异地发生的事件，在其他惯性系中必然是不同时发生的，即"同时"的概念与观察者的运动有关，是一个相对概念。

（2）时间延缓。

某一惯性系中同一地点先后发生的两个事件的时间间隔 $\Delta t'$ 称为原时，也称固有时间或本征时间。而另一运动惯性系中的钟所测出的上述两事件的时间间隔 Δt 总是比固有时间长，是固有时间的 γ 倍，即 $\Delta t = \dfrac{\Delta t'}{\sqrt{1-\beta^2}} > \Delta t'$。可见：

① 在一切时间测量中，原时最短。在相对事件发生地运动的惯性系中测量出的时间总比原时长——时间延缓。

② 每个惯性系中的观测者都会认为相对自己运动的钟比自己的钟走得慢。

（3）长度收缩。

长度测量值与被测物体相对于观测者的运动有关。被测物体与观测者相对静止时，长度测量值最大，称之为物体的固有长度（或本征长度、原长）。被测物体与观测者有相对运动时，在运动方向上长度测量值都有收缩效应同，运动长度 l 是原长 l_0 的 $1/\gamma$，即 $l = l_0\sqrt{1-\beta^2} < l_0$。可见：

① 在一切长度测量值中原长最长。

② 每个参考系中的观察者都会认为相对自己运动的尺（空间间隔）沿运动方向缩短。

4. 狭义相对论动力学

（1）相对论质量。

若在一相对物体静止的惯性系中测得物体的质量为 m_0，在相对物体以速度 v 运动的另一惯性系中测得其质量为 m，则 m_0 称为静止质量，m 称为运动质量。

（2）相对论动量与动力学基本方程：

$$\boldsymbol{p} = m\boldsymbol{v} = \frac{m_0\boldsymbol{v}}{\sqrt{1-v^2/c^2}} = \gamma m_0\boldsymbol{v}$$

$$\boldsymbol{F} = \frac{\mathrm{d}\boldsymbol{p}}{\mathrm{d}t} = \frac{\mathrm{d}}{\mathrm{d}t}(\gamma m_0\boldsymbol{v})$$

（3）相对论能量与质能关系。

静止能量：

$$E_0 = m_0c^2$$

总能量：

$$E = mc^2 \quad （质能关系）$$

相对论动能：

$$E_k = E - E_0 = mc^2 - m_0 c^2$$

当 $v \ll c$ 时，有

$$E_k \approx \frac{1}{2} mv^2$$

（4）相对论能量与动量的关系：

$$E^2 = p^2 c^2 + E_0^2$$

说明： ① 质能公式 $E = mc^2$ 中的 E 为包含化学能、电磁能、机械能等的总能量，m 为运动质量。

② $E = m_0 c^2$ 表示静止能量，即 $v = 0$ 时的能量。公式中 m_0 为静止质量。

③ 相对论动能为 $E_k = mc^2 - m_0 c^2$，即物体总能量与静止能量之差。$\frac{1}{2} mv^2$ 只是相对论动能的非相对论形式。

习　　题

题 8-1　有人在 S 系中观察到有一粒子在 $t_1 = 0$ 时由 $x_1 = 100$ m 处以速度 $v_x = 0.98\,c$ 沿 x 轴正方向运动，10 s 后到达 x_2 点，如在 S′系（相对 S 系以速度 $u = 0.96\,c$ 沿 x 轴正方向运动）中观察，求粒子出发和到达的时空坐标 t_1'、x_1'、t_2'、x_2'，并算出粒子相对 S′系的速度。（$t = t' = 0$ 时，S′系与 S 系的原点重合。）

解：　　$x_1 = 100$ m，$t_1 = 0$，$x_2 = 100 + 0.98c \times 10 \approx 9.8c$，$t_2 = 10$ s

$$t_1' = \frac{t_1 - \frac{u}{c^2} x_1}{\sqrt{1 - \frac{u^2}{c^2}}} = \frac{0 - \frac{0.96c}{c^2} \times 100}{\sqrt{1 - \left(\frac{0.96c}{c}\right)^2}} \approx -1.14 \times 10^{-6} \text{ s}$$

$$t_2' = \frac{t_2 - \frac{u}{c^2} x_2}{\sqrt{1 - \frac{u^2}{c^2}}} = \frac{10 - \frac{0.96c}{c^2} \times 9.8c}{\sqrt{1 - \left(\frac{0.96c}{c}\right)^2}} \approx 2.11 \text{ s}$$

$$x_1' = \frac{x_1 - u t_1}{\sqrt{1 - \frac{u^2}{c^2}}} = \frac{100 - 0.96c \times 0}{\sqrt{1 - \left(\frac{0.96c}{c}\right)^2}} \approx 357.14 \text{ m}$$

$$x_2' = \frac{x_2 - u t_2}{\sqrt{1 - \frac{u^2}{c^2}}} = \frac{9.8c - 0.96c \times 10}{\sqrt{1 - \left(\frac{0.96c}{c}\right)^2}} \approx 2.14 \times 10^8 \text{ m}$$

$$v'_x = \frac{v_x - u}{1 - \dfrac{u}{c^2}v_x} = \frac{0.98c - 0.96c}{1 - \dfrac{0.96c}{c^2} \times 0.98c} \approx 1.014 \times 10^8 \text{ m} \cdot \text{s}^{-1}$$

本题所有解答步骤均采用 SI 单位。

题 8-2 一飞船原长为 l_0，以速度 u 相对于恒星系作匀速直线飞行，飞船内一小球从飞船尾部运动到头部，宇航员测得小球运动速度为 v，试算出恒星系中的观察者测得的小球的运动时间。

解： 设恒星系为 S 系，飞船为 S′ 系。宇航员测得小球的运动时间为

$$\Delta t' = \frac{l_0}{v}$$

恒星系中的观察者测得的小球的运动时间为

$$\Delta t = \frac{\Delta t' + \dfrac{u}{c^2}\Delta x'}{\sqrt{1 - \dfrac{u^2}{c^2}}} = \frac{\Delta t'\left(1 + \dfrac{u}{c^2}\dfrac{\Delta x'}{\Delta t'}\right)}{\sqrt{1 - \dfrac{u^2}{c^2}}} = \frac{l_0\left(1 + \dfrac{u}{c^2}v\right)}{v\sqrt{1 - \dfrac{u^2}{c^2}}}$$

题 8-3 在惯性系 S 中同一地点发生的两事件 A 和 B，B 事件晚于 A 事件 4 s 发生；在另一惯性系 S′ 中观察，B 事件晚于 A 事件 5 s 发生，求 S′ 系中 A 和 B 两事件的空间距离。

分析： 在 S 系中的两事件 A 和 B 在同一地点发生，$\Delta x = 0$，$\Delta t = 4$ s，$\Delta t' = 5$ s，求 $\Delta x'$。利用洛伦兹变换可以求得 $\Delta x'$。

解法一： 利用

$$\Delta t' = \gamma\left(\Delta t - \frac{u}{c^2}\Delta x\right) = \gamma \Delta t$$

可以求出，两参考系的相对速度为

$$u = \frac{3c}{5}$$

所以有

$$\Delta x' = \frac{\Delta x - u\Delta t}{\sqrt{1 - u^2/c^2}} = -3c$$

解法二： 在 S 系中的两事件 A 和 B 在同一地点发生，时间差 $\Delta t = 4$ s 是固有时间，而 S′ 系中观察 A 和 B 两事件肯定不在同一地点，$\Delta t' = 5$ s 是运动时间，根据

$$\Delta t' = \frac{\Delta t - u\Delta x/c^2}{\sqrt{1 - u^2/c^2}}$$

可以求出，两参考系的相对速度为

$$u = \frac{3c}{5}$$

在 S′系中 A 和 B 两事件的空间距离为

$$\Delta x' = \frac{\Delta x - u\Delta t}{\sqrt{1 - u^2/c^2}} = -3c$$

本题所有解答步骤均采用 SI 单位。

题 8-4 在惯性系 S 中，有两个事件同时发生在 x 轴上相距 200 m 的两点，而在另一惯性系 S′（沿 x 轴正方向相对于 S 系运动）中测得这两个事件发生的地点相距 400 m。求在 S′系中测得的这两个事件的时间间隔。

分析：惯性系 S 中的两个同时不同地事件为：事件 1，x_1、t；事件 2，x_2、t。惯性系 S′中测得的这两个事件为：事件 1，x_1'、t_1'；事件 2，x_2'、t_2'。两事件在 S 系中同时发生，有 $\Delta t = 0$，$\Delta x = 200$ m，$\Delta x' = 400$ m，求 $\Delta t'$。

解：根据洛伦兹变换式，在 S′系中测得的这两个事件的空间间隔为

$$\Delta x' = \frac{\Delta x - u\Delta t}{\sqrt{1 - \frac{u^2}{c^2}}}$$

所以有

$$\sqrt{1 - \frac{u^2}{c^2}} = \frac{\Delta x}{\Delta x'} = \frac{1}{2}$$

$$u = \pm\frac{\sqrt{3}}{2}c$$

在 S′系中测得的这两个事件的时间间隔为

$$\Delta t' = \frac{\Delta t - \frac{u}{c^2}\Delta x}{\sqrt{1 - \frac{u^2}{c^2}}} = \frac{-\frac{u}{c^2}\Delta x}{\sqrt{1 - \frac{u^2}{c^2}}} \approx \mp 1.15 \times 10^{-6}\, \text{s}$$

题 8-5 已知 S′系以 0.8 c 的速度沿 S 系 x 轴正方向运动，在 S 系中测得两事件的时空坐标为 $x_1 = 20$ m，$x_2 = 40$ m，$t_1 = 4$ s，$t_2 = 8$ s。求 S′系中测得的这两事件的时间和空间间隔。

解：根据洛伦兹变换可得，S′系的时间间隔为

$$t_2' - t_1' = \frac{(t_2 - t_1) - u(x_2 - x_1)/c^2}{\sqrt{1 - u^2/c^2}} = \frac{8 - 4 - 0.8 \times (40 - 20)/c}{0.6}$$

$$\approx 6.67\, \text{s}$$

空间间隔为

$$x_2' - x_1' = \frac{(x_2 - x_1) - u(t_2 - t_1)}{\sqrt{1 - u^2/c^2}} = \frac{40 - 20 - 0.8c \times (8 - 4)}{0.6}$$

$$\approx -1.6 \times 10^9 \text{ m}$$

本题所有解答步骤均采用 SI 单位。

题 8-6 设一固有长度为 $l_0 = 2.50$ m 的汽车，以 $v = 30.0$ m·s^{-1} 的速度沿直线行驶，问站在路旁的观察者按相对论计算得出该汽车长度缩短了多少？

解：
$$l = l_0 \sqrt{1 - (v^2/c^2)}$$

因为 $v = 30.0$ m·s^{-1}，故 $v \ll c$，有

$$\sqrt{1 - (v^2/c^2)} \approx \sqrt{\left(1 - \frac{1}{2}\frac{v^2}{c^2}\right)^2} = 1 - \frac{1}{2}\frac{v^2}{c^2}$$

$$\Delta l = l_0 - l = l_0 \times \frac{1}{2}\frac{v^2}{c^2} = 1.25 \times 10^{-14} \text{ m}$$

题 8-7 在参考系 S 中，一粒子沿直线运动，从坐标原点运动到了 $x = 1.5 \times 10^8$ m 处，经历的时间为 $\Delta t = 1.00$ s，试计算该过程对应的固有时间。

分析： 以粒子为 S′ 系，在 S′ 系中测得的时间为固有时间，可以利用固有时间的公式求解。

解：
$$v = \Delta x / \Delta t = 1.5 \times 10^8 \text{ m·s}^{-1} = 0.5c$$

$$\Delta t' = \Delta t \sqrt{1 - (v^2/c^2)} \approx 0.866 \text{ s}$$

题 8-8 一根直杆在 S 系中观察，其本征长度为 l，与 x 轴正方向的夹角为 $30°$，S′ 系沿 S 系的 x' 轴正方向以速度 $u = 0.6c$ 运动，问在 S′ 系中观察到的直杆与 S′ 系 x' 轴正方向的夹角为多少？

分析： 直杆在沿 x' 轴运动方向上的长度为运动长度，可以利用本征长度公式算出 x' 轴方向的长度，而在 y' 轴方向直杆的长度没有变化。

解： 直杆在 S 系中的长度是本征长度，两个方向上的长度分别为 $l_{0x} = l\cos\theta$ 和 $l_{0y} = l\sin\theta$，在 S′ 系中观察，直杆在 y 方向上的长度不变，即 $l_y' = l_{0y}$；在 x 方向上的长度是运动长度，根据长度收缩效应得

$$l_x' = l_{0x} \sqrt{1 - (u/c)^2}$$

$$\tan\theta' = \frac{l_y'}{l_x'} = \frac{\tan\theta}{\sqrt{1 - (u/c)^2}}$$

可得夹角为

$$\theta' = \arctan\left[\frac{\tan\theta}{\sqrt{1-\left(u/c\right)^2}}\right] = \arctan\frac{1}{\sqrt{3}\times 0.8}$$

题 8-9 S 系中有一直杆沿 x 轴方向放置，且以 $0.98c$ 的速度沿 x 轴正方向运动，S 系中的观察者测得的杆长为 10 m，另有一飞船以 $0.8c$ 的速度沿 S 系 x 轴负方向运动，问在飞船中的观察者测得的杆长是多少？

分析： 注意杆相对自身是静止的，可以设杆为 S′ 系，所以在 S′ 系中测得的长度为本征长度，设为 $\Delta l'$，在 S 系中测得的长度为运动长度，设为 Δl。设飞船为 S″ 系，在 S″ 系中测得的长度也是运动长度，我们可以用长度收缩公式求出飞船的运动长度。但应注意的是动系相对静系的速度不同，要加以区分。

解： 在 S 系中测得的杆长 $\Delta l = 10$ m 是运动长度，相对杆静止的参考系为 S′，在 S′ 系中测得的长度是本征长度，设 u_{10} 表示 S′ 系相对 S 系的速度，根据长度收缩效应 $\Delta l = \Delta l'\sqrt{1-\left(u_{10}/c\right)^2}$，可得杆的本征长度为

$$\Delta l' = \Delta l / \sqrt{1-\left(u_{10}/c\right)^2} = \frac{10}{\sqrt{1-0.98^2}}\ \text{m} \approx 50.25\ \text{m}$$

另一参考系（即飞船）设为 S″ 系，用 u_{12} 表示 S′ 系相对 S″ 系的速度（即杆相对飞船的速度），飞船相对 S 系的速度为 $u_{20} = -0.8\ c$。在 S″ 系中观察 S′ 系的速度即利用洛伦兹速度变换公式求杆相对飞船的速度，又回到地面系和飞船系中有一个直杆在运动的问题，是求杆相对飞船的速度，u_{10} 表示杆对地的速度，u_{20} 表示飞船相对地的速度，u_{12} 表示杆相对飞船的速度，所以有

$$u_{12} = \frac{u_{10}-u_{20}}{1-u_{10}u_{20}/c^2} = \frac{0.98c-\left(-0.8c\right)}{1-0.98\times\left(-0.8\right)} \approx 0.997\,76\ c$$

此速度即杆相对飞船的速度，要求在飞船中测得的杆的长度，可利用洛伦兹变换公式：

$$l = l_0\sqrt{1-\frac{v^2}{c^2}}$$

其中相对速度为 $v = u_{12}$。

在 S″ 系中观察 S′ 系中的杆的长度是另一运动长度：

$$\Delta l'' = \Delta l'\sqrt{1-\frac{u_{12}^2}{c^2}} \approx 3.361\ \text{m}$$

注意： 在涉及多个参考系和多个速度的时候，用双下标能够比较容易地区别不

同的速度，例如用 u_{10} 表示 S′ 系相对 S 系的速度，用 u_{12} 表示 S′ 系相对 S″ 系的速度。因此，长度收缩公式也要作相应的改变，这样计算就不会混淆。

题 8-10 一飞船和一彗星相对于地面均以 $0.8\,c$ 的速度相向运动，在地面上观察，5 s 后两者将相撞，问：（1）飞船上看彗星的速度是多少？（2）在飞船上观察，二者将经历多长时间后相撞？

分析：（1）以地面为 S 系，飞船为 S′ 系，运动参考系的速度就为 $u = 0.8c$，彗星的速度就为 $v_x = -0.8c$，飞船上看彗星的速度就是 v'_x。

（2）时刻 1，2 分别为初始时刻和飞船撞上彗星的时刻，飞船上的观察者认为飞船静止，所以飞船运动的时间间隔 $\Delta t'$ 在飞船上的观察者看来是固有时间；地面上的观察者看事件的时间间隔为 $\Delta t = 5$ s，可以利用固有时间的公式求解。

解：（1）
$$v'_x = \frac{v_x - u}{\sqrt{1 - \dfrac{u^2}{c^2}}} = \frac{-(0.8 + 0.8)c}{\sqrt{1 - 0.8^2}} \approx -2.667c$$

（2）由 $\Delta t = \dfrac{\Delta t'}{\sqrt{1 - (u/c)^2}}$，可得时间间隔为
$$\Delta t' = \Delta t \sqrt{1 - (u/c)^2} = 3\,\text{s}$$

题 8-11 一宇宙飞船固有长度为 L_0，它相对地面以速度 u 在一观测站上空飞过，问观测站测得的飞船船身通过观测站的时间间隔是多少？宇航员测得的船身通过观测站的时间间隔是多少？

分析：设观测站为 S 系，宇宙飞船为 S′ 系，事件 1，2 分别为船头和船尾通过空间站，S′ 系中飞船的长度可视为固有长度，S 系中测得的飞船长度为运动长度，可以利用固有长度公式计算出观测站测得的飞船的长度。S 系中测得的时间间隔为 Δt，S′ 系中测得的时间间隔为 $\Delta t'$。

解：观测站测得的飞船的长度为
$$L = L_0 \sqrt{1 - \frac{u^2}{c^2}}$$

船身通过观测站的时间间隔为
$$\Delta t = \frac{L}{u} = \frac{L_0}{u} \sqrt{1 - \left(\frac{u}{c}\right)^2}$$

宇航员测得的船身通过观测站的时间间隔为
$$\Delta t' = \frac{L_0}{u}$$

题 8-12   1 000 m 高空的大气层中产生了一个 π 介子，它以速度 $u = 0.8\,c$ 飞向地球，假定该 π 介子在其自身的静止参考系中的寿命等于其平均寿命 2.4×10^{-6} s，试分别从下面两个角度，即（1）地面上的观测者和（2）相对 π 介子静止的参考系中的观测者，来判断该 π 介子能否到达地球表面。

解：（1）地面上的观测者认为时间延缓，有

$$\Delta t = \frac{\Delta t'}{\sqrt{1 - \dfrac{u^2}{c^2}}} = \frac{2.4 \times 10^{-6}}{\sqrt{1 - 0.8^2}} \text{ s} = 4 \times 10^{-6} \text{ s}$$

由于 $l = v\Delta t = 0.8 \times 3 \times 10^8 \times 4 \times 10^{-6}$ m $= 960$ m $< 1\,000$ m，所以它到达不了地球表面。

（2）相对 π 介子静止的参考系中的观测者认为长度收缩，有

$$l = l_0 \sqrt{1 - \frac{u^2}{c^2}} = 1\,000 \times \sqrt{1 - \frac{(0.8c)^2}{c^2}} \text{ m} = 600 \text{ m}$$

而 $s = u\Delta t' = 2.4 \times 10^{-6} \times 0.8 \times 3 \times 10^8$ m $= 576$ m < 600 m，所以它到达不了地球表面。

题 8-13   一个直角三角形静止于 S′ 系中，S′ 系相对 S 系沿 x 轴正方向匀速运动，三角形的一个直角边平行于 x 轴，另一个直角边平行于 y 轴，在 S 系中的观测者测得的该直角三角形的面积为在 S′ 系中的观测者测得的面积的一半。试求 S′ 系和 S 系的相对运动速度。

解：设直角三角形沿着运动方向的边长为 b，垂直于运动方向的边长为 h，S′ 系相对于 S 系的运动速度是 u。

其在 S′ 系中的面积为

$$a = \frac{1}{2}bh \qquad\qquad ①$$

在 S 系中看，边长 b 变短为

$$b' = b\sqrt{1 - \left(\frac{u}{c}\right)^2} \qquad\qquad ②$$

其在 S 系中的面积为

$$\frac{1}{2}a = \frac{1}{2}b'h \qquad\qquad ③$$

①③两式相比，可得

$$u = \pm\frac{\sqrt{3}}{2}c$$

题 8-14 一门宽为 a，今有一固有长度为 l_0（$l_0 > a$）的水平细杆，在门外贴近门的平面内沿其长度方向匀速运动。若站在门外的观测者认为此杆的两端可同时被拉进此门，则该杆相对于门的运动速度 u 至少为多少？

解： 门外观测者测得的杆长为运动长度，有

$$l = l_0 \sqrt{1 - \left(\frac{u}{c}\right)^2}$$

当 $l \leqslant a$ 时，可认为杆能被拉进门，则

$$l = l_0 \sqrt{1 - \left(\frac{u}{c}\right)^2} \leqslant a$$

解得杆的运动速度至少为

$$u = c \sqrt{1 - \left(\frac{a}{l_0}\right)^2}$$

题 8-15 一从加速器中以速度 u 飞出的粒子在它的运动反方向上又发射出一个光子。求这光子相对于加速器的速度。

解： 设加速器为 S 系，粒子为 S′ 系，有

$$v_x' = -c$$

这光子相对于加速器的速度为

$$v_x = \frac{v_x' + u}{1 + \frac{u v_x'}{c^2}} = \frac{-c + u}{1 - \frac{uc}{c^2}} = -c$$

题 8-16 一火车以恒定速度通过隧道，火车和隧道的原长是相等的。从地面上看，当火车的 b 端（前端）到达隧道的 B 端时，有一道闪电正击中隧道的 A 端。试问此闪电能否在火车的 a 端留下痕迹？

分析： 地面为 S 系，火车为 S′ 系，事件 1 为有一道闪电正击中隧道的 A 端，事件 2 为火车的 b 端到达隧道的 B 端。在 S 系中看，火车长度要缩短。在 S′ 系中看，隧道长度要缩短。从地面上看，火车的 b 端到达隧道的 B 端和有一道闪电正击中隧道的 A 端是同时的；但在火车上看，隧道的 B 端与火车的 b 端相遇这一事件与闪电击中隧道 A 端的事件不是同时的，而是 B 端先与 b 端相遇，而后闪电击中 A 端。当闪电击中 A 端时，火车的 a 端已进入隧道内，所以闪电不能击中 a 端。

解： 在 S′ 系中的观察者测得，隧道 B 端与火车 b 端相遇这一事件与闪电击中 A 端事件的时间间隔为 $\Delta t'$，在 S 系中的观察者测得的两事件的时间间隔为 $\Delta t = 0$，

隧道长度为 $\Delta x = l_0$，在 S′ 系中的观察者测得的隧道长度为 $\Delta x'$。

利用洛伦兹变换，有

$$\Delta t' = \frac{1}{\sqrt{1-\left(\frac{u}{c}\right)^2}}\left(\Delta t - \frac{u}{c^2}\Delta x\right)$$

$$\Delta t' = -\frac{l_0 u/c^2}{\sqrt{1-u^2/c^2}}$$

负号表示 $\Delta t' < 0$，即 $t_2' < t_1'$，即先是火车的 b 端与隧道的 B 端相遇，后发生闪电。

$$\Delta x' = \frac{\Delta x - u\Delta t}{\sqrt{1-u^2/c^2}} = \frac{1}{\sqrt{1-u^2/c^2}}\Delta x > l_0$$

这说明火车已经进入隧道。闪电不能在火车的 a 端留下痕迹。

题 8-17 在 S 系中有一根米尺固定在 x 轴上，其两端各装一手枪。在 S′ 系中的 x' 轴上固定另一根长尺，当后者从前者旁边经过时，在 S 系中的观察者同时扳动两手枪，使子弹在 S′ 系中的尺上打出两个记号。试问在 S′ 系中，这两个记号之间的距离是小于、等于还是大于 1 m？

分析：事件 1 为 x 轴上后端（即靠近原点端）手枪打子弹，事件 2 为 x 轴上前端（即远离原点端）手枪打子弹，在 S 系中两事件的时间间隔为 $\Delta t = 0$，空间间隔为 $\Delta x = 1$ m，求在 S′ 系中两事件的空间间隔。

解：
$$\Delta x' = x_2' - x_1' = \frac{x_2 - ut_2 - (x_1 - ut_1)}{\sqrt{1-u^2/c^2}} = \frac{1}{\sqrt{1-u^2/c^2}} \text{ m} > 1\text{ m}$$

题 8-18 一从加速器中以速度 $u = 0.8\,c$ 飞出的粒子在它的运动方向上又发射出一光子。求这光子相对于加速器的速度。

解：设加速器为 S 系，粒子为 S′ 系，有

$$v_x = \frac{v_x' + u}{1 + \frac{uv_x'}{c^2}} = c$$

结果证明任何惯性参考系中的真空光速均为 c。

题 8-19 设想一飞船以 $0.6c$ 的速度在地球上空飞行，如果这时从飞船上沿速度方向发射一物体，在地面上看，物体的速度为 $0.8c$。问：从飞船上看，物体的速度有多大？

分析：选飞船为 S′系，地面为 S 系。其中 $u = 0.6\,c$，$v_x = 0.8\,c$。

解：$v'_x = \dfrac{v_x - u}{1 - \dfrac{v_x u}{c^2}} = \dfrac{(0.8 - 0.6)c}{1 - 0.8 \times 0.6} \approx 0.38c$

题 8-20　一个静止的 K^0 介子能衰变成一个 π^+ 介子和一个 π^- 介子，这两个 π 介子的速率均为 $0.85\,c$。现有一个以速率 $0.90\,c$ 相对于实验室运动的 K^0 介子发生上述衰变。以实验室为参考系，两个 π 介子可能有的最大速率和最小速率是多少？

分析：选实验室为 S 系，K^0 介子为 S′系，由动量守恒得到 π^+ 介子和 π^- 介子的运动方向相反，速度分别为 $0.85c$ 和 $-0.85c$，利用洛伦兹速度变换可得到结果。

解：最大速度：

$$v_{x\max} = \frac{v'_x + u}{1 + \dfrac{uv'_x}{c^2}} = \frac{0.85c + 0.9c}{1 + \dfrac{0.9c \times 0.85c}{c^2}} \approx 0.992c$$

最小速度：

$$v_{x\min} = \frac{v'_x + u}{1 + \dfrac{uv'_x}{c^2}} = \frac{(-0.85c) + 0.9c}{1 + \dfrac{0.9c \times (-0.85c)}{c^2}} \approx 0.213c$$

题 8-21　一静止电子（静止能量为 0.51 MeV）被 1.3 MV 的电势差加速，然后以恒定速度运动。问：（1）电子在达到最终速度后飞越 8.4 m 的距离需要多少时间？（2）在相对电子静止的参考系中测量，此段距离是多少？

解：$m_0 c^2 = 0.51$ MeV

$$E_k = 1.3 \text{ MeV}$$

$$mc^2 = m_0 c^2 + E_k = 1.81 \text{ MeV}$$

$$m = \frac{m_0}{\sqrt{1 - \dfrac{v^2}{c^2}}}$$

$$v \approx 2.88 \times 10^8 \text{ m} \cdot \text{s}^{-1}$$

（1）　　　　　$t = \dfrac{l}{v} = \dfrac{8.4}{2.88 \times 10^8} \text{ s} \approx 2.92 \times 10^{-8} \text{ s}$

（2）　　　　　$l' = l\sqrt{1 - \dfrac{v^2}{c^2}} \approx 2.35 \text{ m}$

题 8-22　两个中子 A 和 B 沿同一直线相向运动，在实验室中测得每个中子的速度均为 βc。试证明在相对中子 A 静止的参考系中测得的中子 B 的总能量为

$$E = \frac{1+\beta^2}{1-\beta^2} m_0 c^2$$

其中 m_0 为中子的静止质量。

证明： 设中子 A 为 S 系，实验室为 S′ 系，中子 B 相对于中子 A 速度为

$$v_x = \frac{v'_x + u}{1 + \frac{u}{c^2} v'_x} = \frac{2\beta c}{1+\beta^2}$$

$$E = mc^2 = \frac{m_0 c^2}{\sqrt{1-\frac{v_x^2}{c^2}}} = \frac{m_0 c^2}{\sqrt{1-\left(\frac{2\beta}{1+\beta^2}\right)^2}} = \frac{1+\beta^2}{1-\beta^2} m_0 c^2$$

题 8-23 一电子在电场中从静止开始加速，电子的静止质量为 9.11×10^{-31} kg，电子电荷量的绝对值为 1.6×10^{-19} C。问：（1）电子应通过多大的电势差才能使其质量增加 0.4%？（2）此时电子的速度是多少?

解：（1）
$$E_k = eU$$

$$\frac{m - m_0}{m_0} = 0.004$$

$$eU = mc^2 - m_0 c^2 = 0.004 \, m_0 c^2$$

$$U = \frac{0.004 \, m_0 c^2}{e} \approx 2 \times 10^3 \text{ V}$$

（2）
$$m = 1.004 m_0 = \frac{m_0}{\sqrt{1-\frac{v^2}{c^2}}}$$

$$v \approx 2.7 \times 10^7 \text{ m} \cdot \text{s}^{-1}$$

题 8-24 已知一粒子的动能等于其静止能量的 n 倍，求：（1）粒子的速度;（2）粒子的动量。

解：（1）$E_k = n m_0 c^2$，而

$$E_k = mc^2 - m_0 c^2 = m_0 c^2 \left(\frac{1}{\sqrt{1-\frac{v^2}{c^2}}} - 1\right)$$

整理得

$$v = \frac{c\sqrt{n(n+2)}}{n+1}$$

（2）$E^2 = p^2 c^2 + m_0^2 c^4$ 而且 $E = (n+1) m_0 c^2$，则

$$p = m_0 c \sqrt{n(n+2)}$$

或者由 $v = \dfrac{c\sqrt{n(n+2)}}{n+1}$，并由

$$m = (n+1)m_0$$

再由

$$p = mv$$

计算得

$$p = m_0 c \sqrt{n(n+2)}$$

题 8-25（1）当一粒子的动能等于其非相对论动能的两倍时，其速度为多少？（2）当其动量是按非相对论算得的结果的两倍时，其速度是多少？

解：（1）粒子的非相对论动能为 $E_k = \dfrac{1}{2}m_0 v^2$，相对论动能为 $E_k = \dfrac{m_0 c^2}{\sqrt{1-\dfrac{v^2}{c^2}}} - m_0 c^2$
根据题意得

$$\frac{m_0 c^2}{\sqrt{1-(v/c)^2}} - m_0 c^2 = m_0 v^2$$

设 $x = (v/c)^2$，方程可简化为 $\dfrac{1}{\sqrt{1-x}} = 1+x$ 或 $1 = (1+x)\sqrt{1-x}$，化简得 $x(x^2 + x - 1) = 0$。由于 x 不等于 0，所以 $x^2 + x - 1 = 0$。解得

$$x = \frac{-1 \pm \sqrt{5}}{2}$$

取正根，速度为

$$v = c\sqrt{\frac{-1+\sqrt{5}}{2}} \approx 0.786c$$

（2）粒子的非相对论动量为

$$p = m_0 v$$

相对论动量为

$$p = mv = \frac{m_0}{\sqrt{1-\dfrac{v^2}{c^2}}} v$$

根据题意，有

$$\frac{m_0 v}{\sqrt{1-(v/c)^2}} = 2m_0 v$$

速度为

$$v = \frac{\sqrt{3}}{2}c \approx 0.866c$$

题 8-26 已知电子的静止能量为 0.511 MeV，若电子动能为 0.25 MeV，则它所增加的质量 Δm 与静止质量 m_0 的比值为多少?

解：

$$E = E_k + E_0$$

$$\Delta E = E - E_0 = E_k$$

$$\Delta E = \Delta m c^2 = E_k$$

$$\Delta m = \frac{E_k}{c^2}$$

$$\frac{\Delta m}{m_0} = \frac{E_k}{m_0 c^2} = \frac{E_k}{E_0}$$

增加的质量 Δm 与静止质量 m_0 的比值为

$$\frac{\Delta m}{m_0} \approx 0.49$$

题 8-27 设在 S′ 系中有一粒子，它原来静止于原点 O'，在某一时刻粒子分裂为相等的两半 A 和 B，它们分别以速率 u 沿 x' 轴的正方向和负方向运动。设另一参考系 S 以速率 u 沿 x' 轴负方向运动。问：（1）在 S 系中测得的 B 的速度为多大？（2）在 S 系中测得的 A 和 B 的质量比 $\left(\dfrac{m_A}{m_B}\right)$ 为多大？

解：（1）在 S 系中测得的 B 的速度为 0。

（2）在 S 系中测得的 A 的速度为

$$v = \frac{u + u}{1 + \dfrac{u^2}{c^2}} = \frac{2uc^2}{c^2 + u^2}$$

$$m_A = \frac{m_B}{\sqrt{1 - \dfrac{v^2}{c^2}}} = \frac{m_B(c^2 + u^2)}{c^2 - u^2}$$

$$\frac{m_A}{m_B} = \frac{c^2 + u^2}{c^2 - u^2}$$

题 8-28 宇宙射线中一种介子的动能为 $E_k = 7 m_0 c^2$，其中 m_0 是介子的静止质量，试问在实验室中观察到的它的寿命是它的固有寿命的多少倍?

解：

$$\Delta E = \Delta m c^2 = E_k$$

$$(m - m_0)c^2 = 7 m_0 c^2$$

将 $m = 8m_0$ 代入 $m = \dfrac{m_0}{\sqrt{1-\left(\dfrac{v}{c}\right)^2}}$，得

$$\frac{1}{\sqrt{1-\left(\dfrac{v}{c}\right)^2}} = \frac{m}{m_0} = 8$$

又有

$$t = \frac{\tau}{\sqrt{1-\left(\dfrac{v}{c}\right)^2}}$$

上式中 τ 为固有寿命，得到

$$\frac{t}{\tau} = 8$$

题 8-29 设一种快速运动的介子的能量为 $E = 3\,000$ MeV，而这种介子在静止时的能量为 $E_0 = 100$ MeV，若这种介子的固有寿命是 $\tau_0 = 2 \times 10^{-6}$ s，求它运动的距离。（真空中光速 $c = 2.997\,9 \times 10^8$ m·s^{-1}。）

解： 设介子为 S′ 系，根据

$$E - E_0 = \left(m - m_0\right)c^2$$

将 $E = 3\,000$ MeV，$E_0 = 100$ MeV 和 $m = \dfrac{m_0}{\sqrt{1-\beta^2}}\left(\beta = \dfrac{u}{c}\right)$ 代入，得到

$$\frac{1}{\sqrt{1-\beta^2}} = \frac{1}{\sqrt{1-\dfrac{u^2}{c^2}}} = 30$$

由此式解出介子的运动速度：

$$u = c\,\frac{\sqrt{899}}{30}$$

根据洛伦兹变换，介子在 S 系中运动的距离为

$$\Delta x = \frac{u\tau_0}{\sqrt{1-\beta^2}} \quad （S′ 系中同地不同时的两个事件，\Delta x' = 0）$$

将 $\dfrac{1}{\sqrt{1-\beta^2}} = 30$，$u = c\,\dfrac{\sqrt{899}}{30}$ 和 $\tau_0 = 2 \times 10^{-6}$ s 代入上式，得

$$\Delta x \approx 1.8 \times 10^4 \text{ m}$$

题 8-30 太阳的辐射能来源于其内部的一系列核反应,其中之一是氢核 (^1_1H)
和氘核 (^2_1H) 聚变为氦核 (^3_2He),同时放出 γ 光子,反应方程为

$$^1_1\text{H} + {}^2_1\text{H} \rightarrow {}^3_2\text{He} + \gamma$$

已知氢核、氘核和氦核的原子质量依次为 1.007 825 u、2.014 102 u 和 3.016 029 u。
u 为原子质量单位,1 u=1.66×10^{-27} kg。试估算 γ 光子的能量。

解: $\Delta m = 1.007\ 825\ \text{u} + 2.014\ 102\ \text{u} - 3.016\ 029\ \text{u} \approx 9.79 \times 10^{-30}$ kg

根据质能方程,有

$$\Delta E = \Delta mc^2 = \frac{9.79 \times 10^{-30} \times \left(3 \times 10^8\right)^2}{1.6 \times 10^{-19}}\ \text{eV} \approx 5.51\ \text{MeV}$$

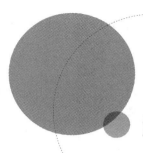

Chapter 9

第 9 章
量子物理基础

基本要求

1. 了解热辐射的两条实验定律：斯特藩-玻耳兹曼定律和维恩位移定律，以及经典物理理论在说明热辐射的能量按频率分布曲线时所遇到的困难。理解普朗克能量子假设。

2. 了解经典物理理论在说明光电效应的实验规律时所遇到的困难。理解爱因斯坦光量子假设，掌握爱因斯坦方程。

3. 理解康普顿效应的实验规律，以及光子理论对这个效应的解释。理解光的波粒二象性。

4. 理解氢原子光谱的实验规律及玻尔氢原子理论。

5. 了解德布罗意假设及电子衍射实验。了解实物粒子的波粒二象性。理解描述物质波动性的物理量（波长、频率）和描述物质粒子性的物理量（动量、能量）之间的关系。

6. 了解不确定关系。

7. 了解波函数及其统计解释。了解一维定态薛定谔方程，以及量子力学中用薛定谔方程处理一维无限深势阱等微观物理问题的方法。

8. 了解量子力学中的氢原子问题、电子的自旋和泡利不相容原理。

内容提要

1. 热辐射

（1）辐射通量：单位时间内辐射的能量。

$$\varepsilon = \int_0^\infty e(\lambda)\mathrm{d}\lambda$$

（2）吸收比：

$$\alpha(T) = \frac{\varepsilon^{\mathrm{a}}}{\varepsilon^{\mathrm{i}}}$$

（3）反射比：

$$R(T) = \frac{\varepsilon^{\mathrm{r}}}{\varepsilon^{\mathrm{i}}}$$

（4）单色吸收比：

$$\alpha(\lambda, T) = \frac{\mathrm{d}\varepsilon_\lambda^{\mathrm{a}}}{\mathrm{d}\varepsilon_\lambda^{\mathrm{i}}}$$

（5）单色反射比：

$$R(\lambda, T) = \frac{\mathrm{d}\varepsilon_\lambda^{\mathrm{r}}}{\mathrm{d}\varepsilon_\lambda^{\mathrm{i}}}$$

（6）黑体：将到达该物体表面的热辐射的能量完全吸收的物体。

2. 黑体辐射的实验规律

（1）基尔霍夫定律：

$$\frac{M_1(\lambda, T)}{\alpha_1(\lambda, T)} = \frac{M_2(\lambda, T)}{\alpha_2(\lambda, T)} = \cdots = M_{\mathrm{B}}(\lambda, T)$$

（2）斯特藩 – 玻耳兹曼定律：

$$M_{\mathrm{B}}(T) = \sigma T^4$$

（3）维恩位移定律：

$$T\lambda_{\mathrm{m}} = b$$

其中 $b = 2.898 \times 10^{-3}$ m·K 为维恩常量。

（4）维恩公式：

$$M_\lambda(T) = \frac{c_1}{\lambda^5}\mathrm{e}^{-c_2/\lambda T}$$

（5）瑞利－金斯公式：

$$M_\lambda(T) = \frac{2\pi ckT}{\lambda^5}$$

其中 $k = 1.380\,649 \times 10^{-23}\,\text{J} \cdot \text{K}^{-1}$ 为玻耳兹曼常量，$c \approx 3 \times 10^8\,\text{m} \cdot \text{s}^{-1}$ 为真空中的光速。

3. 光电效应

当紫外线照射在抛光的金属表面时，回路中有电流产生，此现象称为光电效应。

4. 普朗克能量子假设

对于一定频率的电磁辐射，物体只能以 $h\nu$ 为单位吸收或发射能量。换言之，能量是以"量子"的方式进行吸收和辐射的。公式为

$$\varepsilon = h\nu$$

ε 称为能量子，h 为普朗克常量。这种吸收和发射是不连续的，这是经典力学无法解释的。

5. 普朗克公式

$$M_0(\nu, T) = \frac{2\pi\nu^2}{c^2} \frac{h\nu}{\text{e}^{h\nu/kT} - 1}$$

6. 康普顿效应

康普顿研究了 X 射线在石墨上的散射，发现在散射的 X 射线中不但存在波长与入射波长相同的成分，同时还存在波长大于入射波长的成分，这一现象称为康普顿效应。

7. 玻尔假设

（1）定态条件：电子绕原子核作圆周运动，但不辐射能量。这种稳定的状态称为定态，每一个定态对应着电子的一个能级。

（2）角动量量子化条件：电子绕原子核作圆周运动时，其角动量是量子化的，角动量的值为

$$J = mv_n r_n = n\frac{h}{2\pi} = n\hbar \quad (n = 1, 2, 3, \cdots)$$

（3）量子跃迁概念：电子处于定态时是不辐射的，但由于某种原因，电子可以从一个能级 E_m 跃迁到另一个能级 E_n，此时产生电磁辐射，发射或吸收一个光子，且光子的频率满足条件：

$$\nu_{mn} = \frac{E_m - E_n}{h}$$

8. 粒子的波动性

光的干涉和衍射现象证明光具有波动性，而光电效应则说明光具有粒子性。德布罗意大胆假设所有的物质都具有波粒二象性，因此提出了物质波的理论。德布罗意认为，所有的物质既有能量、动量（粒子性），又有波长、频率（波动性）。他假设粒子的波长为

$$\lambda = \frac{h}{p}$$

此即光的波长公式。其中 h 为普朗克常量，p 为物质的动量。这种波称为德布罗意波。

9. 不确定关系

如图 9-1 所示，单缝宽度为 b，电子波长为 λ，动量为 p。那么有一个问题，某一个电子在通过单缝时究竟在缝中的哪一点通过？根据德布罗意的理论，此时电子是一列波，显然无法找到它的具体位置。但电子肯定通过了单缝，那么可以认定电子处于缝宽的范围内，因此有 $\Delta x = b$。那么此时电子的动量有多大？假设此电子最终到达一级暗条纹处，那么其动量沿 x 轴的分量为

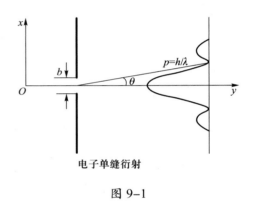

电子单缝衍射

图 9-1

$$\Delta p_x = p \sin \theta = p \frac{\lambda}{b} = \frac{h}{b}$$

不难看出，此时有

$$\Delta x \Delta p_x = h$$

考虑到电子可以到达更高级次的条纹，上式可以改写为

$$\Delta x \Delta p_x \geq h$$

此式称为不确定关系。

10. 玻恩假设

平面电磁波方程为

$$E(x,t) = E_0 \cos 2\pi \left(\nu t - \frac{x}{\lambda} \right)$$

$$H(x,t) = H_0 \cos 2\pi \left(\nu t - \frac{x}{\lambda} \right)$$

将其改写为复数形式：

$$\Psi(x,t) = \psi_0 e^{-i \cdot 2\pi \left(\nu t - \frac{x}{\lambda} \right)}$$

上式中的实数部分即平面电磁波方程。考虑到物质波的波长 $\lambda = \dfrac{h}{p}$，以及光的能量公式 $E = h\nu$，上式还可以写成

$$\Psi(x,t) = \psi_0 e^{-i \frac{2\pi}{h}(Et - px)}$$

微观粒子在空间出现的概率取决于其德布罗意波的强度，也就是物质波函数中的实数部分。由于波强与波函数中的实数部分的二次方成正比，所以微观粒子在 dV 体积内出现的概率为

$$|\Psi|^2 dV = \Psi \Psi^* dV$$

其中，Ψ^* 是 Ψ 的共轭复数。在空间某处，$|\Psi|^2$ 越大，粒子在该处出现的概率就越大，只要 $|\Psi|^2$ 不是零，粒子总是有可能在该处出现。因此德布罗意波有时又称为概率波。

归一化条件：

$$\int |\Psi|^2 dV = 1$$

11. 薛定谔方程

$$-\frac{h^2}{8\pi^2 m} \frac{\partial^2 \Psi}{\partial x^2} = i \frac{h}{2\pi} \frac{\partial \Psi}{\partial t}$$

12. 定态薛定谔方程

$$\frac{d^2 \psi(x)}{dx^2} + \frac{8\pi^2 m}{h^2} (E - E_p) \psi(x) = 0$$

13. 量子力学中的氢原子问题

（1）电子的定态薛定谔方程为

$$\nabla^2 \psi + \frac{8\pi^2 m}{h^2} \left(E + \frac{e^2}{4\pi \varepsilon_0 r} \right) \psi = 0$$

（2）氢原子能级公式为

$$E_n = -\frac{1}{n^2}\left(\frac{me^4}{8\varepsilon_0^2 h^2}\right) \quad (n = 1, 2, 3, \cdots)$$

n 称为主量子数。$n = 1$ 时，原子处于基态；$n > 1$ 时，原子处于激发态。

14. 电子的自旋　泡利不相容原理

（1）电子的自旋角动量为

$$S = \sqrt{s(s+1)}\,\frac{h}{2\pi}$$

其在外磁场方向上的分量为

$$S_z = m_s \frac{h}{2\pi}$$

其中 s 为自旋量子数，m_s 为自旋磁量子数。

（2）泡利不相容原理：在一个原子系统内，不可能有两个或两个以上的电子具有相同的状态，即在同一原子内部不可能有两个电子具有相同的四个量子数。

习　　题

题 9-1　在加热黑体的过程中，单色辐射出射度的峰值波长由 0.69 μm 变化到 0.50 μm，问其辐射出射度增加了多少倍？

解：根据斯特藩-玻耳兹曼定律，黑体的辐射出射度为

$$M(T) = \sigma T^4$$

又根据维恩位移定律，黑体的单色辐射出射度峰值波长为

$$\lambda_m = b / T$$

于是

$$\frac{M_{0.50}}{M_{0.69}} = \frac{T_{0.50}^4}{T_{0.69}^4} = \frac{\lambda_{0.69}^4}{\lambda_{0.50}^4} = \frac{0.69^4}{0.50^4} \approx 3.63$$

题 9-2　铝的逸出功是 4.2 eV，今用波长为 2 000 Å 的光照射铝表面，求：（1）光电子最大初动能；（2）截止电压；（3）铝的红限波长。

解：由光电效应方程 $h\nu = \frac{1}{2}mv_m^2 + W$ 及 $c = \lambda\nu$，有

（1）光电子最大初动能：

$$E_0 = \frac{1}{2}mv_m^2 = h\nu - W = \frac{hc}{\lambda} - W \approx 3.22 \times 10^{-19} \ \text{J}$$

（2）初动能全部用于克服电场力做功，截止电压为

$$\frac{1}{2}mv_m^2 = e|U_a|$$

$$|U_a| = \frac{mv_m^2}{2e} \approx 2.01 \ \text{V}$$

（3）由光电效应方程，电子最大初动能为零时，有

$$\frac{hc}{\lambda_0} = W$$

红限波长为

$$\lambda_0 = \frac{hc}{W} \approx 2.96 \times 10^{-7} \ \text{m}$$

题 9-3 以钠作为光电管阴极，把它与电源的正极相连，而把光电管阳极与电源负极相连，反向电压会降低以致消除电路中的光电流。当入射光波长为 433.9 nm 时，测得截止电压为 0.81 V，当入射光波长为 311.9 nm 时，测得截止电压为 1.93 V，试计算普朗克常量 h 并与公认值比较。

解： 由光电效应方程 $h\nu = \frac{1}{2}mv_m^2 + W$，最大初动能为

$$E_0 = \frac{1}{2}mv_m^2 = e|U_a|$$

所以有

$$e|U_a| = h\nu$$

即截止电压 $|U_a|$ 与光波频率 ν 呈线性关系，斜率为

$$\frac{\mathrm{d}|U_a|}{\mathrm{d}\nu} = \frac{h}{e}$$

所以普朗克常量为

$$h = \frac{\mathrm{d}|U_a|}{\mathrm{d}\nu}e$$

根据线性关系，上式可以写成

$$h = e\frac{|U_{a2}| - |U_{a1}|}{\nu_2 - \nu_1}$$

$$\nu_2 = \frac{c}{\lambda_2} \approx 9.62 \times 10^{14}\ \text{Hz}, \quad \nu_1 = \frac{c}{\lambda_1} \approx 6.91 \times 10^{14}\ \text{Hz}$$

即

$$h \approx 6.61 \times 10^{-34}\ \text{J} \cdot \text{s}$$

题 9-4 设 λ_0 和 λ 分别为康普顿散射中入射与散射光子的波长，E_k 为反冲电子动能，φ 为反冲电子与入射光子运动方向夹角，θ 为散射光子与入射光子运动方向夹角，试证明：（1）$E_k = hc\dfrac{\lambda - \lambda_0}{\lambda \lambda_0}$；（2）$\theta = \dfrac{\pi}{2}$ 时，$\varphi = \arccos \dfrac{1}{\sqrt{1 + (\lambda_0/\lambda)^2}}$。

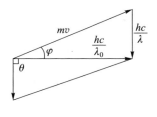

题 9-4 图

解：（1）$E_k = h\nu_0 - h\nu = \dfrac{hc}{\lambda_0} - \dfrac{hc}{\lambda} = hc\dfrac{\lambda - \lambda_0}{\lambda \lambda_0}$

（2）由碰撞前后动量守恒，有

$$\frac{hc}{\lambda_0}\boldsymbol{k}_0 = mv + \frac{hc}{\lambda}\boldsymbol{k}$$

由图中三角形关系，有

$$(mv)^2 = \left(\frac{hc}{\lambda_0}\right)^2 + \left(\frac{hc}{\lambda}\right)^2$$

$$\cos \varphi = \frac{hc/\lambda_0}{mv} = \frac{hc/\lambda_0}{\sqrt{(hc/\lambda_0)^2 + (hc/\lambda)^2}}$$

$$\varphi = \arccos \frac{1}{\sqrt{1 + (\lambda_0/\lambda)^2}}$$

题 9-5 证明在康普顿散射实验中，波长为 λ_0 的一个光子与质量为 m_0 的静止电子碰撞后，电子的反冲角 θ 与光子散射角 φ 之间的关系为

$$\tan \theta = \left[\left(1 + \frac{h}{m_0 c \lambda_0}\right)\right]^{-1} \tan \frac{\varphi}{2}$$

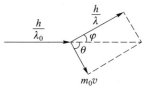

解： 如图所示，散射前后体系动量守恒，所以有

题 9-5 图

$$m_0 v \sin \theta = \frac{h}{\lambda} \sin \varphi$$

$$m_0 v \cos\theta + \frac{h}{\lambda}\cos\varphi = \frac{h}{\lambda_0}$$

由以上两式可知

$$\tan\theta = \frac{\sin\varphi}{\lambda/\lambda_0 - \cos\varphi} = \frac{\sin\varphi}{(\lambda - \lambda_0)/\lambda_0 + (1 - \cos\varphi)}$$

把康普顿散射公式代入，有

$$\Delta\lambda = \lambda - \lambda_0 = \frac{h}{m_0 c}(1 - \cos\varphi)$$

$$\tan\theta = \frac{\sin\varphi}{\left(1 + \dfrac{h}{m_0 c\lambda_0}\right)(1 - \cos\varphi)} = \frac{2\sin(\varphi/2)\cos(\varphi/2)}{\left(1 + \dfrac{h}{m_0 c\lambda_0}\right)2\cos^2(\varphi/2)}$$

$$= \left[\left(1 + \frac{h}{m_0 c\lambda_0}\right)\right]^{-1}\tan\frac{\varphi}{2}$$

题 9-6 一个波长为 $\lambda_0 = 5$ Å 的光子与原子中电子碰撞，碰撞后光子以与入射方向成 150° 角的方向反射，求碰撞后光子的波长与电子的速率。

解： 由康普顿散射公式

$$\lambda - \lambda_0 = 2\lambda_C \sin^2\frac{\theta}{2}$$

得碰撞后光子的波长为

$$\lambda = \lambda_0 + 2\lambda_C \sin^2\frac{\theta}{2} \approx 5.045 \text{ Å}$$

电子的动能等于碰撞前光子的能量减去碰撞后光子的能量，即

$$E_k = \frac{hc}{\lambda_0} - \frac{hc}{\lambda} = hc\frac{\lambda - \lambda_0}{\lambda\lambda_0}$$

由相对论质能关系，可得

$$\frac{m_0 c^2}{\sqrt{1 - v^2/c^2}} - m_0 c^2 = hc\frac{\lambda - \lambda_0}{\lambda\lambda_0}$$

$$\frac{1}{\sqrt{1 - v^2/c^2}} = 1 + \left(\frac{h}{m_0 c}\right)\frac{\lambda - \lambda_0}{\lambda\lambda_0} = 1 + \lambda_C\frac{\lambda - \lambda_0}{\lambda\lambda_0} \approx 1 + 4.328 \times 10^{-5}$$

解得

$$1 - \frac{v^2}{c^2} \approx 0.999\,9$$

$$v = 3 \times 10^6 \text{ m} \cdot \text{s}^{-1}$$

题 9-7　在基态氢原子被外来单色光激发后发出的光谱的巴耳末系中，仅观察到三条谱线。（1）求外来单色光的波长；（2）求这三条谱线的波长；（3）问被激发的氢原子共可以发出多少条谱线？

解：低能量光子（可见光、红外线）与物质相互作用时，若其能量被原子吸收，则原子只能吸收整个光子的能量，不能吸收其部分能量，而且由于原子存在能级，所以被吸收的光子能量必须等于原子的能级间隔。

（1）氢原子光谱的巴耳末系是指从高能级向第一激发态（$n = 2$）跃迁时发出的谱线系，所以该单色光将使处于基态的氢原子跃迁到第四激发态（$n = 5$），外来单色光的波长应该满足

$$h\nu = h\frac{c}{\lambda_{\text{外}}} = E_5 - E_1 = \frac{E_1}{5} - E_1$$

$$\lambda_{\text{外}} = -\frac{5hc}{4E_1} = \frac{5 \times 6.63 \times 10^{-34} \times 3 \times 10^8}{4 \times 13.6 \times 1.6 \times 10^{-19}} \text{ m} \approx 1.14 \times 10^{-7} \text{ m}$$

（2）根据光谱规律，这三条谱线的波数分别为

$$\sigma_{3-2} = R_{\text{H}}\left(\frac{1}{2^2} - \frac{1}{3^2}\right) = 1.097 \times 10^7 \times \left(\frac{1}{4} - \frac{1}{9}\right) \text{ m}^{-1} \approx 1.524 \times 10^6 \text{ m}^{-1}$$

$$\sigma_{4-2} = R_{\text{H}}\left(\frac{1}{2^2} - \frac{1}{4^2}\right) = 1.097 \times 10^7 \times \left(\frac{1}{4} - \frac{1}{16}\right) \text{ m}^{-1} \approx 2.057 \times 10^6 \text{ m}^{-1}$$

$$\sigma_{5-2} = R_{\text{H}}\left(\frac{1}{2^2} - \frac{1}{5^2}\right) = 1.097 \times 10^7 \times \left(\frac{1}{4} - \frac{1}{25}\right) \text{ m}^{-1} \approx 2.304 \times 10^6 \text{ m}^{-1}$$

相应的波长分别为

$$\lambda_{3-2} = \frac{1}{\sigma_{3-2}} \approx 656.2 \text{ nm}, \quad \lambda_{4-2} = \frac{1}{\sigma_{4-2}} \approx 486.1 \text{ nm}, \quad \lambda_{5-2} = \frac{1}{\sigma_{5-2}} \approx 434.0 \text{ nm}$$

（3）被激发的氢原子共可以发出 10 条谱线，除上述巴耳末系中的三条之外，还有莱曼系中的四条：λ_{5-1}、λ_{4-1}、λ_{3-1}、λ_{2-1}；帕邢系中的两条：λ_{5-3}、λ_{4-3}；普丰德系中的一条：λ_{5-4}。

题 9-8　（1）物理光学的一个基本结论是，在被观测物线度小于所用照射光波长的情况下，任何光学仪器都不能把物体的细节分辨出来，这对电子显微镜中的电子德布罗意波同样适用。若要研究线度为 0.020 μm 的病毒，用光学显微镜是不可能的。然而，电子的德布罗意波长比病毒的线度小 1 000 倍，因此用电子显微镜

可以形成非常清楚的病毒的像。试问这时所需要的加速电压是多少？（2）电子显微镜中所用的加速电压一般都很高，电子被加速后的速度很大，因而必须考虑相对论修正。试证明电子的德布罗意波长与加速电压 U_a 之间的关系为 $\lambda = \dfrac{1.226}{\sqrt{U_r/\mathrm{V}}}$ nm，式中 $U_r = U_a(1 + 0.978 \times 10^{-6} U_a/\mathrm{V})$ 称为相对修正电压，其中 U_a 和 U_r 的单位是 V（伏特），而 $U_r/\mathrm{V} = \langle U_r \rangle$ 和 $U_a/\mathrm{V} = \langle U_a \rangle$ 表示以 V 为单位的电压数值。

解：（1）非相对论情况。

电子动能为

$$E_k = \frac{1}{2} m_0 v^2 = \frac{p^2}{2m_0} = eU$$

电子动量为

$$p = \frac{h}{\lambda}$$

由两式解得

$$U = \frac{h^2}{2m_0 \lambda^2 e} \approx 3.8 \times 10^3 \text{ V}$$

（2）相对论情况。

电子从加速电场获得的动能为

$$E_k = E - m_0 c^2 = eU_a \qquad \qquad ①$$

相对论中能量和动量的关系为

$$E^2 = c^2 p^2 + m_0^2 c^4 \qquad \qquad ②$$

动量为

$$p = \frac{h}{\lambda} \qquad \qquad ③$$

由①式，②式，③式得

$$2m_0 c^2 e U_a + e^2 U_a^2 = \frac{c^2 h^2}{\lambda^2}$$

解得

$$\lambda = \frac{ch}{\sqrt{2m_0 c^2 e U_a + e^2 U_a^2}} = \frac{h}{\sqrt{2m_0 e}\left(U_a + eU_a^2/2m_0 c^2\right)^{1/2}}$$

代入数值，得

$$\lambda = \frac{1.226}{\sqrt{U_r/\mathrm{V}}} \text{ nm}$$

题 9-9   原则上讲，玻尔理论也适用于太阳系，地球相当于电子，太阳相当于原子核，而万有引力相当于库仑力。（1）求地球绕太阳运动的允许半径公式；（2）地球实际轨道半径为 1.50×10^{11} m，与此半径对应的量子数 n 有多大？（3）地球实际轨道半径和它的下一个较大可能的轨道半径的差值有多大？

（$m_e = 5.98 \times 10^{24}$ kg，$m_s = 1.99 \times 10^{30}$ kg，$G = 6.67 \times 10^{-11}$ N·m²·kg⁻²。）

解：（1）玻尔理论即经典理论加量子化条件，据此有

$$m_e \frac{v^2}{R} = G \frac{m_e m_s}{R^2} \qquad \text{①}$$

$$L = m_e v R = n \frac{h}{2\pi} = n\hbar \qquad \text{②}$$

两式联立，有

$$\left(\frac{n\hbar}{m_e R} \right)^2 = \frac{Gm_s}{R}$$

得

$$R = n^2 \frac{\hbar^2}{Gm_e^2 m_s} \quad (n = 1,2,3,\cdots)$$

R 为地球绕太阳运动的允许半径公式。

（2）地球实际轨道半径为 R_n，则相应的量子数为

$$n = \frac{m_e}{\hbar} \sqrt{R_n Gm_s} \approx 2.53 \times 10^{74}$$

（3）地球实际轨道半径和它的下一个较大可能的轨道半径的差值为

$$\Delta R = \left[(n+1)^2 - n^2 \right] \frac{\hbar^2}{Gm_e^2 m_s} \approx 2n \frac{\hbar^2}{Gm_e^2 m_s} \approx 1.19 \times 10^{-63} \text{ m}$$

题 9-10   戴维孙-革末实验装置如图所示，自热阴极 K 发出的电子束经 $U = 500$ V 的电势差加速后投射到某晶体上。在掠射角 $\phi = 20°$ 时，测得电流出现第二次极大值。试计算：（1）电子的德布罗意波长；（2）晶体的晶格常量。

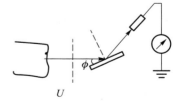

题 9-10 图

解：（1）由 $\frac{1}{2}mv^2 = eU$ 可得

$$v = (2eU/m)^{1/2}$$

$$\lambda = h/p = h/mv = h/(2meU)^{1/2} \approx 0.549 \times 10^{-10} \text{ m}$$

（2）晶体的布拉格衍射公式为

$$2d\sin\phi = k\lambda$$

电流第二次出现极大值，有

$$k = 2$$

故

$$d = k\lambda/(2\sin 20°) = 2\lambda/(2\sin 20°) = (0.549\times10^{-10}\text{ m})/\sin 20° \approx 1.61\times10^{-10}\text{ m}$$

题 9-11　用动量守恒定律和能量守恒定律证明：一个自由电子不能一次完全吸收一个光子。

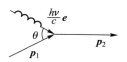

题 9-11 图

解：假设一个自由电子可以一次完全吸收一个光子，如图所示，设相互作用前后电子的动量分别为 $\boldsymbol{p}_1$ 和 $\boldsymbol{p}_2$，光子的频率为 ν，电子的静止质量为 m_0，则根据动量守恒定律和能量守恒定律可知

$$\boldsymbol{p}_1 + \frac{h\nu}{c}\boldsymbol{e} = \boldsymbol{p}_2 \qquad\qquad ①$$

$$\sqrt{p_1^2 c^2 + m_0^2 c^4} + h\nu = \sqrt{p_2^2 c^2 + m_0^2 c^4} \qquad\qquad ②$$

①式两边二次方有

$$p_1^2 c^2 + h^2\nu^2 + 2ch\nu\,\boldsymbol{p}_1\cdot\boldsymbol{e} = p_2^2 c^2$$

即

$$p_1^2 c^2 + h^2\nu^2 + 2p_1 ch\nu\cos\theta = p_2^2 c^2 \qquad\qquad ③$$

②式两边平方有

$$p_1^2 c^2 + h^2\nu^2 + 2h\nu\sqrt{p_1^2 c^2 + m_0^2 c^4} = p_2^2 c^2 \qquad\qquad ④$$

③式和④式联立可推出

$$p_1 c\cos\theta = \sqrt{p_1^2 c^2 + m_0^2 c^4}$$

进而可推出 $\cos\theta > 1$。而这是不可能的，由此可见，原假设不成立。这就证明了一个自由电子不能一次完全吸收一个光子。

题 9-12 有一空腔辐射体，在腔壁上钻有直径为 50 μm 的小圆孔，腔内温度为 7 500 K。试求波长在 500 nm 到 501 nm 的范围内从小孔辐射出来的光子数。

解：设从小孔辐射出来的波长在 500 nm 到 501 nm 范围内的光子数为 n，则

$$n = \frac{M_\lambda(T)}{h\nu} S\Delta\lambda$$

而

$$M_\lambda(T) = \frac{2\pi hc^2}{\lambda^5} \frac{1}{e^{hc/\lambda kT} - 1}$$

所以有

$$n = \frac{2\pi hc^2}{\lambda^5} \frac{1}{e^{hc/\lambda kT} - 1} S \frac{\Delta\lambda}{hc/\lambda}$$

其中：$S = \pi r^2 = \frac{\pi}{4} \times 2.5 \times 10^{-9} \text{ m}^2$，$\lambda = \frac{\lambda_1 + \lambda_2}{2} = 500.5 \text{ nm}$。故可得

$$n \approx 1.3 \times 10^{15}$$

题 9-13 已知每平方米黑体在球面度内每微米波长间隔发出的光子数为

$$n = \frac{2c}{\lambda^4} \frac{1}{e^{hc/\lambda kT} - 1}$$

试求温度为 6 000 K 时辐射光子数最多的波长和辐射能量最大的波长。

解：在一定温度下，波长不同，辐射的光子数不同，有

$$\frac{\mathrm{d}n}{\mathrm{d}\lambda} = -\frac{8c}{\lambda^5} \frac{1}{e^{hc/\lambda kT} - 1} + \frac{2hc^2}{kT\lambda^6} \frac{e^{hc/\lambda kT}}{(e^{hc/\lambda kT} - 1)^2}$$

当 $\mathrm{d}n/\mathrm{d}\lambda = 0$ 时有极值，即

$$\frac{hc}{kT\lambda} \frac{e^{hc/\lambda kT}}{e^{hc/\lambda kT} - 1} = 4$$

令 $N = hc/kT\lambda$，有

$$4e^N - Ne^N - 4 = 0$$

$$N \approx 3.921$$

$$\lambda = \frac{hc}{NkT} = \frac{6.63 \times 10^{-34} \times 3 \times 10^8}{3.921 \times 1.38 \times 10^{-23} \times 6\,000} \text{ m} \approx 6.13 \times 10^{-7} \text{ m}$$

由维恩位移定律得出辐射能量最大的波长为

$$\lambda = \frac{b}{T} = \frac{2.898 \times 10^{-3}}{6\,000} \text{ m} = 4.83 \times 10^{-7} \text{ m}$$

在同一温度下辐射能量最大的波长与辐射光子数最多的波长并不相同。

题 9-14　波长为 0.04 nm 的 X 射线经物质散射后产生康普顿效应。如图所示，若散射角等于 90°，试求：（1）散射 X 射线的波长；（2）反冲电子的动能；（3）反冲电子动量的大小和方向。

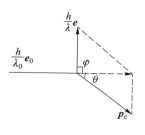

题 9-14 图

解：（1）由康普顿散射公式，得

$$\Delta\lambda = \lambda - \lambda_0 = 2\lambda_C \sin^2 \frac{\varphi}{2}$$
$$= 2 \times 2.4 \times 10^{-12} \times \left(\sin^2 45°\right) \text{ m} = 0.002\,4 \text{ nm}$$

散射 X 射线的波长为

$$\lambda = \lambda_0 + \Delta\lambda$$
$$= 0.04 \text{ nm} + 0.002\,4 \text{ nm} = 0.042\,4 \text{ nm}$$

（2）反冲电子的动能等于入射 X 射线与散射 X 射线能量之差。

$$E_k = \frac{hc}{\lambda_0} - \frac{hc}{\lambda} = hc\left(\frac{1}{\lambda_0} - \frac{1}{\lambda}\right)$$
$$= 6.63 \times 10^{-34} \times 3 \times 10^8 \times \left(\frac{1}{0.4} - \frac{1}{0.424}\right) \times 10^{10} \text{ J}$$
$$\approx 2.81 \times 10^{-16} \text{ J} \approx 1.76 \times 10^3 \text{ eV}$$

（3）
$$p_e = h\left(\frac{1}{\lambda_0^2} + \frac{1}{\lambda^2}\right)^{1/2} = \frac{h}{\lambda_0 \lambda}\left(\lambda_0^2 + \lambda^2\right)^{1/2} \approx 2.28 \times 10^{-23} \text{ kg} \cdot \text{m} \cdot \text{s}^{-1}$$

$$\theta = \arctan\frac{\lambda_0}{\lambda} \approx 43.3°$$

题 9-15　在理想情况下，对于 5 500 Å 的光，正常人的眼睛只要每秒吸收 100 个光子就已有视觉，问与此相当的功率是多少？

解：设单位时间单位面积入射到人眼的光子数为 N，则入射光强为

$$I = Nh\nu = Nhc / \lambda$$

入射到人眼的功率为

$$P = IS = (NS)hc/\lambda$$

S 为人眼瞳孔面积，NS 是单位时间入射到人眼的光子数。据题意 $NS = 100$，计算得

$$P = \frac{100 \times 6.63 \times 10^{-34} \times 3 \times 10^{8}}{5.5 \times 10^{-7}} \text{ W} \approx 3.62 \times 10^{-17} \text{ W}$$

题 9-16 将星球看成绝对黑体，利用维恩位移定律，通过测量 λ_m，便可估计其表面温度。现测得太阳和北极星的 λ_m 分别为 510 nm 和 350 nm，试求它们的表面温度和辐射出射度。

解： 由维恩位移定律，有

$$\lambda_m T = b, \quad b = 2.898 \times 10^{-3} \text{ m} \cdot \text{K}$$

（1）太阳的表面温度为

$$T_1 = \frac{b}{\lambda_{m1}} \approx 5\,682 \text{ K}$$

太阳的辐射出射度（即总辐射本领）为

$$M_B(T_1) = \sigma T_1^4 = 5.91 \times 10^7 \text{ W} \cdot \text{m}^{-2}$$

（2）北极星的表面温度为

$$T_2 = \frac{b}{\lambda_{m2}} = 8.28 \times 10^3 \text{ K}$$

北极星的辐射出射度为

$$M_B(T_2) = \sigma T_2^4 \approx 2.67 \times 10^8 \text{ W} \cdot \text{m}^{-2}$$

题 9-17 一质量为 m_e 的电子被电势差为 U 的电场加速，如考虑其相对论效应，试证其德布罗意波的波长为

$$\lambda = \frac{h}{\sqrt{2m_e eU + e^2 U^2 / c^2}}$$

解： 电子加速前后总能量分别为

$$E_1 = m_e c^2$$

$$E_2 = \sqrt{p^2 c^2 + m_e^2 c^4}$$

根据能量守恒定律有

$$\Delta E = E_2 - E_1 = eU$$

由上述三式可得

$$p = \sqrt{2m_e eU + e^2 U^2 / c^2}$$

德布罗意波的波长为

$$\lambda = \frac{h}{p} = \frac{h}{\sqrt{2m_e eU + e^2 U^2 / c^2}}$$

题 9-18 一谐振子的归一化的波函数为 $\psi(x) = \sqrt{\dfrac{1}{3}}u_0(x) + \sqrt{\dfrac{1}{2}}u_2(x) + cu_3(x)$。其中，$u_n(x)$ 是归一化的谐振子的定态波函数。求 c 和能量的可能取值，并求平均能量 $\bar{E}$。

解： 由归一化条件得

$$\left|\sqrt{\frac{1}{3}}\right|^2 + \left|\sqrt{\frac{1}{2}}\right|^2 + |c|^2 = 1$$

解得

$$c = \sqrt{\frac{1}{6}}$$

根据谐振子波函数的表达式，可知能量 E 的可能值为 E_0、E_2、E_3。因为

$$E_n = \left(n + \frac{1}{2}\right)h\nu$$

所以有

$$E_0 = \frac{1}{2}h\nu, \quad E_2 = \frac{5}{2}h\nu, \quad E_3 = \frac{7}{2}h\nu$$

则有

$$\bar{E} = P_0 E_0 + P_2 E_2 + P_3 E_3 = \left|\sqrt{\frac{1}{3}}\right|^2 \cdot \frac{1}{2}h\nu + \left|\sqrt{\frac{1}{2}}\right|^2 \cdot \frac{5}{2}h\nu + \left|\sqrt{\frac{1}{6}}\right|^2 \cdot \frac{7}{2}h\nu = 2h\nu$$

Chapter 10

第 10 章
光的干涉

基本要求

1. 理解相干光的条件及获得相干光的方法。

2. 掌握光程的概念以及光程差和相位差的关系，理解在什么情况下反射光有半波损失。

3. 能分析杨氏双缝干涉条纹及薄膜等厚干涉条纹的位置。

内容提要

1. 光的相干条件及相干光的获得

（1）普通光源发光的特点：由于普通光源中各原子发光断续、无规则，所以它每次只能发出一有限长的波列。不同波列之间互不相干。

（2）光的相干条件：频率相同、振动方向相同、相位相同或相位差恒定。

（3）要想使两束光干涉，就必须将同一列光"一分为二"，使之成为两束相干的光。获得相干光的方法有如下两种。

分波阵面法：从同一列波的同一波阵面上分出两个或若干个相干的子波源。

分振幅法：利用透明介质两表面的反射和折射，将入射的同一波列分成两个或若干个振幅（或能量）较小的相干波。

2. 干涉明暗纹条件

（1）光程与光程差：

光波在某一介质中的几何路程 r 与该介质的折射率 n 的乘积叫光程。

$$\text{光程} = nr$$

其中 n 为介质的折射率。

两相干光光程之差叫光程差，有

$$\Delta = n_2 r_2 - n_1 r_1$$

（2）光程差与相位差的关系：

真空中波长为 λ 的两束相干光在会聚点的相位差为

$$\Delta\varphi = \left(\varphi_1 - 2\pi\frac{n_1 r_1}{\lambda}\right) - \left(\varphi_2 - 2\pi\frac{n_2 r_2}{\lambda}\right) = (\varphi_1 - \varphi_2) - 2\pi\frac{n_1 r_1 - n_2 r_2}{\lambda}$$

当两相干光初相位相同，即 $\varphi_1 = \varphi_2$ 时，其相位差与光程差关系为

$$\Delta\varphi = 2\pi\frac{\Delta}{\lambda}$$

（3）半波损失：

入射光在光疏介质中行进，遇到光密介质的界面时，反射光将产生半波损失。

注意：若入射光在光密介质中行进，则遇到光疏介质界面反射时，不产生半波损失。折射光永远不会产生半波损失。

（4）两相干光干涉加强或减弱的条件：

$$\Delta = \begin{cases} k\lambda, & \text{加强(明纹)} \\ (2k+1)\dfrac{\lambda}{2}, & \text{减弱(暗纹)} \end{cases} \quad (k = 0, \pm1, \pm2, \pm3, \cdots)$$

上式是分析处理干涉问题的基本出发点。

3. 杨氏双缝干涉

杨氏双缝干涉（分波阵面法的干涉）条纹的分布规律有如下几点。

（1）干涉条纹形状：平行于缝的直条纹。

（2）干涉条纹位置：

$$x = \begin{cases} k\dfrac{D}{d}\lambda, & \text{明纹中心} \ (k = 0, \pm1, \pm2, \pm3, \cdots) \\ (2k-1)\dfrac{D}{2d}\lambda, & \text{暗纹中心} \ (k = \pm1, \pm2, \pm3, \cdots) \end{cases}$$

（3）干涉条纹间隔（宽度）：

$$\Delta x = \frac{D}{d}\lambda$$

（4）若用复色光源，则干涉条纹是彩色的。

4. 薄膜干涉

薄膜干涉是用分振幅法获得相干光的一种方法。本部分研究的内容是薄膜上下表面反射光或透射光的相干问题。薄膜上下表面反射光的光程差的计算一般较复杂。当薄膜非常薄时，可以近似进行计算。

反射光的光程差：

$$\Delta = 2e\sqrt{n_2^2 - n_1^2 \sin^2 i} + \frac{\lambda}{2}$$

其中 $\lambda/2$ 是由于半波损失引起的附加光程差，$\lambda/2$ 的有无取决于 n_1 和 n_2 的相对大小。

薄膜上下表面反射光相干形成明暗纹的条件：

$$\Delta = 2e\sqrt{n_2^2 - n_1^2 \sin^2 i} + \frac{\lambda}{2} = \begin{cases} k\lambda, & \text{明纹}\ (k=1,2,3,\cdots) \\ (2k+1)\dfrac{\lambda}{2}, & \text{暗纹}\ (k=0,1,2,\cdots) \end{cases}$$

（1）等倾干涉：薄膜厚度处处相同时，不同入射角 i 的光也会产生干涉条纹，同一入射角的光线组成一个锥面，它们对应相同的光程差，因而对应同一级条纹，所以干涉条纹是一组同心圆环，称之为等倾干涉。

（2）等厚干涉：薄膜折射率均匀而厚度不均匀时，两相干光光程差随薄膜厚度而改变。膜厚相同处，光程差相同，对应于同一条纹，故条纹的形状及分布与薄膜等厚线的形状及分布相同，因此，干涉条纹的形状即薄膜的等厚线的形状，称之为等厚干涉。

两种重要的等厚干涉装置——劈尖、牛顿环。

① 劈尖：当光垂直入射（$i=0$）到劈尖状薄膜（两块平板玻璃之间所夹部分）上时，由薄膜干涉的光程差公式可得两束相干光的光程差：

$$\Delta = 2ne + \frac{\lambda}{2}$$

劈尖表面附近形成的是一系列与棱边平行的、明暗相间等距的直条纹。

明暗纹条件：

$$\Delta = 2ne + \frac{\lambda}{2} = \begin{cases} k\lambda, & \text{明纹}\ (k=1,2,3,\cdots) \\ (2k+1)\dfrac{\lambda}{2}, & \text{暗纹}\ (k=0,1,2,\cdots) \end{cases}$$

注意：（a）棱边处 $e=0$，$\Delta = \dfrac{\lambda}{2}$，因此为暗纹。

（b）相邻明纹（或暗纹）中心对应的劈尖厚度差为

$$\Delta e = \frac{\lambda}{2n}$$

（c）相邻明纹（或暗纹）中心的间距（条纹宽度）为

$$\Delta l = \frac{\Delta e}{\sin \theta} \approx \frac{\lambda}{2n\theta}$$

（d）楔角越小，干涉条纹分布就越稀疏；当用白光照射时，将看到由劈尖边缘逐渐分开的彩色直条纹。

② 牛顿环：若光垂直入射到由一平凸透镜和一平板玻璃形成的空气薄膜上时，会形成一系列明暗相间、以接触点为中心的同心圆环状干涉条纹（与空气薄膜的等厚线形状相同）。

在厚度为 e 处，两束光的光程差为

$$\Delta = 2ne + \frac{\lambda}{2} = \begin{cases} k\lambda, & \text{明纹}\left(k=1,2,3,\cdots\right) \\ \left(2k+1\right)\dfrac{\lambda}{2}, & \text{暗纹}\left(k=0,1,2,\cdots\right) \end{cases}$$

明暗环半径公式：

$$r = \begin{cases} \sqrt{\dfrac{\left(2k-1\right)R\lambda}{2n}}, & \text{明纹}\left(k=1,2,3,\cdots\right) \\ \sqrt{\dfrac{kR\lambda}{n}}, & \text{暗纹}\left(k=0,1,2,\cdots\right) \end{cases}$$

可见，牛顿环中心为暗斑，级次最低。离开中心越远，光程差越大，圆环状条纹间距越小，即越密。其透射光也有干涉，明暗条纹互补。

5. 增反膜与增透膜

增反膜：厚度相同的薄膜上下两表面反射光的光程差满足

$$\Delta_{\text{反}} = k\lambda \quad (k \text{ 为正整数})$$

增透膜：厚度相同的薄膜上下两表面反射折射后两束透射相干光的光程差满足

$$\Delta_{\text{透}} = k\lambda \quad (k \text{ 为正整数})$$

习　　题

题 10-1　在杨氏双缝实验中，如果入射单色光的波长为 600 nm，缝屏间距为 $D = 1.0$ m，试求：（1）此双缝间距，设第 2 级明纹离屏中心的距离为 6.0 mm；（2）相邻两明纹的距离。

解：（1）由 $x_{明}=\dfrac{D}{d}k\lambda$ 知，双缝间距为 $d=\dfrac{D}{x_{明}}k\lambda$，代入数据有

$$d=\dfrac{1}{6\times10^{-3}}\times2\times600\times10^{-9}\ \text{m}=0.2\ \text{mm}$$

（2）

$$\Delta x=\dfrac{D}{d}\lambda=\dfrac{1\times10^{3}}{0.2}\times0.6\times10^{-3}\ \text{mm}=3\ \text{mm}$$

题 10-2　在杨氏双缝装置中，用一很薄的云母片（厚度为 $d=6.6\times10^{3}\ \text{nm}$）覆盖其中的一条缝，结果使屏幕上的第 7 级明纹恰好移动到中央明纹中心的位置。若入射光的波长为 550 nm，求此云母片的折射率。

解：设云母片的折射率为 n，则由云母片引起的光程差为

$$\Delta=nd-d=(n-1)d$$

按题意 $\Delta=7\lambda$，云母片的折射率为

$$n=\dfrac{\Delta}{d}+1=\dfrac{7\lambda}{d}+1\approx1.58$$

题 10-3　白光垂直照射在空气中一厚度为 380 nm 的肥皂水膜上，肥皂水的折射率为 1.33。试问肥皂水膜表面呈现什么颜色？

解：设肥皂水膜的厚度为 e，由反射光干涉加强公式有

$$2ne+\dfrac{\lambda}{2}=k\lambda\quad(k=1,2,\cdots)$$

得

$$\lambda=\dfrac{4ne}{2k-1}=\dfrac{4\times1.33\times380}{2k-1}\ \text{nm}=\dfrac{2\,021.6}{2k-1}\ \text{nm}$$

所以，$k=1$ 时，$\lambda_1=2\,021.6\ \text{nm}$；$k=2$ 时，$\lambda_2\approx673.9\ \text{nm}$；$k=3$ 时，$\lambda_3\approx404.3\ \text{nm}$；$k=4$ 时，$\lambda_4=288.8\ \text{nm}$。

由可见光的范围 $400\ \text{nm}\leqslant\lambda\leqslant760\ \text{nm}$ 可知，我们可以看见 λ_2（红色）和 λ_3（紫色）两种光。因此肥皂水膜表面呈现紫红色。

题 10-4　一平面单色光垂直照射在厚度均匀的薄油膜上。油膜覆盖在玻璃板上。所用单色光的波长可以连续变化，观察到 500 nm 和 700 nm 这两个波长的光在反射中先后消失。油的折射率为 1.30，玻璃的折射率为 1.50。求油膜的厚度。

解：设油膜的厚度为 d，油膜上、下两表面反射光的光程差为 $2nd$，由反射光相消条件有

$$2nd = \left(2k+1\right)\frac{\lambda}{2} \quad \left(k = 0,1,2,\cdots\right) \qquad ①$$

设 $\lambda_1 = 500$ nm，级次为 k_1；$\lambda_2 = 700$ nm，级次为 k_2，有

$$2nd = \left(2k_1+1\right)\frac{\lambda_1}{2} \qquad ②$$

$$2nd = \left(2k_2+1\right)\frac{\lambda_2}{2} \qquad ③$$

因为 $\lambda_2 > \lambda_1$，所以 $k_2 < k_1$；又因为 λ_1 与 λ_2 之间不存在 λ_3，使之满足

$$2nd = \left(2k_3+1\right)\frac{\lambda_3}{2}$$

即不存在 $k_2 < k_3 < k_1$ 的情形，所以 k_2、k_1 应为连续整数，即

$$k_2 = k_1 - 1 \qquad ④$$

由②式、③式、④式可得

$$k_2 = \frac{1}{2} \times \frac{3\lambda_1 - \lambda_2}{\lambda_2 - \lambda_1}$$

得

$$k_2 = 2$$

$$k_1 = k_2 + 1 = 3$$

可由②式求得油膜的厚度：

$$d = \frac{\left(2k_1+1\right)\dfrac{\lambda_1}{2}}{2n} \approx 673.1 \, \text{nm}$$

题 10-5 在棱镜（$n_1 = 1.52$）表面镀一层增透膜（$n_2 = 1.38$），若要使此增透膜适用于氦氖激光器发出的激光（$\lambda = 632.8$ nm），则膜的最小厚度应取何值？

解：设膜厚为 e，光垂直入射，由于在膜的上下两面反射时都有半波损失，所以干涉加强条件为

$$2n_2 e = \left(k - \frac{1}{2}\right)\lambda$$

$$2 \times 1.38 e = \left(k - \frac{1}{2}\right) \times 632.8 \, \text{nm}$$

当 $k = 1$ 时，膜的厚度最小，为

$$e_{\min} = \frac{632.8}{2 \times 1.38 \times 2} \text{ nm} \approx 114.6 \text{ nm}$$

题 10-6 人造水晶常用玻璃（折射率为 1.50）作材料，其表面上镀一层二氧化硅（折射率为 2.0）以加强反射，如要使波长为 560 nm 的光垂直照射时反射增强，求膜的最小厚度。

解： 设膜厚为 e，由反射光干涉加强公式有

$$2ne + \lambda/2 = k\lambda \quad (k = 1,2,\cdots)$$

当 $k = 1$ 时，膜的厚度最小，为

$$e_{\min} = \frac{\lambda}{4n} = \frac{560 \times 10^{-9}}{4 \times 2} \text{ m} = 0.07 \text{ μm}$$

题 10-7 在很薄的劈尖玻璃板上，垂直地射入波长为 589.3 nm 的钠光，相邻暗纹间距离为 5.0 mm，若此玻璃劈尖的夹角为 $\theta = 0.002°$，求玻璃的折射率。

解： 等厚条纹相邻明暗纹间距为

$$l = \frac{\lambda}{2\theta n}$$

所以，玻璃的折射率为

$$n = \frac{\lambda}{2l\theta} = \frac{589.3 \times 10^{-9}}{2 \times 5 \times 10^{-3} \times 0.002 \times \dfrac{\pi}{180}} \approx 1.69$$

题 10-8 用单色光来观察牛顿环，测得某一明环的直径为 3.0 mm，在它外面的第 5 个明环的直径为 4.6 mm，所用的平凸透镜曲率半径为 1 m，求此单色光的波长。

解： 由牛顿环明环半径公式，有

$$r_1^2 = \left(k - \frac{1}{2}\right)R\lambda, \quad r_5^2 = \left(k + 5 - \frac{1}{2}\right)R\lambda$$

得

$$\lambda = \frac{r_5^2 - r_1^2}{5R}$$

将 $r_1 = \dfrac{3.0}{2}$ mm，$r_5 = \dfrac{4.6}{2}$ mm，$R = 1$ m 代入上式，得此单色光的波长：

$$\lambda = \frac{(2.3^2 - 1.5^2) \times 10^{-6}}{5 \times 1} \text{ m} = 608 \text{ nm}$$

题 10-9 薄钢片上有两条紧靠着的平行细缝。用双缝干涉的方法来测量两缝间距。若 $\lambda = 546.1\ nm$，$D = 330\ mm$，测得中央明纹两侧第 5 级明纹间距为 12.2 mm，求两缝间距。

解：

$$x_5 = \frac{12.2}{2}\ mm = 6.1\ mm$$

$$x = \frac{D}{d} k\lambda$$

$$d = \frac{Dk\lambda}{x} = \frac{330 \times 10^{-3} \times 5 \times 546.1 \times 10^{-9}}{6.1 \times 10^{-3}}\ m \approx 1.48 \times 10^{-4}\ m$$

题 10-10 在双缝干涉实验中，两缝间距为 1 mm，屏离缝的距离为 1 m，若所用光源含有波长分别为 600 nm 和 540 nm 的两种光波。（1）试求两光波分别形成的条纹间距；（2）这两组条纹有可能重合吗？

解：（1）由双缝条纹间距公式 $\Delta x = \frac{D}{d} \lambda$，得

$$\Delta x_1 = \frac{1 \times 600 \times 10^{-9}}{1 \times 10^{-3}}\ m = 6 \times 10^{-4}\ m$$

$$\Delta x_2 = \frac{1 \times 540 \times 10^{-9}}{1 \times 10^{-3}}\ m = 5.4 \times 10^{-4}\ m$$

（2）由双缝明纹公式 $\Delta x = \frac{D}{d} k\lambda$，若重合，有

$$\Delta x_1 = \Delta x_2$$

$$k_1 \lambda_1 = k_2 \lambda_2$$

$$\frac{k_2}{k_1} = \frac{\lambda_1}{\lambda_2} = \frac{600}{540} = \frac{10}{9}$$

这两组条纹可能重合。

题 10-11 若用波长不同的光观察牛顿环，$\lambda_1 = 600\ nm$，$\lambda_2 = 450\ nm$，观察到用波长为 λ_1 的光时的第 k 级暗环与用波长为 λ_2 的光时的第 $k+1$ 级暗环重合，已知透镜的曲率半径是 1.9 m。求用波长为 λ_1 的光时第 k 级暗环的半径。

解：由牛顿环暗环公式，得

$$r_k = \sqrt{kR\lambda}$$

据题意有

$$r = \sqrt{kR\lambda_1} = \sqrt{(k+1)R\lambda_2}$$

所以有

$$k = \frac{\lambda_2}{\lambda_1 - \lambda_2}$$

代入上式得

$$r = \sqrt{\frac{R\lambda_1\lambda_2}{\lambda_1 - \lambda_2}}$$

$$= \sqrt{\frac{1.9 \times 600 \times 10^{-9} \times 450 \times 10^{-9}}{600 \times 10^{-9} - 450 \times 10^{-9}}} \text{ m}$$

$$\approx 1.85 \times 10^{-3} \text{ m}$$

题 10-12 在牛顿环中用波长为 $\lambda_1 = 500$ nm 的光的第 4 级明环与用波长为 λ_2 的光的第 6 级明环重合，求未知波长 λ_2。

解： 用 $\lambda_1 = 500$ nm 的光照射，$k_1 = 4$ 级明环与用波长为 λ_2 的光的 $k_2 = 6$ 级明环重合，则有

$$r = \sqrt{\frac{(2k_1 - 1)R\lambda_1}{2}} = \sqrt{\frac{(2k_2 - 1)R\lambda_2}{2}}$$

所以

$$\lambda_2 = \frac{2k_1 - 1}{2k_2 - 1}\lambda_1 = \frac{2 \times 4 - 1}{2 \times 6 - 1} \times 500 \text{ nm} \approx 318.2 \text{ nm}$$

题 10-13 当牛顿环装置中的透镜与玻璃之间充满液体时，第 10 个亮环的直径由 $D_1 = 1.40 \times 10^{-2}$ m 变为 $D_2 = 1.27 \times 10^{-2}$ m，求液体的折射率。

解： 由牛顿环明环公式，有

$$r_空 = \frac{D_1}{2} = \sqrt{\frac{(2k-1)R\lambda}{2}}$$

$$r_液 = \frac{D_2}{2} = \sqrt{\frac{(2k-1)R\lambda}{2n}}$$

两式相除，得

$$\frac{D_1}{D_2} = \sqrt{n}$$

即

$$n = \frac{D_1^2}{D_2^2} \approx \frac{1.96}{1.61} \approx 1.22$$

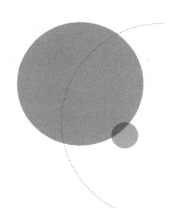

Chapter 11

第 11 章
光的衍射

基本要求

1. 了解惠更斯-菲涅耳原理及它对光的衍射现象的定性解释。

2. 理解用半波带法分析单缝夫琅禾费衍射条纹分布规律，会分析缝宽及波长对衍射条纹分布的影响。

3. 理解光栅衍射公式，会确定光栅衍射谱线的位置，会分析光栅常量及波长对光栅衍射谱线分布的影响。

4. 了解衍射对光学仪器分辨率的影响。

5. 了解 X 射线的衍射现象和布拉格公式的物理意义。

内容提要

光在传播过程中遇到障碍物，能够绕过障碍物的边缘前进，这种偏离直线传播的现象称为衍射现象。

1. 惠更斯-菲涅耳原理

同一波面上各点均可视为相干的子波源，它们发出的子波在相遇时产生相干叠加，空间任一点的振动是所有子波在该点相干叠加的结果，这就是惠更斯-菲涅耳原理。

衍射和干涉都是波的特性，但两者既有区别又有联系。光的干涉是指两束光或有限束光的叠加，而光的衍射现象是无限多个子波的叠加。衍射现象的本质仍是干涉。

衍射分为两类：菲涅耳衍射——光源和屏离衍射孔（缝）有限远，或有一个距离为有限远；夫琅禾费衍射——光源和屏离衍射孔（缝）均无限远，即入射光和衍射光都是平行光。

2. 单缝夫琅禾费衍射

光线通过透镜时不引起附加的光程差。利用半波带法可得单缝衍射明暗纹条件：

$$a\sin\theta = \begin{cases} \pm(2k+1)\dfrac{\lambda}{2}, & \text{明纹中心} \quad (k=0,1,2,\cdots) \\ \pm k\lambda, & \text{暗纹中心} \quad (k=1,2,3,\cdots) \end{cases}$$

单缝衍射条纹分布规律如下。

（1）形状：与缝平行，中央宽、两边窄的上下对称的明暗相间的直条纹。

（2）位置：$\theta=0$，中央零级明纹。

（3）条纹宽度：

中央明纹 $\Delta x_0 = 2f\tan\theta_{1\text{暗}} \approx 2f\sin\theta_{1\text{暗}} = 2f\dfrac{\lambda}{a}$，角宽度 $\Delta\theta = \dfrac{2\lambda}{a}$

其他明纹 $\Delta x_k = f\left[\tan\theta_{(k+1)\text{暗}} - \tan\theta_{k\text{暗}}\right] \approx f\dfrac{\lambda}{a} = \dfrac{1}{2}\Delta x_0$，角宽度 $\Delta\theta = \dfrac{\lambda}{a}$

注意：① 条纹在屏幕上的位置与波长成正比，如果用白光作光源，那么中央为白色明纹，其两侧各级都为彩色条纹（红在外）。该衍射图样称为衍射光谱。

② 光源上下移动，条纹反向移动。

③ 单缝上下移动，条纹位置不变。

3. 光栅衍射

光栅是由大量等宽等间距的平行狭缝所组成的光学器件。用金刚石尖端在玻璃板或金属板上，刻划等间距的平行细槽就制成了一个光栅。

光栅上每个狭缝的宽度 a 和相邻两缝间不透光部分的宽度 b 之和称为光栅常量 d。

光栅方程：

波长为 λ 的单色光垂直入射到光栅常量为 d 的光栅上时，主极大明纹中心的位置为

$$(a+b)\sin\theta = d\sin\theta = \pm k\lambda \quad (k=0,1,2,\cdots)$$

光栅衍射的实质是单缝衍射（每一单缝衍射的条纹都是重合的）与多缝干涉的综合结果。因此光栅衍射条纹的特点是，衍射图样中明纹细而亮，两相邻明纹之间有很宽的暗区。

光栅衍射的光强分布为

$$I = I_0 \left(\frac{\sin \alpha}{\alpha} \right)^2 \frac{\sin(N\beta)}{\sin \beta}$$

其中

$$\alpha = \frac{\pi a}{\lambda} \sin \theta, \ \beta = \frac{\pi d}{\lambda} \sin \theta$$

习 题

题 11-1 在复色光照射下的单缝衍射图样中，某一波长的第 3 级明纹与波长为 600 nm 的单色光的第 2 级明纹位置重合，求此波长。

解：单缝衍射的明纹公式为

$$a \sin \theta = (2k+1) \frac{\lambda}{2}$$

当 $\lambda = 600$ nm 时，$k = 2$；当 $\lambda = \lambda_x$ 时，$k = 3$。重合时 θ 角相同，所以有

$$a \sin \theta = (2 \times 2 + 1) \times \frac{600}{2} \text{nm} = (2 \times 3 + 1) \frac{\lambda_x}{2}$$

得

$$\lambda_x = \frac{5}{7} \times 600 \text{ nm} \approx 428.6 \text{ nm}$$

题 11-2 一单缝缝宽为 0.10 mm，缝后放置一焦距为 50 cm 的会聚透镜。用波长为 589.3 nm 的黄光垂直照射单缝，试求：（1）位于透镜焦平面处的屏幕上的中央明纹的宽度；（2）第 2 级明纹的宽度。

解：（1）中央明纹的宽度为

$$\Delta x = 2 \frac{\lambda}{a} f$$

将已知数据代入，有

$$\Delta x = 2 \times \frac{589.3 \times 10^{-9}}{0.10 \times 10^{-3}} \times 0.5 \text{ m} = 5.89 \times 10^{-3} \text{ m}$$

（2）第 k 级明纹宽度为

$$\Delta x_k = x_{k+1} - x_k = (k+1) \frac{f\lambda}{a} - k \frac{f\lambda}{a} = \frac{f\lambda}{a}$$

可见各级明纹宽度都相等，所以第 2 级明纹的宽度为

$$\Delta x_2 = \frac{f\lambda}{a} \approx 2.95 \times 10^{-3} \text{ m}$$

题 11-3 某单色光垂直照射在每厘米刻有 6 000 条刻痕的光栅上。如果第 1 级谱线的衍射角为 20°，问：（1）入射光的波长是多少？（2）第 2 级谱线的衍射角是多少？

解：（1）$d = \frac{1}{6\,000} \times 10^{-2}$ m，$d\sin\theta = k\lambda$，$\theta_1 = 20°, k = 1$，故有

$$\lambda = \frac{d\sin\theta}{k} = \frac{1 \times 10^{-2}}{6\,000 \times 1} \times (\sin 20°) \text{ m} \approx 570 \text{ nm}$$

（2）$$\sin\theta_2 = \frac{k\lambda}{d} = \frac{2 \times 570 \times 10^{-9}}{\dfrac{1}{6\,000} \times 10^{-2}} = 0.684$$

所以，第 2 级谱线的衍射角为

$$\theta_2 \approx 43.16°$$

题 11-4 在夫琅禾费圆孔衍射中，设圆孔半径为 0.10 mm，透镜焦距为 50 cm，所用单色光波长为 500 nm，求在透镜焦平面处屏幕上呈现的艾里斑的半径。

解：由艾里斑的半角宽度公式得

$$\theta = 1.22 \frac{\lambda}{D} = 1.22 \times \frac{500 \times 10^{-9}}{0.2 \times 10^{-3}} = 3.05 \times 10^{-3}$$

艾里斑的半径为

$$\frac{d}{2} = f\tan\theta \approx f\theta = 500 \times 3.05 \times 10^{-3} \text{ mm} \approx 1.5 \text{ mm}$$

题 11-5 设有波长为 λ 的单色平行光，垂直照射到缝宽为 $a = 15\lambda$ 的夫琅禾费单缝衍射装置上。（1）当 $\sin\theta$ 分别等于 $\frac{1}{15}$、$\frac{1}{10}$、$\frac{1}{6}$、$\frac{1}{5}$ 时，求缝所能分成的半波带数、屏上相应位置的明暗情况及条纹级次；（2）问理论上最多能看见第几级明纹？

解：（1）$a\sin\theta = 15\lambda \times \frac{1}{15} = 2 \times \frac{\lambda}{2}$，2 条半波带，第 1 级暗纹中心；

$a\sin\theta = 15\lambda \times \frac{1}{10} = 3 \times \frac{\lambda}{2}$，3 条半波带，第 1 级明纹中心；

$$a\sin\theta = 15\lambda \times \frac{1}{6} = 5 \times \frac{\lambda}{2}，5\text{ 条半波带，第 2 级明纹中心；}$$

$$a\sin\theta = 15\lambda \times \frac{1}{5} = 6 \times \frac{\lambda}{2}，6\text{ 条半波带，第 3 级暗纹中心。}$$

（2）
$$a\sin\theta = (2k+1)\frac{\lambda}{2}$$

令 $\theta = \dfrac{\pi}{2}$，得理论上最多能看见的明纹级次 $k = 14.5$，最多能看见第 14 级明纹。

题 11-6 用波长为 0.63 μm 的激光束测一单缝的宽度，测得中心附近两侧第 5 级明纹间的距离为 26 mm。已知透镜焦距为 $f = 50$ cm，观察屏置于焦平面处。试求缝宽。

解： 由半波带法的暗纹公式 $a\sin\theta = (2k+1)\dfrac{\lambda}{2}$ 得

$$a = (2k+1)\frac{\lambda}{2\sin\theta}$$

$$\tan\theta = \frac{x}{f} = \frac{(26 \div 2) \times 10^{-3}}{0.5} = 2.6 \times 10^{-2} \approx \sin\theta, \quad k = 5$$

$$a = (2 \times 5 + 1) \times \frac{0.63 \times 10^{-6}}{2 \times 2.6 \times 10^{-2}}\,\text{m} \approx 1.33 \times 10^{-4}\,\text{m}$$

题 11-7 有一由白光得到的单缝衍射图样。若某一光的第 3 级明纹中心恰与波长为 700 nm 的光的第 2 级明纹中心相重合，求此光的波长。

解： 由单缝明纹公式得

$$(2k_1 + 1)\frac{\lambda_1}{2} = (2k_2 + 1)\frac{\lambda_2}{2}$$

$$\lambda_1 = \frac{2k_2 + 1}{2k_1 + 1}\lambda_2 = \frac{2 \times 2 + 1}{2 \times 3 + 1} \times 700\,\text{nm} = 500\,\text{nm}$$

题 11-8 以白光（波长为 400~760 nm）垂直入射到每厘米有 6 000 条刻线的光栅上。试问若不考虑缺级现象，最多可产生几级完整的可见光谱？

解：
$$d = \frac{1 \times 10^{-2}}{6\,000}\,\text{m} = \frac{1}{6} \times 10^{-5}\,\text{m}$$

$$\lambda_1 = 400\,\text{nm}, \quad \lambda_2 = 760\,\text{nm}$$

由光栅公式 $d\sin\theta = k\lambda$，$\sin\theta = 1$ 得

$$k = \frac{d}{\lambda}, \quad k_1 = \frac{\frac{1}{6} \times 10^{-5}}{4 \times 10^{-7}} \approx 4.2, \quad k_2 = \frac{\frac{1}{6} \times 10^{-5}}{7.6 \times 10^{-7}} \approx 2.2$$

最多可产生 2 级完整的可见光谱。

题 11-9　在单缝夫琅禾费衍射实验中，入射光包含两种波长的光，$\lambda_1 = 400$ nm，$\lambda_2 = 760$ nm。已知单缝宽度为 $a = 1.0 \times 10^{-4}$ m，透镜焦距为 $f = 0.5$ m。求两种光第 1 级衍射明纹中心之间的距离。

解：由单缝衍射明纹公式可知

$$a\sin\theta_1 = (2k+1)\frac{\lambda_1}{2} = \frac{3}{2}\lambda_1 \quad (\text{取 } k = 1)$$

$$a\sin\theta_2 = (2k+1)\frac{\lambda_2}{2} = \frac{3}{2}\lambda_2 \quad (\text{取 } k = 1)$$

$$\tan\theta_1 = \frac{x_1}{f}, \ \tan\theta_2 = \frac{x_2}{f}$$

由于 θ_1、θ_2 很小，所以有

$$\sin\theta_1 \approx \tan\theta_1, \quad \sin\theta_2 \approx \tan\theta_2$$

所以有

$$x_1 = f\frac{3\lambda_1}{2a}, \quad x_2 = f\frac{3\lambda_2}{2a}$$

则两种光的第 1 级明纹的间距为

$$\Delta x = x_2 - x_1 = f\frac{3}{2a}(\lambda_2 - \lambda_1)$$

$$= 0.5 \times \frac{3}{2 \times 10^{-4}} \times (760 - 400) \times 10^{-9} \text{ m}$$

$$= 2.7 \times 10^{-3} \text{ m}$$

题 11-10　若用光栅常量为 $d = 1.0 \times 10^{-3}$ cm 的光栅替换单缝，其他条件和上题相同，求两种光第 1 级主极大之间的距离。

解：由光栅衍射主极大的公式可知

$$d\sin\theta_1 = k\lambda_1 = \lambda_1 \, (\text{取 } k = 1)$$

$$d\sin\theta_2 = k\lambda_2 = \lambda_2 \, (\text{取 } k = 1)$$

θ_1、θ_2 很小，则有

$$\sin\theta \approx \tan\theta = \frac{x}{f}$$

两种光第 1 级主极大之间的距离为

$$\Delta x = x_2 - x_1 = f \frac{\lambda_2 - \lambda_1}{d}$$

$$= 0.5 \times \frac{(760 - 400) \times 10^{-9}}{10^{-5}} \text{ m} = 1.8 \times 10^{-2} \text{ m}$$

题 11-11　用每毫米刻有 500 条刻痕的平面透射光栅观察钠光谱（$\lambda = 589$ nm），设透镜焦距 $f = 1.00$ m。（1）垂直入射时，若不考虑缺级现象，最多可看见几级光谱？（2）若用白光垂直照射光栅，求第 1 级光谱的宽度。

解：（1）$d = \dfrac{1 \times 10^{-3}}{500}$ m $= 2 \times 10^{-6}$ m

令 $\sin \theta = 1$，由光栅公式 $d\sin \theta = k\lambda$，得

$$k = \frac{d}{\lambda} = \frac{2 \times 10^{-6}}{589 \times 10^{-9}} \approx 3.4$$

最多可看见 3 级光谱。

（2）$\lambda_1 = 4 \times 10^{-7}$ m，$\lambda_2 = 7.6 \times 10^{-7}$ m，由光栅公式 $d\sin \theta = k\lambda$，$k = 1$，得

$$\sin \theta_1 = \frac{\lambda_1}{d} = \frac{4 \times 10^{-7}}{2 \times 10^{-6}} = 0.2$$

$$\sin \theta_2 = \frac{\lambda_2}{d} = \frac{7.6 \times 10^{-7}}{2 \times 10^{-6}} = 0.38$$

$$\tan \theta_1 = \tan(\arcsin 0.2) \approx 0.20$$

$$\tan \theta_2 = \tan(\arcsin 0.38) \approx 0.41$$

由 $x = f \tan \theta$，得

$$\Delta x = x_2 - x_1 = f(\tan \theta_2 - \tan \theta_1) = 1 \times (0.41 - 0.20) \text{ m} = 0.21 \text{ m}$$

题 11-12　波长 $\lambda = 600$ nm 的单色光垂直入射到一光栅上，第 2 级、第 3 级明纹分别出现在 $\sin \theta = 0.20$ 与 $\sin \theta = 0.30$ 处，求光栅常量。

解：由 $(a+b)\sin \theta = k\lambda$，对应于 $\sin \theta_1 = 0.20$ 与 $\sin \theta_2 = 0.30$，有

$$0.20(a+b) = 2 \times 6\,000 \times 10^{-10} \text{ m}$$

$$0.30(a+b) = 3 \times 6\,000 \times 10^{-10} \text{ m}$$

得

$$a + b = 6.0 \times 10^{-6} \text{ m}$$

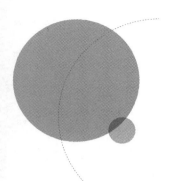

Chapter 12

第 12 章
光的偏振

基本要求

1. 理解自然光与偏振光的区别。

2. 理解马吕斯定律和布儒斯特定律。

3. 了解双折射现象。

4. 了解线偏振光的获得方法和检验方法。

内容提要

1. 自然光、线偏振光与部分偏振光

自然光：在垂直于传播方向的平面内，光矢量在各方向上均匀分布，且各方向上振幅的时间平均值相等。

线偏振光：光振动仅沿某一确定的方向（即在某一确定的平面内）。

部分偏振光：光振动在垂直于传播方向的平面内，各方向振幅大小不同。

三种光的区别：使受检光垂直入射到一偏振片上，缓缓转动偏振片，观察出射光强度变化。

（1）自然光——出射光强度不变。

（2）线偏振光——出射光强度随转动而变，且有消光现象。

（3）部分偏振光——出射光强度随转动而变，无消光现象。

2. 基本定律

（1）马吕斯定律：设入射到检偏器上的线偏振光的光强为 I_0，则经检偏器出射

的光强为

$$I = I_0 \cos^2 \alpha$$

其中 α 为入射线偏振光振动方向与检偏器偏振化方向之间的夹角。

（2）布儒斯特定律：自然光在两种各向同性介质的界面处发生反射和折射时，一般情况下反射光和折射光均为部分偏振光，反射光中垂直于入射面的振动相对较多，折射光中平行于入射面的振动相对较多。当入射角 i_0 满足

$$\tan i_0 = \frac{n_2}{n_1}$$

时，反射光为振动方向垂直于入射面的线偏振光。其中 n_1 为入射光所在介质的折射率，n_2 为折射光所在介质的折射率。上式称为布儒斯特定律，i_0 称为布儒斯特角。此时折射光线垂直于入射光线。

习　　题

题 12-1 投射到起偏器的自然光强度为 I_0，开始时，起偏器和检偏器的透光轴方向平行。然后使检偏器绕入射光的传播方向转过 $30°$、$45°$、$60°$，试问在上述三种情况下，透过检偏器后光的强度是多少？

解： 由马吕斯定律，有

$$I_1 = \frac{I_0}{2} \cos^2 30° = \frac{3}{8} I_0$$

$$I_2 = \frac{I_0}{2} \cos^2 45° = \frac{1}{4} I_0$$

$$I_3 = \frac{I_0}{2} \cos^2 60° = \frac{1}{8} I_0$$

所以透过检偏器后光的强度分别是 I_0 的 $\dfrac{3}{8}$、$\dfrac{1}{4}$、$\dfrac{1}{8}$。

题 12-2 某透明物质的折射率为 $n = 1.60$，求该物质在空气中的起偏角。

解： 由 $\tan i_0 = \dfrac{n}{1}$，得

$$i_0 = \arctan n \approx 58°$$

题 12-3 一束自然光从空气入射到折射率为 1.40 的液体表面上，反射光为完全偏振光。试求入射角与折射角。

解：因为

$$\tan i_0 = \frac{1.40}{1}$$

所以入射角为

$$i_0 \approx 54.46°$$

折射角为

$$\gamma_0 = 90° - i_0 = 35.54°$$

题 12-4 若从一池静水的表面上反射出来的太阳光是完全偏振的，那么太阳在地平线之上的仰角是多大？此时反射光振动方向如何？

解：由布儒斯特定律得

$$\tan i_0 = n = 1.33$$
$$i_0 \approx 53.1°$$

仰角约为 36.9°，振动方向垂直于入射面。

题 12-5 一束太阳光以某一入射角射到平面玻璃上，这时反射光为线偏振光，折射角为 32°。求：（1）入射角；（2）玻璃的折射率。

解：（1） $\qquad\qquad i_0 + \gamma_0 = 90°$ ， $i_0 = 58°$

（2） $\qquad\qquad \tan i_0 = n = \tan 58° \approx 1.6$

题 12-6 自然光入射到两个重叠的偏振片上。如果透射光强为透射光最大强度的三分之一，则这两个偏振片透光轴方向间的夹角为多少？

解：

$$I = \frac{I_0}{2} \cos^2 \alpha = \frac{1}{3} I_{max}$$

又

$$I_{max} = \frac{I_0}{2}$$

所以

$$I = \frac{I_0}{6}$$

故

$$\cos^2 \alpha = \frac{1}{3}, \ \cos \alpha = \frac{\sqrt{3}}{3}, \ \alpha \approx 54.74°$$

题 12-7 如果上题中的透射光强为入射光强的三分之一，则两个偏振片透光轴方向间的夹角又为多少？

解：
$$I = \frac{I_0}{2} \cos^2 \alpha = \frac{1}{3} I_0$$

所以

$$\cos \alpha = \sqrt{\frac{2}{3}}, \ \alpha \approx 35.26°$$

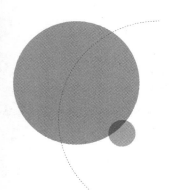

Chapter 13

第13章
静电场

基本要求

1. 掌握描述静电场的两个物理量——电场强度和电势的概念，理解电场强度是矢量点函数，而电势则是标量点函数。

2. 理解高斯定理及静电场的环路定理这两个静电场的重要定理，理解静电场是有源场和保守场。

3. 掌握用点电荷电场强度和叠加原理以及高斯定理求解带电系统电场强度的方法，能用电场强度与电势梯度的关系求解较简单的带电系统的电场强度。

4. 掌握用点电荷和叠加原理以及电势的定义式求解带电系统电势的方法。

5. 了解电偶极子的概念，能计算电偶极子在均匀电场中的受力和运动。

内容提要

1. 库仑定律

真空中两个相距 r 的点电荷 q_1 和 q_2 之间的相互作用力为

$$\boldsymbol{F}_{12} = -\boldsymbol{F}_{21} = \frac{1}{4\pi\varepsilon_0} \frac{q_1 q_2}{r^2} \boldsymbol{e}_{r_{21}}$$

其中 $\varepsilon_0 = 8.85 \times 10^{-12} \ \mathrm{C^2 \cdot N^{-1} \cdot m^{-2}}$，称为真空电容率；$\boldsymbol{e}_{r_{21}}$ 是受力电荷 q_2 相对施力电荷 q_1 的位矢方向的单位矢量。

2. 电场强度和场强叠加原理

理论和实践都已证明，电荷周围空间伴随有电场，电荷与电荷之间的相互作用是通过电场传递的。

电场强度的概念：电场强度（简称场强）是定量描述电场对电荷作用力性质的物理量。一个电荷量为 q 的点电荷在电场强度为 E 的点所受到的电场力为 F，电场强度的定义式为

$$E = \frac{F}{q}$$

电场中某点处 E 的大小和方向与单位正电荷在该处所受电场力的大小和方向相同。场强 E 反映了电场力的特性。

（1）电场强度叠加原理（简称场强叠加原理）。

在多个点电荷形成的电场中，空间任一点的总场强等于各点电荷单独存在时在该点产生的场强的矢量和，即

$$E = \sum E_i$$

对于点电荷系激发的电场：

$$E = \sum \frac{1}{4\pi\varepsilon_0} \frac{q_i}{r_i^2} e_{r_i}$$

对于连续带电体激发的电场：

$$E = \int \mathrm{d}E$$

其中 $\mathrm{d}E$ 是将带电体无限分割所得到的电荷元 $\mathrm{d}q$ 所产生的场强。若 $\mathrm{d}q$ 可视为点电荷，则有

$$\mathrm{d}E = \frac{1}{4\pi\varepsilon_0} \frac{\mathrm{d}q}{r^2} e_r$$

（2）电场强度的计算——由场强叠加原理计算场强。

由场强的定义式、库仑定律和场强叠加原理，可得三种场源电荷产生的电场强度的表达式。

① 点电荷的电场强度：

$$E = \frac{1}{4\pi\varepsilon_0} \frac{q}{r^3} r$$

其中 r 为点电荷到场点的位矢。

② 点电荷系在空间某点的电场强度：

$$E = \sum_{i=1}^{n} \frac{q_i}{4\pi\varepsilon_0 r_i^3} r_i$$

其中 r_i 为点电荷到场点的位矢。

③ 电荷连续分布的带电体在空间某点的电场强度：

$$E = \int dE = \frac{1}{4\pi\varepsilon_0} \int \frac{dq}{r^3} r$$

$$dq = \begin{cases} \lambda dl（线分布），\lambda \text{ 为电荷线密度} \\ \sigma dS（面分布），\sigma \text{ 为电荷面密度} \\ \rho dV（体分布），\rho \text{ 为电荷体密度} \end{cases}$$

其中 r 为 dq 到场点的位矢。

3. 高斯定理

（1）电场线和电场强度通量。

可用电场线形象描述电场中的场强分布，电场线各点的切线方向表示电场强度在该点的方向，某点处穿过垂直于电场线的单位面积的电场线数等于该处 E 的大小。因此，电场线分布越密，E 越大。

穿过电场中任意曲面 S 的电场强度通量为 $\Phi_e = \int_S E \cdot dS$，式中 dS 为曲面 S 上的面元矢量，E 为面元上的电场强度，电场强度通量是可正可负的，电场强度通量的大小等于穿过曲面 S 的电场线数。对于闭合曲面，规定自内向外的方向为面元法线单位矢量 e_n 的正向。因此，穿出闭合曲面的电场强度通量为正，穿入的为负，穿出与穿入的电场线数相等时，穿过闭合曲面 S 的电场强度通量为零。

（2）真空中的高斯定理。

真空中，通过任一闭合曲面 S（高斯面）的电场强度通量，等于该曲面所包围的所有电荷量代数和的 ε_0 分之一，即

$$\oint_S E \cdot dS = \frac{1}{\varepsilon_0} \sum q_i$$

其中 E 为曲面 S 上各点的场强，它是由曲面 S 内外的电荷共同激发的，与电荷在 S 面内外的分布有关；但穿过 S 面的电场强度通量却只与 S 面内的电荷有关，与 S 面外的电荷无关，也与 S 面内的电荷在面内的位置无关。

由高斯定理可知，电场线发自正电荷，正电荷是电场线的源头；电场线止于负电荷，负电荷是电场线的终点。电场线不会在没有电荷的地方中断，即静电场是有源场。

（3）用高斯定理求 E 分布。

当电荷分布和所激发的场强分布具有球对称性、轴对称性和面对称性时，可应用高斯定理方便快捷地求出 E 分布。

说明：① 高斯定理表明，静电场中，穿过任一闭合曲面的电场强度通量只与其内包围的电荷量的代数和有关。

② 高斯定理中，E 是高斯面 S 上各点的电场强度，它由面内外的所有电荷共同产生。

③ 高斯定理表明，静电场是一种有源场。

④ 高斯定理对静电场中的任一闭合曲面都适用，但若用高斯定理求电场强度，则要求高斯面具有某些特殊的对称性，以便使 E 能从积分号内提出来。

4. 静电场的环路定理和电势

（1）静电场的环路定理。

可以证明，静电场力做功与路径无关，静电场强度的环流为零，即

$$\oint_l E \cdot dl = 0$$

静电场的环路定理说明了静电场力是保守力，静电场是保守场，或称为有势场。在静电场中，可引入静电势能和电势的概念。

（2）电势差。

静电场中 a、b 两点间的电势差就是单位正电荷在这两点间的电势能之差，它在量值上等于单位正电荷从 a 点经任意路径移到 b 点时，电场力所做的功，即

$$U_{ab} = V_a - V_b = \int_a^b E \cdot dl$$

因此，可用电势差计算电场力所做的功：

$$A_{ab} = qU_{ab} = q\int_a^b E \cdot dl$$

电荷 q 从 a 点经任意路径移到 b 点时，电场力所做的功等于 a 点到 b 点电荷电势能增量的负值。

（3）电势。

静电场中某点 a 的电势是该点与电势零点 b 之间的电势差，它在量值上等于单位正电荷从该点经任意路径移动到电势零点 b 时电场力所做的功，即

$$V = \int_a^b E \cdot dl$$

理论上，对有限带电体系，常取无限远处的电势为零。实际应用中，为便于比较，常取公共接线点、电器的金属外壳或金属底板的电势为零。对无限带电体系，可根据需要取电势零点。

说明：① 电势零点的选择是任意的，但必须使计算出的电势值有意义，一般对于有限分布的电荷，选 $V_\infty = 0$；而当电荷分布为无限时，不能选 $V_\infty = 0$。

② 已知电场强度 E 的空间分布函数，选取适当的电势零点和积分路径后，可

由电势的定义式算出任意电荷的电势分布。

③ 电势也服从叠加原理，由电势的定义式，可算得点电荷的电势分布（选 $V_\infty = 0$，积分路径沿径向）：

$$V = \int_r^\infty \boldsymbol{E} \cdot \mathrm{d}\boldsymbol{l} = \int_r^\infty \frac{q}{4\pi\varepsilon_0 r^3} \boldsymbol{r} \cdot \mathrm{d}\boldsymbol{r} = \int_r^\infty \frac{q}{4\pi\varepsilon_0 r^2} \mathrm{d}r = \frac{q}{4\pi\varepsilon_0 r}$$

若空间存在多个点电荷，则有

$$V = \sum_i V_i = \sum_i \frac{q_i}{4\pi\varepsilon_0 r_i}$$

其中 r_i 为 q_i 到所求场点的位置矢量的大小。

对于电荷连续分布的带电体，则有

$$V = \int \mathrm{d}V = \int \frac{\mathrm{d}q}{4\pi\varepsilon_0 r}$$

其中：

$$\mathrm{d}q = \begin{cases} \lambda\mathrm{d}l & （\lambda \text{ 为电荷线密度}） \\ \sigma\mathrm{d}S & （\sigma \text{ 为电荷面密度}） \\ \rho\mathrm{d}V & （\rho \text{ 为电荷体密度}） \end{cases}$$

积分区域由激发电场的电荷分布范围决定。

④ 等势面定义为电场中电势相等的点连成的面。任意两个相邻的等势面之间的电势差相等。等势面与电场线是相互正交的，并且电场线总是指向电势降低的一方。

5. 场强与电势的微分关系

电场中某一点的场强在任一方向上的分量等于电势在这一点沿该方向的空间变化率的负值，即

$$E_l = -\frac{\partial V}{\partial l}$$

在直角坐标系中，有

$$\boldsymbol{E} = -\left(\frac{\partial V}{\partial x}\boldsymbol{i} + \frac{\partial V}{\partial y}\boldsymbol{j} + \frac{\partial V}{\partial z}\boldsymbol{k} \right)$$

由于电势叠加是标量叠加，较易求解，所以我们通常先求电势分布，再利用场强与电势的微分关系来求场强分布。

习 题

题 13-1 电荷量都是 q 的三个点电荷，分别放在正三角形的三个顶点处，如图所示。试问：（1）在这个三角形的中心放一个什么样的电荷，就可以使这四个电荷都达到平衡（即每个电荷受其他三个电荷的库仑力之和都为零）？（2）这种平衡与三角形的边长有无关系？

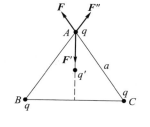

题 13-1 图

分析： 由正三角形对称性知，其每个顶点与另外两个顶点的距离均相同，在不考虑中心电荷作用力时，其每个顶点电荷受到另外两个顶点电荷的作用力大小相等，方向均由中心指向该顶点。因此，若中心电荷能使其中一个顶点电荷受力平衡，则必同时可使另外两个顶点电荷受力平衡。故只考虑其中一个顶点电荷即可。

解：（1）以 A 处点电荷为研究对象，由受力平衡，知中心电荷为负电荷，设其电荷量为 q'，有

$$2\frac{1}{4\pi\varepsilon_0}\frac{q^2}{a^2}\cos 30° + \frac{1}{4\pi\varepsilon_0}\frac{qq'}{\left(\frac{\sqrt{3}}{3}a\right)^2} = 0$$

解得

$$q' = -\frac{1}{3}q$$

（2）由（1）结果可知，这种平衡与三角形的边长无关。

题 13-2 用细的塑料棒弯成一半径为 $r = 1\,\text{m}$ 的圆环，其两端间空隙宽度为 $d = 5\,\text{cm}$，电荷量为 $q = 6.23 \times 10^{-9}\,\text{C}$ 的正电荷均匀分布在棒上，求圆心处电场强度的大小和方向。

分析： 有空隙的圆环对其圆心的场强不可按点电荷场强计算，此题可用积分法计算场强。但由于空隙宽度相对圆环本身的半径非常小（5 cm ≪ 1 m），所以对圆心而言，空隙可看成点电荷。若用补偿法，则利用点电荷和对圆心对称的均匀带电圆环的场强叠加，不用积分即可算出圆心处的场强。

解： 环长为

$$l = 2\pi r - d \approx 6.23\,\text{m}$$

可知电荷线密度为

$$\lambda = \frac{q}{l} = 1.0 \times 10^{-9} \text{ C} \cdot \text{m}^{-1}$$

给空隙处补上电荷线密度相同、长为 d 的一段带电微圆弧，则圆心处场强等于闭合圆环产生的场强减去 $d = 0.05$ m 长的带电微圆弧产生的场强。根据分析，该带电微圆弧可看成点电荷，$q' = \lambda d = 5.0 \times 10^{-11}$ C，且均匀带电闭合圆环的圆心处的场强为 0，因此圆心处的场强大小为

$$E_0 = \frac{q'}{4\pi\varepsilon_0 r^2} = 9.0 \times 10^9 \times \frac{5.0 \times 10^{-11}}{1^2} \text{ V} \cdot \text{m}^{-1} = 0.45 \text{ V} \cdot \text{m}^{-1}$$

场强方向由圆心指向空隙。

题 13-3 一带电细线弯成半径为 R 的半圆形，电荷线密度为 $\lambda = \lambda_0 \sin\varphi$，式中 λ_0 为一常量，φ 为半径 R 与 x 轴正方向所成的夹角，如图所示。试求圆心 O 处的电场强度。

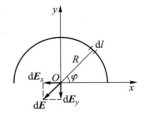

题 13-3 图

分析： 这是一个电荷呈线密度分布的连续带电体问题。我们在弧上取线元 $\mathrm{d}l$，其所带电荷量为 $\mathrm{d}q = \lambda \mathrm{d}l$，如图所示。根据已知条件知电荷线密度与 φ 有关，即 $\mathrm{d}q = (\lambda_0 \sin\varphi)\mathrm{d}l = (\lambda_0 \sin\varphi)R\mathrm{d}\varphi$。此电荷元可视为点电荷，它的电场在圆心处的电场强度为 $\mathrm{d}\boldsymbol{E} = \frac{\mathrm{d}q}{4\pi\varepsilon_0 R^2}\boldsymbol{e}_r$，因每个电荷元产生的电场强度方向不同，所以我们把电场强度沿坐标轴进行投影，再积分算出 x、y 轴的场强分量。

解：
$$\mathrm{d}E = |\mathrm{d}\boldsymbol{E}| = \frac{\lambda \mathrm{d}l}{4\pi\varepsilon_0 R^2} = \frac{\lambda_0 \sin\varphi \mathrm{d}\varphi}{4\pi\varepsilon_0 R}$$

$$\mathrm{d}E_x = -\mathrm{d}E\cos\varphi$$

考虑到 $\sin\varphi = \sin(\pi - \varphi)$，电荷分布具有对称性，有 $E_x = 0$。

$$\mathrm{d}E_y = -\mathrm{d}E\sin\varphi$$

$$E_y = \int -\mathrm{d}E\sin\varphi = \int_0^\pi \frac{-\lambda_0 \sin^2\varphi \mathrm{d}\varphi}{4\pi\varepsilon_0 R} = -\frac{\lambda_0}{8\varepsilon_0 R}$$

负号表示场强方向沿 y 轴负方向。

题 13-4 将一无限长带电细线弯成图（a）所示的形状，设电荷均匀分布，电荷线密度为 λ，四分之一圆弧 AB 的半径为 R，试求圆心 O 点的场强。

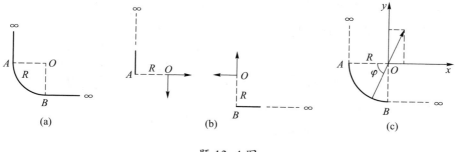

题 13-4 图

分析：此题可看作两根均匀带电的半无限长直细线和一个 1/4 圆弧构成的系统，均匀带电半无限长直细线在空间产生的场强沿坐标轴的分量的大小分别为 $E_x = \dfrac{\lambda}{4\pi\varepsilon_0 R}$，$E_y = \dfrac{\lambda}{4\pi\varepsilon_0 R}$，两根细线产生的场强如图（b）所示，1/4 圆弧在其圆心处产生的电场强度则可用微元法进行计算，如图（c）所示。

解：设 O 为坐标原点，水平方向为 x 轴，竖直方向为 y 轴，半无限长直细线 A 在 O 点的场强为

$$E_1 = \frac{\lambda}{4\pi\varepsilon_0 R}i - \frac{\lambda}{4\pi\varepsilon_0 R}j$$

半无限长直细线 B 在 O 点的场强为

$$E_2 = -\frac{\lambda}{4\pi\varepsilon_0 R}i + \frac{\lambda}{4\pi\varepsilon_0 R}j$$

AB 圆弧在 O 点的场强分量分别为

$$E_x = \int_0^{\frac{\pi}{2}} \frac{\lambda\cos\varphi\,\mathrm{d}\varphi}{4\pi\varepsilon_0 R} = \frac{\lambda}{4\pi\varepsilon_0 R}$$

$$E_y = \int_0^{\frac{\pi}{2}} \frac{\lambda\sin\varphi\,\mathrm{d}\varphi}{4\pi\varepsilon_0 R} = \frac{\lambda}{4\pi\varepsilon_0 R}$$

因此有

$$E_3 = \frac{\lambda}{4\pi\varepsilon_0 R}i + \frac{\lambda}{4\pi\varepsilon_0 R}j$$

总场强为

$$E = E_1 + E_2 + E_3 = \frac{\lambda}{4\pi\varepsilon_0 R}i + \frac{\lambda}{4\pi\varepsilon_0 R}j$$

题 13-5 有一厚度为 d 的"无限大"均匀带电平板，其电荷体密度为 ρ。求板内、外的场强分布，并画出 $E-x$ 曲线（设原点在带电平板的中央平面上，x 轴垂直于平板）。

分析：此均匀带电平板有一定厚度，不可看作无限大均匀带电平面，但可看作一系列法线方向相同的无限大均匀带电平面的叠加。算出每个平面产生的场强，再用电场强度叠加原理可计算空间场强分布。

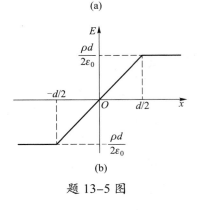

解：无限大均匀带电平面场强大小为

$$E = \frac{\sigma}{2\varepsilon_0}$$

方向为垂直平面指向平面两边。

如图（a）所示，垂直 x 轴取一厚度为 $\mathrm{d}x$ 的薄板，因 $\mathrm{d}x$ 很小，故该薄板可看作平面，其上电荷面密度为

$$\sigma = \rho \mathrm{d}x$$

题 13-5 图

则该平面在空间产生的场强大小为

$$E = \frac{\sigma}{2\varepsilon_0} = \frac{\rho \mathrm{d}x}{2\varepsilon_0}$$

可以看出，这是一均匀电场。

下面我们分别讨论该平板在空间各点产生的场强。

若场点在平板右边，则所有平面在场点产生的场强均沿 x 轴正方向，该点总场强大小为

$$E_1 = \int_{-\frac{d}{2}}^{\frac{d}{2}} \frac{\rho \mathrm{d}x}{2\varepsilon_0} = \frac{\rho d}{2\varepsilon_0} \quad \left(x \geqslant \frac{d}{2}\right)$$

若场点在平板左边，则所有平面在场点产生的场强均沿 x 轴负方向，该点总场强大小为

$$E_2 = -\int_{-\frac{d}{2}}^{\frac{d}{2}} \frac{\rho \mathrm{d}x}{2\varepsilon_0} = -\frac{\rho d}{2\varepsilon_0} \quad \left(x \leqslant -\frac{d}{2}\right)$$

若场点在平板中间，坐标为 x，则场点左端的平面在场点产生的场强均沿 x 轴正方向，其余平面在场点产生的场强均沿 x 轴负方向，该点总场强大小为

$$E_3 = \int_{-\frac{d}{2}}^{x} \frac{\rho \mathrm{d}x}{2\varepsilon_0} - \int_{x}^{\frac{d}{2}} \frac{\rho \mathrm{d}x}{2\varepsilon_0} = \frac{\rho x}{\varepsilon_0} \quad \left(|x| < \frac{d}{2}\right)$$

其 $E - x$ 曲线如图（b）所示。

题 13-6　在真空中，有两个相互平行的均匀带电的无限大平板 A、B，它们的相对距离为 d，其电荷面密度分别为 $+\sigma$ 和 $-\sigma$。求两板之间单位面积的相互作用力的大小。

分析：有两种常见的错误方法，一种是把两带电平板视为点电荷直接计算，另一种则是把两平板间的合场强 $E = \dfrac{\sigma}{\varepsilon_0}$ 看成一个带电平板在另一带电平板处的场强，再代入 $F = qE$ 计算。这两种方法均不对。正确的解法应为先求出一个平板的电场在另外一平板处的场强，再计算另一平板单位面积所受的作用力。

解：电荷面密度为 $+\sigma$ 的平板产生的场强大小为

$$E = \frac{\sigma}{2\varepsilon_0}$$

另一平板在该电场中单位面积受到的作用力的大小为

$$F = qE = \sigma \frac{\sigma}{2\varepsilon_0} = \frac{\sigma^2}{2\varepsilon_0}$$

两板互相吸引。

题 13-7　求高为 H、底面半径为 R 的均匀带电锥体在顶点处的电场强度，设锥体的电荷体密度为 ρ。

分析：均匀带电圆盘轴上一点的场强大小为

$$E = \frac{x\sigma}{2\varepsilon_0} \left(\frac{1}{\sqrt{x^2}} - \frac{1}{\sqrt{x^2 + R^2}} \right)$$

其中 R 为圆盘半径，x 为圆盘中心到场点的距离，σ 为圆盘的电荷面密度。

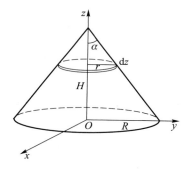

题 13-7 图

我们把此锥体切割成一片片平行于底面的均匀带电圆盘，因顶点在各圆盘的轴线上，故可使用上式计算每片圆盘在顶点产生的场强，再对所有圆盘积分。

解：如图所示，取一半径为 r、厚度为 $\mathrm{d}z$ 的平行于底面的圆盘，z 轴通过圆盘的中心。圆盘所带电荷量为

$$\mathrm{d}q = \rho \mathrm{d}V = \rho \left(\pi r^2 \mathrm{d}z \right)$$

故圆盘电荷面密度为

$$\mathrm{d}\sigma = \frac{\mathrm{d}q}{\pi r^2} = \rho \mathrm{d}z$$

该圆盘在顶点处产生的电场强度的大小为

$$dE = \frac{\rho dz}{2\varepsilon_0}\left[1 - \frac{H - z}{\sqrt{(H - z)^2 + r^2}}\right]$$

α 是锥体顶角，则有

$$\cos\alpha = \frac{H - z}{\sqrt{(H - z)^2 + r^2}} = \frac{H}{\sqrt{H^2 + R^2}}$$

$$dE = \frac{\rho dz}{2\varepsilon_0}(1 - \cos\alpha)$$

顶点处总场强为

$$\boldsymbol{E} = \int(dE)\boldsymbol{k} = \int_0^H \frac{\rho dz}{2\varepsilon_0}(1 - \cos\alpha)\boldsymbol{k}$$

$$= \frac{\rho H}{2\varepsilon_0}(1 - \cos\alpha)\boldsymbol{k}$$

$$= \frac{\rho H}{2\varepsilon_0}\left(1 - \frac{H}{\sqrt{H^2 + R^2}}\right)\boldsymbol{k}$$

题 13-8 有一空腔球体，空腔半径为 R_1，球体外半径为 R_2（$R_1 < R_2$）。球体的电荷体密度为 $\rho = \dfrac{a}{r}$，其中 a 是常量，在空腔中心（$r = 0$）处有一点电荷 q。问 a 为何值时才能使 $R_1 < r < R_2$ 区域中的电场具有恒定性？

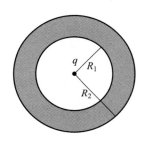

题 13-8 图

解：根据高斯定理，在离球心为 r 的高斯面上的电场强度的大小为

$$E = \frac{q + q'}{4\pi\varepsilon_0 r^2}$$

式中，q' 为半径 R_1 到 r 的区域内的电荷量，其值为

$$q' = \int\rho dV = \int_{R_1}^r \frac{a}{r}4\pi r^2 dr$$

$$= 2\pi a\left(r^2 - R_1^2\right)$$

所以

$$E = \frac{q + q'}{4\pi\varepsilon_0 r^2} = \frac{q}{4\pi\varepsilon_0 r^2} + \frac{a}{2\varepsilon_0} - \frac{aR_1^2}{2\varepsilon_0 r^2}$$

要使电场在 $R_1 < r < R_2$ 区域中恒定，且 a 为常量，只有

$$\frac{q}{4\pi\varepsilon_0 r^2} - \frac{aR_1^2}{2\varepsilon_0 r^2} = 0$$

由此得出

$$a = \frac{q}{2\pi R_1^2}$$

题 13-9 一带电细线弯成半径为 R 的半圆形，其上半部（1/4 圆弧）均匀分布有电荷 q，下半部（另外 1/4 圆弧）均匀分布有电荷 $-q$。求半圆中心 O 点的电场强度。

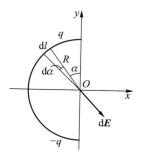

题 13-9 图

解: 先求带正电的 1/4 圆弧在 O 点所产生的场强。如图所示，选定坐标轴 x、y。取带电圆弧一小段 $\mathrm{d}l$，该小段与圆心的连线和 y 轴夹角设为 α，其上电荷量 $\mathrm{d}q = \lambda\mathrm{d}l = \frac{2q}{\pi R}\mathrm{d}l = \frac{2q}{\pi R}R\mathrm{d}\alpha$，它在 O 点产生的场强的大小为

$$\mathrm{d}E_+ = \frac{1}{4\pi\varepsilon_0}\frac{\lambda\mathrm{d}l}{R^2} = \frac{\lambda}{4\pi\varepsilon_0}\frac{R\mathrm{d}\alpha}{R^2}$$

上式场强沿 x、y 轴的分量分别为

$$\mathrm{d}E_{+x} = \frac{\lambda}{4\pi\varepsilon_0 R}\sin\alpha\mathrm{d}\alpha$$

$$\mathrm{d}E_{+y} = \frac{\lambda}{4\pi\varepsilon_0 R}\cos\alpha\mathrm{d}\alpha$$

$$E_{+x} = \int_0^{\frac{\pi}{2}}\frac{\lambda}{4\pi\varepsilon_0 R}\sin\alpha\mathrm{d}\alpha = \frac{\lambda}{4\pi\varepsilon_0 R}$$

$$E_{+y} = \int_0^{\frac{\pi}{2}}\frac{\lambda}{4\pi\varepsilon_0 R}\cos\alpha\mathrm{d}\alpha = \frac{-\lambda}{4\pi\varepsilon_0 R}$$

故带正电荷的 1/4 圆弧在 O 点产生的场强的大小为

$$E_+ = \sqrt{E_{+x}^2 + E_{+y}^2} = \frac{\sqrt{2}\lambda}{4\pi\varepsilon_0 R} = \frac{2\sqrt{2}q}{4\pi^2\varepsilon_0 R^2}$$

设其与 x 轴夹角为 β，则

$$\tan\beta = \frac{E_{+y}}{E_{+x}} = -1$$

$\boldsymbol{E}_+$ 的方向与 x 轴夹角为 $-45°$。

同理，带负电荷的 1/4 圆弧在 O 点产生的场强的大小为

$$E_- = \frac{2\sqrt{2}q}{4\pi^2\varepsilon_0 R^2}$$

E_- 的方向与 x 轴夹角为 $180° + 45°$。所以 O 点的总场强的大小为

$$E = \sqrt{E_+^2 + E_-^2} = \frac{q}{\pi^2\varepsilon_0 R^2}$$

其方向沿 y 轴负方向。

题 13–10 一边长为 a 的立方体如图所示，其表面分别平行于 xy、yz 和 zx 平面，立方体的一个顶点为坐标原点。现将立方体置于电场强度 $\boldsymbol{E} = bx\boldsymbol{i} + c\boldsymbol{j}$ 的非均匀电场中，求电场对立方体各表面及整个立方体表面的电场强度通量。a、b、c 均为常量。

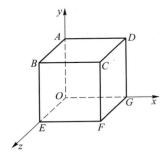

题 13–10 图

分析：此题可根据电场强度通量公式 $\Phi_e = \int \boldsymbol{E} \cdot \mathrm{d}\boldsymbol{S}$ 分别计算穿过各面的电场强度通量，再对各面的电场强度通量进行相加。

解：由电场强度 $\boldsymbol{E} = bx\boldsymbol{i} + c\boldsymbol{j}$ 知，该电场只有 x、y 两方向的分量，故对任意平行于 xy 平面的平面，其电场强度通量为零，即有

$$\Phi_{AOGD} = \Phi_{BEFC} = 0$$

穿过 $ABCD$ 面的电场强度通量为

$$\Phi_{ABCD} = \int \boldsymbol{E} \cdot \mathrm{d}\boldsymbol{S} = \int (bx\boldsymbol{i} + c\boldsymbol{j}) \cdot (\mathrm{d}S\boldsymbol{j}) = ca^2$$

因为 $OEFG$ 面与 $ABCD$ 面的外法线方向相反，故有

$$\Phi_{OEFG} = -ca^2$$

同理，有

$$\Phi_{ABEO} = \int (c\boldsymbol{j}) \cdot (-\mathrm{d}S\boldsymbol{i}) = 0$$

$$\Phi_{DCFG} = \int (ab\boldsymbol{i} + c\boldsymbol{j}) \cdot (\mathrm{d}S\boldsymbol{i}) = a^3 b$$

因此，整个立方体表面的电场强度通量为

$$\Phi_e = \sum_i \Phi_i = a^3 b$$

题 13-11　一半径为 R 的半球面放在一均匀电场中，设场强方向恰好垂直于半球面的截面，如图所示，若场强大小为 E，求其穿过球面的电场强度通量。

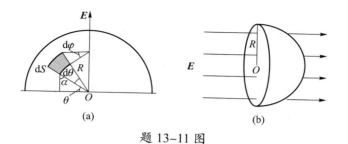

题 13-11 图

解法一：

电场强度通量 $\varPhi_e = \int \boldsymbol{E} \cdot \mathrm{d}\boldsymbol{S} = \int E\cos\alpha\mathrm{d}S$（$\alpha$ 是电场方向与该面元法线方向的夹角）。如图（a）所示，$\alpha = \dfrac{\pi}{2} - \theta$，$\cos\alpha = \sin\theta$，阴影部分就是元面积 $\mathrm{d}S$，由图知

$$\mathrm{d}S = \left(R\mathrm{d}\theta \right) R\cos\theta\mathrm{d}\varphi = R^2\cos\theta\mathrm{d}\theta\mathrm{d}\varphi$$

所以

$$\varPhi_e = \int_0^{2\pi}\mathrm{d}\varphi\int_0^{\frac{\pi}{2}}ER^2\cos\theta\sin\theta\mathrm{d}\theta = E\pi R^2$$

解法二：

分析： 如图（b）所示，取半径为 R 的该半球面底面与半球面共同构成闭合曲面，由于闭合曲面内无电荷分布，所以根据高斯定理有

$$\oint_S \boldsymbol{E} \cdot \mathrm{d}\boldsymbol{S} = \frac{\sum q_i}{\varepsilon_0} = 0$$

可知穿入底面的电场强度通量在数值上等于穿出半球面的电场强度通量。

穿出半球面的电场强度通量为

$$\varPhi_e = -\int \boldsymbol{E} \cdot \mathrm{d}\boldsymbol{S} = -E\pi R^2\cos\pi = E\pi R^2$$

可见，通过半球面的电场强度通量就等于通过半球面在垂直于电场方向的投影面上的电场强度通量。这一结论也可加以推广，即通过任一截面的电场强度通量，就等于通过它在垂直于电场方向的投影面上的电场强度通量。

题 13-12　（1）一点电荷 q 位于一边长为 a 的立方体中心，试求在该点电荷电场中穿过立方体的一个面的电场强度通量；（2）如果该点电荷移动到该立方体的一个顶点上，这时穿过立方体各面的电场强度通量是多少？

分析：（1）问可用高斯定理计算穿过包围点电荷的闭合面的全部电场强度通量。如图（a）所示，立方体六个面即构成闭合面，且若 q 在立方体中心时，穿过每个面的电场强度通量相等，可解得穿过一个面的电场强度通量。（2）问与（1）问类似，只需将立方体扩大为边长为 $2a$ 的立方体，即可按照上述方法求解。

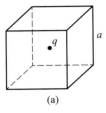

(a)

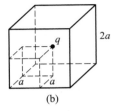

(b)

题 13-12 图

解：（1）由高斯定理 $\oint_S \boldsymbol{E} \cdot \mathrm{d}\boldsymbol{S} = \dfrac{\sum q_i}{\varepsilon_0}$ 可知，穿过立方体六个面的电场强度通量为

$$\Phi_e = \frac{q}{\varepsilon_0}$$

当 q 在立方体中心时，穿过每个面的电场强度通量相等，即穿过一个面的电场强度通量为

$$\Phi_e = \frac{q}{6\varepsilon_0}$$

（2）点电荷在顶点时，将立方体扩大为边长为 $2a$ 的立方体，则穿过边长为 $2a$ 的立方体上各面的电场强度通量为

$$\Phi_e = \frac{q}{6\varepsilon_0}$$

如图（b）所示，对于边长为 a 的立方体，如果它不包含 q 所在的顶点，则

$$\Phi_e = \frac{q}{24\varepsilon_0}$$

如果它包含 q 所在的顶点，则

$$\Phi_e = 0$$

题 13-13 如图所示，在一半径为 R 的球壳直径上居中对称地放置一电荷线密度为 λ、长为 L 的均匀带电细线。求：（1）带电细线在其延长线方向与球壳交点处场强的大小；（2）穿过球壳的电场强度通量。

分析：（1）可参考带电直线在其延长线上产生的场强计算。（2）若用公式 $\int \boldsymbol{E} \cdot \mathrm{d}\boldsymbol{S}$ 计算穿过球面的电场强度通量，则因球面上各点的场强不同，积分会变得很困难。但若用高斯定理 $\oint_S \boldsymbol{E} \cdot \mathrm{d}\boldsymbol{S} = \dfrac{\sum q_i}{\varepsilon_0}$ 计算穿过闭合球面的

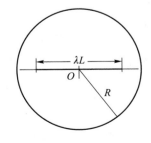

题 13-13 图

电场强度通量，则只需计算球面内包围的电荷量。

解：（1）选取带电微元 $dq = \lambda dl$，则带电细线延长线与球壳交点处场强的大小为

$$E = \int dE = \int_0^L \frac{\lambda dx}{4\pi\varepsilon_0 \left(R + \dfrac{L}{2} - x \right)^2} = \frac{\lambda L}{\pi\varepsilon_0 \left(4R^2 - L^2 \right)}$$

（2）根据高斯定理 $\oint_S \boldsymbol{E} \cdot d\boldsymbol{S} = \dfrac{\sum q_i}{\varepsilon_0}$，穿过球壳的电场强度通量为

$$\varPhi_e = \frac{\sum q_i}{\varepsilon_0} = \frac{\lambda L}{\varepsilon_0}$$

题 13-14 两无限长平行直线相距 r_0，均匀带有等量异号电荷，电荷线密度为 λ。求：（1）两线构成的平面上任一点的电场强度（设该点到其中一线的垂直距离为 x）；（2）每一根线上单位长度受到另一根线上电荷作用的电场力的大小。

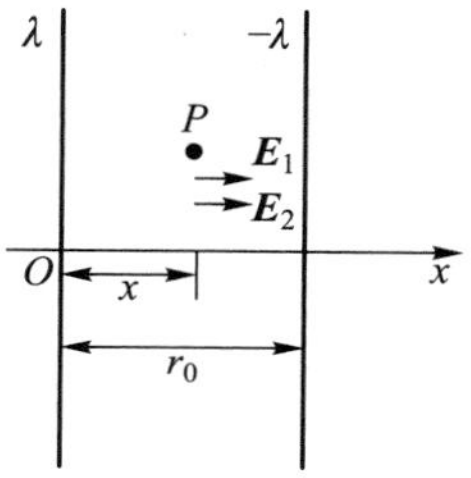

题 13-14 图

分析： 两线构成的平面上任一点的电场强度为两线单独存在时在此处所激发的电场强度的叠加。而每一根线上单位长度受到另一根线上电荷作用的电场力则应是另一根线在该处产生的电场强度乘以单位长度所带的电荷量。注意：一根带电直线自身产生的电场不对其自身的电荷产生作用力。

解：（1）如图所示，设 P 点在两线构成的平面上，其处的场强为

$$\boldsymbol{E} = \boldsymbol{E}_1 + \boldsymbol{E}_2 = \frac{\lambda}{2\pi\varepsilon_0} \left(\frac{1}{x} + \frac{1}{r_0 - x} \right) \boldsymbol{i}$$

$$= \frac{\lambda}{2\pi\varepsilon_0} \frac{r_0}{x(r_0 - x)} \boldsymbol{i}$$

（2）一根带电直线在另一根直线处产生的场强的大小为

$$E = \frac{\lambda}{2\pi\varepsilon_0 r_0}$$

则此处带电直线单位长度所受的力的大小为

$$F = qE = \lambda \frac{\lambda}{2\pi\varepsilon_0 r_0} = \frac{\lambda^2}{2\pi\varepsilon_0 r_0}$$

两根带电直线相互吸引。

题 13-15 实验表明，在靠近地面处有相当强的电场，电场强度 $\boldsymbol{E}$ 垂直于地面向下，大小约为 $100\ \mathrm{V\cdot m^{-1}}$，在离地面 1.5 km 高的地方，$\boldsymbol{E}$ 也是垂直于地面向下的，大小约为 $25\ \mathrm{V\cdot m^{-1}}$。（1）求从地面到此高度大气中电荷的平均体密度；（2）假设地球表面（简称地面）处的电场强度完全是由均匀分布在地球表面的电荷产生的，求地球表面的电荷面密度。

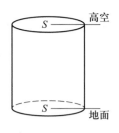

题 13-15 图

分析： 在地面附近和 1.5 km 高空处各取面积为 S 的两个平面，并用垂直于地面的侧面将二者连接起来，如图所示，构成一闭合高斯面。因场强垂直于上下底面，故穿过高斯面侧面的电场强度通量为零。因此可用高斯定理计算高斯面内包围的电荷量，进而求出电荷的平均体密度。

解：（1）由高斯定理 $\oint_S \boldsymbol{E}\cdot\mathrm{d}\boldsymbol{S}=\dfrac{\sum q_i}{\varepsilon_0}$，得

$$\Phi_e=(-E_2 S+E_1 S)=\frac{1}{\varepsilon_0}\int \rho\,\mathrm{d}V=\frac{1}{\varepsilon_0}\int_0^h \rho S\,\mathrm{d}h=\frac{\rho S h}{\varepsilon_0}$$

$$\rho=\frac{\varepsilon_0(E_1-E_2)}{h}=\frac{8.85\times10^{-12}\times(100-25)}{1.5\times10^3}\ \mathrm{C\cdot m^{-3}}\approx4.4\times10^{-13}\ \mathrm{C\cdot m^{-3}}$$

（2）把地面看作无限大带电平面，其场强大小为

$$E=\frac{\sigma}{\varepsilon_0}=100\ \mathrm{V\cdot m^{-1}}$$

$$\sigma=\varepsilon_0 E=8.85\times10^{-12}\times100\ \mathrm{C\cdot m^{-2}}=8.85\times10^{-10}\ \mathrm{C\cdot m^{-2}}$$

题 13-16 设电荷体密度沿 x 轴方向按规律 $\rho=\rho_0\cos x$ 分布在整个空间，式中 ρ_0 为常量。求空间的场强分布。

分析： 先对空间场强进行对称性分析，因电荷空间分布相对于 $x=0$ 处的 yz 平面对称，故可知电场必相对于该平面对称，方向垂直于该平面。故可过坐标 $\pm x$ 处作与 x 轴垂直的两平面，用与 x 轴平行的侧面将之封闭，构成高斯面，如图所示。根据电场的对称性和方向可知，穿过侧面的电场强度通量为 0，穿过两底面的电场强度通量相等（同为正或同为负），即可用高斯定理解题。也可把整个空间分成垂直于 x 轴的一系列厚度为 $\mathrm{d}x$ 的无限大平面，某点场强即各平面产生的场强的叠加。

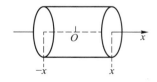

题 13-16 图

解： 根据高斯定理有

$$\oint_S \boldsymbol{E}\cdot\mathrm{d}\boldsymbol{S}=\frac{\sum q_i}{\varepsilon_0}=\frac{1}{\varepsilon_0}\int \rho\,\mathrm{d}V$$

$$\oint_S \boldsymbol{E} \cdot \mathrm{d}\boldsymbol{S} = \int_{\text{上底面}} \boldsymbol{E} \cdot \mathrm{d}\boldsymbol{S} + \int_{\text{下底面}} \boldsymbol{E} \cdot \mathrm{d}\boldsymbol{S} + \int_{\text{侧面}} \boldsymbol{E} \cdot \mathrm{d}\boldsymbol{S} = 2ES$$

其中 S 为上、下底面的面积，故

$$\frac{1}{\varepsilon_0} \int \rho \mathrm{d}V = \frac{1}{\varepsilon_0} \int_{-x}^{x} (\rho_0 \cos x)(S\mathrm{d}x) = \frac{2\rho_0 S \sin x}{\varepsilon_0}$$

即

$$2ES = \frac{2\rho_0 S \sin x}{\varepsilon_0}$$

解得

$$E = \frac{\rho_0}{\varepsilon_0} \sin x$$

题 13-17 如图所示，一内、外半径分别为 a、b 的均匀带电球壳，其上带有电荷，电荷量为 Q，若其球心处放一电荷量为 $-q$ 的点电荷，求空间的场强分布。

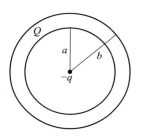

题 13-17 图

分析： 通常有两类处理方法：（1）利用高斯定理求空间的场强分布。由题意知电荷呈球对称分布，因而场强分布也是球对称的，选择与带电球壳同心的球面为高斯面，在球面上电场强度大小为常量，方向垂直于球面，因而有

$$\oint_S \boldsymbol{E} \cdot \mathrm{d}\boldsymbol{S} = E \cdot 4\pi r^2$$

根据高斯定理 $\oint_S \boldsymbol{E} \cdot \mathrm{d}\boldsymbol{S} = \dfrac{\sum q_i}{\varepsilon_0}$ 可解得电场强度分布。

（2）利用带电球面电场强度叠加的方法求球壳内外的场强分布。将带电球壳分割成无数个同心带电球面，最后再与球心处点电荷产生的场强叠加。球面带的电荷量为 $\mathrm{d}q = \rho \cdot 4\pi r'^2 \mathrm{d}r'$，每个带电球面在内部激发的场强为零，在其外部激发的场强的大小为

$$\mathrm{d}E = \frac{\mathrm{d}q}{4\pi r^2}$$

方向沿径向向外。

解法一： 以 r 为半径作一与球壳同心的高斯球面，根据高斯定理，有

$$\oint_S \boldsymbol{E} \cdot \mathrm{d}\boldsymbol{S} = \frac{\sum q_i}{\varepsilon_0}$$

当 $0 < r < a$ 时，高斯面内只有点电荷 $-q$ 存在，故

$$E_1 \cdot 4\pi r^2 = \frac{-q}{\varepsilon_0}$$

$$E_1 = \frac{-q}{4\pi r^2 \varepsilon_0}$$

当 $a < r < b$ 时，高斯面内包含点电荷 $-q$ 和部分球壳电荷，故有

$$E_2 \cdot 4\pi r^2 = \frac{1}{\varepsilon_0}\left[\rho \frac{4}{3}\pi(r^3 - a^3) - q \right]$$

其中电荷体密度为

$$\rho = \frac{Q}{\frac{4}{3}\pi(b^3 - a^3)}$$

$$E_2 = \frac{Q\left(\dfrac{r^3 - a^3}{b^3 - a^3} \right) - q}{4\pi r^2 \varepsilon_0}$$

当 $r > b$ 时，高斯面内包含全部球壳电荷和点电荷，有

$$E_3 \cdot 4\pi r^2 = \frac{1}{\varepsilon_0}(Q - q)$$

$$E_3 = \frac{Q - q}{4\pi r^2 \varepsilon_0}$$

解法二： 把带电球壳分割成无数个同心带电球面，球面电荷量为

$$\mathrm{d}q = \rho \mathrm{d}V = \frac{Q}{\frac{4}{3}\pi(b^3 - a^3)} 4\pi r'^2 \mathrm{d}r' = \frac{3Q}{b^3 - a^3} r'^2 \mathrm{d}r'$$

当 $0 < r < a$ 时，场点在所有球面内部，因此全部球面在球壳内产生的场强为零，球壳内的场强只是点电荷场强，即

$$E_1 = \frac{-q}{4\pi r^2 \varepsilon_0}$$

当 $a < r < b$ 时，球面的场强为

$$E = \int \mathrm{d}E = \int \frac{\mathrm{d}q}{4\pi r^2 \varepsilon_0}$$

$$= \frac{\dfrac{3Q}{b^3 - a^3}}{4\pi r^2 \varepsilon_0} \int_a^r r'^2 \mathrm{d}r'$$

$$= \frac{Q\left(\dfrac{r^3 - a^3}{b^3 - a^3} \right)}{4\pi r^2 \varepsilon_0}$$

再加上点电荷产生的场强，有

$$E_2 = \frac{Q\left(\dfrac{r^3 - a^3}{b^3 - a^3}\right) - q}{4\pi r^2 \varepsilon_0}$$

当 $r > b$ 时，场点在全部球面外，有

$$E = \frac{\dfrac{3Q}{b^3 - a^3}}{4\pi r^2 \varepsilon_0} \int_a^b r'^2 \mathrm{d}r' = \frac{Q}{4\pi r^2 \varepsilon_0}$$

再加上点电荷产生的场强，有

$$E_3 = \frac{Q - q}{4\pi r^2 \varepsilon_0}$$

题 13-18 如图所示，一无限长带电圆柱壳，其截面的内外半径分别为 r、R，电荷均匀分布，沿轴线的电荷线密度为 $-\lambda$，求空间的场强分布。

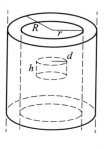

题 13-18 图

分析：此题用高斯定理求解，取同轴、高为 h 的闭合圆柱面作高斯面，设高斯面底面半径为 d。

解：根据高斯定理 $\oint_S \boldsymbol{E} \cdot \mathrm{d}\boldsymbol{S} = \dfrac{\sum q_i}{\varepsilon_0}$，有

$$2\pi d h E = \frac{\sum q_i}{\varepsilon_0}$$

当 $d < r$ 时，$\sum q_i = 0$，解得

$$E_1 = 0$$

当 $r < d < R$ 时，$\sum q_i = \rho V$，圆柱壳沿轴线的电荷线密度为

$$-\lambda = \rho \pi \left(R^2 - r^2\right)$$

其电荷体密度为

$$\rho = \frac{-\lambda}{\pi \left(R^2 - r^2\right)}$$

高斯面内包含电荷的体积为 $\pi\left(d^2 - r^2\right)h$，即高斯面内的电荷量为

$$\sum q_i = \frac{-\lambda\left(d^2 - r^2\right)}{R^2 - r^2}h$$

解得

$$E_2 = \frac{-\lambda}{2\pi\varepsilon_0 d} \frac{d^2 - r^2}{R^2 - r^2}$$

当 $d > R$ 时，$\sum q_i = -\lambda h$，解得

$$E_3 = \frac{-\lambda}{2\pi\varepsilon_0 d}$$

题 13-19 一半径为 R 的均匀带电球体的电荷体密度为 ρ，若在球体内挖去一块半径为 r（$r < R$）的小球体，如图（a）所示。（1）试求两球心 O 点与 O' 点的场强；（2）证明空腔内的场强是均匀的。

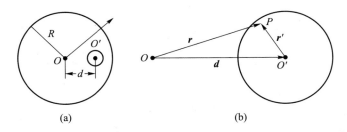

题 13-19 图

分析：此题带电体的电荷分布不是球对称的，其电场强度分布也不是球对称的，因此无法直接利用高斯定理求电场强度的分布，但可用补偿法求解。

我们给球形空腔补上一电荷体密度为 ρ、半径为 r 的小球体，则空间任意一点的电场强度均可看作完整的电荷均匀分布的大球体产生的电场强度再减去小球体产生的电场强度，即任意一点的电场强度均为 $\boldsymbol{E} = \boldsymbol{E}_1 - \boldsymbol{E}_2$。

解：（1）大球体在 O 点产生的场强为 $E_1 = 0$，小球体在 O 点产生的场强的大小为

$$E_2 = \frac{\frac{4}{3}\pi r^3 \rho}{4\pi\varepsilon_0 d^2} = \frac{r^3 \rho}{3\varepsilon_0 d^2}$$

方向由 O' 指向 O。因此 O 点的场强为

$$E = E_1 - E_2 = -\frac{r^3 \rho}{3\varepsilon_0 d^2}$$

方向由 O 指向 O'。

小球体在 O' 点产生的场强为 $E_2 = 0$，大球体在 O' 点产生的场强的大小为

$$E_1 = \frac{\frac{4}{3}\pi d^3 \rho}{4\pi\varepsilon_0 d^2} = \frac{\rho d}{3\varepsilon_0}$$

方向由 O 指向 O'。因此 O' 点的场强为

$$E = E_1 - E_2 = \frac{\rho d}{3\varepsilon_0}$$

（2）设空腔内任一点 P 相对 O' 点的位矢为 $\boldsymbol{r}'$，相对 O 点的位矢为 $\boldsymbol{r}$，如图（b）所示。大球体在 P 点产生的场强为

$$\boldsymbol{E}_1 = \frac{\frac{4}{3}\pi r^3 \rho}{4\pi\varepsilon_0 r^2}\boldsymbol{e}_r = \frac{\rho r}{3\varepsilon_0}\boldsymbol{e}_r$$

小球体在 P 点产生的场强为

$$\boldsymbol{E}_2 = \frac{\frac{4}{3}\pi r'^3 \rho}{4\pi\varepsilon_0 r'^2}\boldsymbol{e}_{r'} = \frac{\rho r'}{3\varepsilon_0}\boldsymbol{e}_{r'}$$

P 点的总场强为

$$\boldsymbol{E} = \boldsymbol{E}_1 - \boldsymbol{E}_2 = \frac{\rho}{3\varepsilon_0}\left(r\boldsymbol{e}_r - r'\boldsymbol{e}_{r'}\right) = \frac{\rho}{3\varepsilon_0}\left(\boldsymbol{r} - \boldsymbol{r}'\right)$$

由图可以看出

$$\boldsymbol{r} - \boldsymbol{r}' = \boldsymbol{d}$$

$\boldsymbol{d}$ 的方向由 O 指向 O'，故场强为

$$\boldsymbol{E} = \frac{\rho}{3\varepsilon_0}\boldsymbol{d}$$

腔内场强是均匀的。

题 13-20 如图所示，有三个点电荷 Q_1、Q_2、Q_3 沿一条直线等间距分布，且 $Q_1 = Q_3 = Q$，已知其中任一点电荷所受合力均为零。求在固定 Q_1、Q_3 的情况下，将 Q_2 从 O 点推到无限远处时外力所做的功。

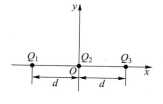

题 13-20 图

分析：由库仑力的定义，根据 Q_1、Q_3 所受的合力为零，可求得 Q_2。

外力做的功应等于电场力做的功的负值，求电场力做的功可有两种方法：
（1）根据功的定义，电场力做的功为 $A = Q_2 \displaystyle\int_0^\infty \boldsymbol{E} \cdot \mathrm{d}\boldsymbol{l}$，其中 $\boldsymbol{E}$ 为 Q_1、Q_3 产生的合场强；
（2）根据电场力做的功与电势能差的关系，有 $A = Q_2(V_0 - V_\infty) = Q_2 V_0$，其中 V_0 为 Q_1、Q_3 在 Q_2 处产生的电势。

解法一：根据电荷所受合力为零，以 Q_1 为对象，有

$$\frac{Q_1 Q_2}{4\pi d^2 \varepsilon_0} + \frac{Q_1 Q_3}{4\pi (2d)^2 \varepsilon_0} = 0$$

解得

$$Q_2 = -\frac{1}{4}Q$$

Q_1、Q_3 产生的合场强在 y 轴上任意一点处的大小为

$$E = E_{1y} + E_{2y} = \frac{Qy}{2\pi\varepsilon_0 \left(d^2 + y^2\right)^{3/2}}$$

将 Q_2 沿 y 轴由点 O 移到无限远处，电场力做的功为

$$A = Q_2 \int_0^\infty \boldsymbol{E} \cdot \mathrm{d}\boldsymbol{l} = \left(-\frac{1}{4}Q\right) \int_0^\infty \frac{Qy}{2\pi\varepsilon_0 \left(d^2 + y^2\right)^{3/2}} \mathrm{d}y = \frac{-Q^2}{8\pi\varepsilon_0 d}$$

则外力做的功为

$$A' = -A = \frac{Q^2}{8\pi\varepsilon_0 d}$$

解法二： 与解法一相同，可求得 Q_2 电荷量为

$$Q_2 = -\frac{1}{4}Q$$

Q_1、Q_3 在 Q_2 处产生的电势为

$$V_0 = \frac{Q}{4\pi\varepsilon_0 d} + \frac{Q}{4\pi\varepsilon_0 d} = \frac{Q}{2\pi\varepsilon_0 d}$$

把 Q_2 移到无限远处时电场力做的功为

$$A = Q_2 V_0 = \frac{-Q^2}{8\pi\varepsilon_0 d}$$

外力做的功为

$$A' = -A = \frac{Q^2}{8\pi\varepsilon_0 d}$$

题 13-21 一个半径为 R 的半球，均匀地带有电荷，电荷面密度为 σ，求：（1）球心处电场强度的大小及方向；（2）球心处的电势。

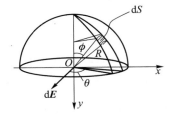

题 13-21 图

解：（1）如图所示，将半球面分割成无限多的小面元，取其中的一个，其面积为 $\mathrm{d}S$。由图可知，小面元的面积为

$$\mathrm{d}S = (R\sin\phi)\mathrm{d}\theta(R\mathrm{d}\phi)$$

该小面元所带的电荷量为

$$\mathrm{d}q = \sigma\mathrm{d}S = \sigma(R\sin\phi)\mathrm{d}\theta(R\mathrm{d}\phi)$$

该小面元在球心处产生的场强的大小为

$$\mathrm{d}E = \frac{\mathrm{d}q}{4\pi\varepsilon_0 R^2} = \frac{\sigma}{4\pi\varepsilon_0}\sin\phi\mathrm{d}\phi\mathrm{d}\theta$$

由对称性分析可知，电场只在 y 方向有分量，其场强大小为

$$E = \int\mathrm{d}E\cos\phi$$

$$E = \frac{\sigma}{4\pi\varepsilon_0}\int_0^{\frac{\pi}{2}}\sin\phi\cos\phi\mathrm{d}\phi\int_0^{2\pi}\mathrm{d}\theta$$

由上式得

$$E = \frac{\sigma}{4\varepsilon_0}$$

方向沿 y 轴正方向。

（2）小面元在球心处产生的电势为

$$\mathrm{d}V = \frac{\mathrm{d}q}{4\pi\varepsilon_0 R} = \frac{\sigma R}{4\pi\varepsilon_0}\sin\phi\mathrm{d}\phi\mathrm{d}\theta$$

将上式两边积分，得

$$V = \frac{\sigma R}{4\pi\varepsilon_0}\int_0^{\frac{\pi}{2}}\sin\phi\mathrm{d}\phi\int_0^{2\pi}\mathrm{d}\theta = \frac{\sigma R}{2\varepsilon_0}$$

题 13-22 如图所示，一半径为 R 的均匀带电球面，带有电荷量 q。沿某一半径方向上有一均匀带电细线，电荷线密度为 λ，长度为 l，细线左端离球心距离为 r_0。设球和线上的电荷分布不受相互作用影响，试求：（1）细线所受球面电荷的电场力；（2）细线在该电场中的电势能 (设无限远处的电势为零)。

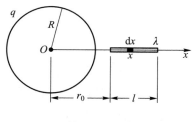

题 13-22 图

分析：两带电体均不可看成点电荷，我们可以根据高斯定理得知均匀带电球面外一点的电场强度，再对细线取微元，计算每个微元受的力，再对所有力进行矢量积分。同理，我们也可求出均匀带电球面外任一点的电势，写出每个带电微元的电势能，再对整个细线积分。

解：（1）如图所示，以 O 点为坐标原点，均匀带电细线的方向为 x 轴，建立坐标系。

根据高斯定理知，球面外任一点的场强的大小为

$$E = \frac{q}{4\pi x^2 \varepsilon_0}$$

在细线上取一微元，其电荷量为

$$\mathrm{d}q = \lambda \mathrm{d}x$$

则该微元受到的电场力为

$$\mathrm{d}\boldsymbol{F} = (\mathrm{d}q)\,\boldsymbol{E} = \frac{q}{4\pi x^2 \varepsilon_0}\lambda\mathrm{d}x\boldsymbol{i}$$

细线受到的总电场力为

$$\boldsymbol{F} = \int \mathrm{d}\boldsymbol{F} = \int_{r_0}^{r_0+l} \frac{q}{4\pi x^2 \varepsilon_0}\lambda\mathrm{d}x\boldsymbol{i} = \frac{q\lambda}{4\pi\varepsilon_0}\left(\frac{1}{r_0} - \frac{1}{r_0+l}\right)\boldsymbol{i}$$

（2）设无限远处的电势为零，则球面外任一点的电势为

$$V = \frac{q}{4\pi x \varepsilon_0}$$

细线微元 $\mathrm{d}q$ 的电势能为

$$\mathrm{d}W_{\mathrm{e}} = (\mathrm{d}q)\,V = \frac{q}{4\pi x \varepsilon_0}\lambda\mathrm{d}x$$

细线总的电势能为

$$W_{\mathrm{e}} = \int \mathrm{d}W_{\mathrm{e}} = \int_{r_0}^{r_0+l} \frac{q}{4\pi x \varepsilon_0}\lambda\mathrm{d}x = \frac{q\lambda}{4\pi\varepsilon_0}\ln\frac{r_0+l}{r_0}$$

题 13-23 如图所示，一半径为 R 的均匀带电球面，其电荷量为 Q，球面外距球心距离为 L 处有一电荷量为 q 的点电荷。（1）求点电荷的电势能；（2）若把点电荷移动到距球心 $2L$ 处，求电场力对点电荷做的功。

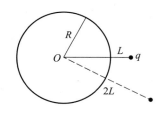

题 13-23 图

分析：点电荷的电势能有两种计算方法：（1）点电荷在某点的电势能等于把点电荷移动到电势能为零的点时电场力做的功；（2）点电荷在某点的电势能等于其电荷量与该点电势的乘积。

计算电场力做的功也有两种办法：（1）直接用电场力对路径的积分计算；（2）用电荷量乘以两点间的电势差，即电场力做的功等于电势能增量的负值。

解法一：（1）根据高斯定理，均匀带电球面外一点的电场强度的大小为

$$E = \frac{Q}{4\pi r^2 \varepsilon_0}$$

点电荷的电势能为

$$W_e = A = \int_L^\infty \boldsymbol{F} \cdot \mathrm{d}\boldsymbol{l} = \int_L^\infty q\boldsymbol{E} \cdot \mathrm{d}\boldsymbol{l} = q\int_L^\infty \boldsymbol{E} \cdot \mathrm{d}\boldsymbol{l} = q\int_L^\infty \frac{Q}{4\pi r^2 \varepsilon_0}\mathrm{d}r = \frac{qQ}{4\pi\varepsilon_0 L}$$

（2）电场力对点电荷做的功为

$$A = \int \boldsymbol{F} \cdot \mathrm{d}\boldsymbol{l} = \int_L^{2L} q\boldsymbol{E} \cdot \mathrm{d}\boldsymbol{l} = q\int_L^{2L} \boldsymbol{E} \cdot \mathrm{d}\boldsymbol{l} = q\int_L^{2L} \frac{Q}{4\pi r^2 \varepsilon_0}\mathrm{d}r = \frac{qQ}{8\pi\varepsilon_0 L}$$

解法二：（1）均匀带电平面，其外一点的电势为

$$V = \frac{Q}{4\pi r \varepsilon_0}$$

距中心为 L 处，电势为

$$V = \frac{Q}{4\pi L \varepsilon_0}$$

则该点电荷的电势能为

$$W_e = qV = \frac{qQ}{4\pi\varepsilon_0 L}$$

（2）两点间电势差为

$$U = -\left[\frac{Q}{4\pi(2L)\varepsilon_0} - \frac{Q}{4\pi L\varepsilon_0} \right] = \frac{Q}{8\pi\varepsilon_0 L}$$

电场力做的功为

$$A = qU = \frac{qQ}{8\pi\varepsilon_0 L}$$

题 13-24 真空中一半径为 R 的半圆细环，均匀带电 Q。设无限远处为电势零点。（1）求圆心 O 处的电势 V_0；（2）若将一电荷量为 q 的点电荷从无限远处移到圆心 O 处，求电场力做的功 A。

分析：此题可用积分法算电势，而电场力做的功可用电势能增量的负值即电荷量与电势差的乘积算得。注意（2）问不可以使用环心电场力对点电荷做的功 $A = q\int \boldsymbol{E} \cdot \mathrm{d}\boldsymbol{l}$ 计算，因为公式中 $\boldsymbol{E}$ 指的是移动电荷过程路径微元 $\mathrm{d}\boldsymbol{l}$ 所在处的电场强度，而由无限远处到环心的场强是随坐标变化的变量。

解：（1）在半圆环上任取一电荷微元 $\mathrm{d}q$，因整个半圆环全部电荷微元距环心的距离相同，均为半径 R，故 $\mathrm{d}q$ 在圆心处的电势为

$$\mathrm{d}V_0 = \frac{\mathrm{d}q}{4\pi\varepsilon_0 R}$$

总电势为

$$V_0 = \int \mathrm{d}V_0 = \int_Q \frac{\mathrm{d}q}{4\pi\varepsilon_0 R} = \frac{Q}{4\pi\varepsilon_0 R}$$

（2）无限远处电势为零，把电荷由无限远处移到圆心，电势差为

$$U_{\infty 0} = V_\infty - V_0 = -\frac{Q}{4\pi\varepsilon_0 R}$$

则电场力做的功为

$$A = qU_{\infty 0} = -\frac{qQ}{4\pi\varepsilon_0 R}$$

题 13-25 密立根油滴实验是利用作用在油滴上的电场力和重力平衡而测量电荷量的，其电场由两块带电平行极板产生。实验中，一半径为 r、带有 $2e$ 电荷量的油滴保持静止时，其所在电场的两块极板的电势差为 U_{12}。当电势差增加到 $4U_{12}$ 时，另一半径为 $2r$ 的油滴保持静止，则该油滴所带的电荷量为多少？

分析： 在密立根油滴实验中，受力平衡的油滴受到电场力和重力的作用。设油滴密度均匀，则重力大小与油滴体积成正比，电场力大小与油滴所带电荷量成正比。分别列出两个油滴的受力平衡公式，再进行比较。

解： 油滴受力平衡，有

$$qE = mg$$

其中电场力大小为

$$qE = q\frac{U}{d}$$

U 为两块极板的电势差，d 为两块极板的距离。

重力大小为

$$mg = \rho\frac{4}{3}\pi r^3 g$$

因此，对第一个油滴有

$$\frac{U_{12}}{d}q = \rho\frac{4}{3}\pi r^3 g$$

对第二个油滴有

$$\frac{4U_{12}}{d}q' = \rho\frac{4}{3}\pi(2r)^3 g$$

二者比较，解得

$$q' = 2q = 4e$$

题 13-26 有两个带等量异号电荷的无限长同轴圆柱面，半径分别为 R_1 和 R_2（$R_2 > R_1$），单位长度上的电荷量分别为 λ_1、λ_2。求：（1）空间场强分布；（2）两圆柱面间的电势差。

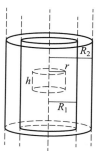

分析： 此题电荷分布为轴对称，故可用高斯定理解题，取同轴、高为 h、底面半径为 r 的闭合圆柱面作高斯面，则穿过其上下底面的电场强度通量为 0，如图所示。再用电场和电势的关系求电势差。

题 13-26 图

解：（1）根据高斯定理 $\oint_S \boldsymbol{E} \cdot \mathrm{d}\boldsymbol{S} = \dfrac{\sum q_i}{\varepsilon_0}$，有

$$2\pi r h E = \frac{\sum q_i}{\varepsilon_0}$$

当 $r < R_1$ 时，$\sum q_i = 0$，解得

$$E_1 = 0$$

当 $R_1 < r < R_2$ 时，$\sum q_i = \lambda_1 h$，解得

$$E_2 = \frac{\lambda_1}{2\pi\varepsilon_0 r}$$

当 $r > R_2$ 时，$\sum q_i = (\lambda_1 + \lambda_2)h$，解得

$$E_3 = \frac{\lambda_1 + \lambda_2}{2\pi\varepsilon_0 r}$$

（2）

$$U = \int \boldsymbol{E} \cdot \mathrm{d}\boldsymbol{l} = \int_{R_1}^{R_2} E_2 \mathrm{d}r = \int_{R_1}^{R_2} \frac{\lambda_1}{2\pi\varepsilon_0 r} \mathrm{d}r = \frac{\lambda_1}{2\pi\varepsilon_0} \ln \frac{R_2}{R_1}$$

题 13-27 电荷以相同的面密度 σ 分布在半径为 r_1 和 r_2（$r_1 < r_2$）的两个同心球面上。设无限远处电势为零，球心处的电势为 V_0。（1）求电荷面密度 σ；（2）若要使球心处的电势也为零，则外球面上应放掉多少电荷量？

分析：（1）此题是已知空间某点电势，反过来求电荷的情况。因电荷以相同的面密度 σ 分布在两个同心球面上，故若我们设面密度已知，则可根据高斯定理直接求出空间任一点的电场强度的表达式，进而求出某点电势。代入已知数值，即可解出 σ。

（2）若要满足球心处的电势为零，则现有的电荷分布需要改变。设外球面放出部分电荷后的电荷面密度为 σ_2，而内球面电荷面密度不变，仍为 σ，则可用（1）的方法解出球心电势的表达式，代入数值即可解出 σ_2，最后再由电荷面密度的变化求出电荷量的变化。此两问亦可用电势叠加原理计算球心电势。

解：（1）两个同心球面，电荷面密度均为 σ，则空间的场强分布为

$$\begin{cases} E_1 = 0 \,, \ r < r_1 \\[2mm] E_2 = \dfrac{\sigma r_1^2}{\varepsilon_0 r^2} \,, \ r_1 < r < r_2 \\[2mm] E_3 = \dfrac{\sigma\left(r_1^2 + r_2^2\right)}{\varepsilon_0 r^2} \,, \ r > r_2 \end{cases}$$

球心处电势为

$$\begin{aligned} V_0 &= \int_0^\infty \boldsymbol{E} \cdot \mathrm{d}\boldsymbol{l} = \int_0^{r_1} \boldsymbol{E}_1 \cdot \mathrm{d}\boldsymbol{r} + \int_{r_1}^{r_2} \boldsymbol{E}_2 \cdot \mathrm{d}\boldsymbol{r} + \int_{r_2}^\infty \boldsymbol{E}_3 \cdot \mathrm{d}\boldsymbol{r} \\[2mm] &= \int_{r_1}^{r_2} \frac{\sigma r_1^2}{\varepsilon_0 r^2} \mathrm{d}r + \int_{r_2}^\infty \frac{\sigma\left(r_1^2 + r_2^2\right)}{\varepsilon_0 r^2} \mathrm{d}r \\[2mm] &= \frac{\sigma}{\varepsilon_0}\left(r_1 + r_2\right) \end{aligned}$$

解得

$$\sigma = \frac{\varepsilon_0 V_0}{r_1 + r_2}$$

（2）按电势叠加原理，一半径为 R、带电荷量为 Q 的均匀带电球面在其球心处产生的电势为

$$V = \frac{Q}{4\pi\varepsilon_0 R}$$

设放电后半径为 r_1 的球面的电荷量为 q_1，半径为 r_2 的球面的电荷量为 q_2，其中，内球面的电荷量为

$$q_1 = 4\pi r_1^2 \sigma$$

则球心处的电势为

$$V_0' = \frac{q_1}{4\pi\varepsilon_0 r_1} + \frac{q_2}{4\pi\varepsilon_0 r_2} = 0$$

所以有

$$q_2 = -\frac{r_2}{r_1} q_1 = -4\pi r_1 r_2 \sigma$$

则外球面上应放掉的电荷量为

$$\Delta q = 4\pi r_2^2 \sigma - \left(-4\pi r_1 r_2 \sigma\right) = 4\pi r_2 \left(r_1 + r_2\right)\sigma$$
$$= 4\pi r_2 \varepsilon_0 V_0$$

题 13-28 两均匀带电球面同心放置，半径分别为 R_1 和 R_2（$R_1 < R_2$），已知内外球面之间的电势差为 U，求两球面间的场强分布。

分析： 此题电荷均匀分布在两个同心球面上，电荷面密度未知，我们可设出两球面所带的电荷量，继而根据高斯定理直接求出空间中的电场强度，并求出内外球面之间的电势差的表达式。代入已知的电势差，即可反求出球面间的场强分布。

解： 设内球面所带电荷量为 Q，以 r 为半径在两球面之间作一与球面同心的高斯球面，根据高斯定理，有

$$\oint_S \boldsymbol{E} \cdot \mathrm{d}\boldsymbol{S} = \frac{\sum q_i}{\varepsilon_0}$$

可得球面间的电场强度的大小为

$$E = \frac{Q}{4\pi r^2 \varepsilon_0}$$

内外球面之间的电势差为

$$U = \int \boldsymbol{E} \cdot \mathrm{d}\boldsymbol{l} = \int_{R_1}^{R_2} E \mathrm{d}r = \int_{R_1}^{R_2} \frac{Q}{4\pi r^2 \varepsilon_0} \mathrm{d}r = \frac{Q}{4\pi \varepsilon_0}\left(\frac{1}{R_1} - \frac{1}{R_2}\right)$$

则有

$$\frac{Q}{4\pi \varepsilon_0} = \frac{U}{\dfrac{1}{R_1} - \dfrac{1}{R_2}}$$

电场强度大小为

$$E = \frac{Q}{4\pi r^2 \varepsilon_0}$$

代入得

$$E = \frac{U}{r^2\left(\dfrac{1}{R_1} - \dfrac{1}{R_2}\right)} = \frac{U R_1 R_2}{r^2 \left(R_2 - R_1\right)}$$

题 13-29 如图所示，有一锥顶角为 θ 的圆台，其上下底面半径分别为 R_1 和 R_2，它的侧面均匀带电，电荷面密度为 σ，求 O 点的电势。（以无限远处为电势零点。）

分析： 此题中电荷为面分布，可沿圆台轴线把圆台切成一组细圆环，如图所

示。每个细圆环所带电荷量均为 dq，它们在 O 点的电势可用圆环电势计算，最后对每个圆环产生的电势积分。

解：以 O 点为原点，沿轴线方向向下为 x 轴正方向，垂直于 x 轴取一圆环面元，其面积为

$$dS = 2\pi r dl$$

圆环半径为 $r = x\tan\dfrac{\theta}{2}$，宽为 $dl = \dfrac{dx}{\cos\dfrac{\theta}{2}}$，则圆环面积为

$$dS = 2\pi x\left(\tan\dfrac{\theta}{2}\right)\left(\dfrac{dx}{\cos\dfrac{\theta}{2}}\right)$$

圆环在轴线上一点的电势为

$$V = \dfrac{q}{4\pi\varepsilon_0\left(R^2 + x^2\right)^{1/2}}$$

其中 $\left(R^2 + x^2\right)^{1/2}$ 为圆环上一点到场点的距离，由图可看出

$$\left(R^2 + x^2\right)^{1/2} = \dfrac{x}{\cos\dfrac{\theta}{2}}$$

则圆环在 O 点的电势为

$$dV = \dfrac{dq}{4\pi\varepsilon_0\dfrac{x}{\cos\dfrac{\theta}{2}}} = \dfrac{\sigma dS}{4\pi\varepsilon_0\dfrac{x}{\cos\dfrac{\theta}{2}}} = \dfrac{\sigma\cdot 2\pi x\left(\tan\dfrac{\theta}{2}\right)\left(\dfrac{dx}{\cos\dfrac{\theta}{2}}\right)}{4\pi\varepsilon_0\dfrac{x}{\cos\dfrac{\theta}{2}}}$$

$$= \dfrac{\sigma\tan\dfrac{\theta}{2}}{2\varepsilon_0}dx$$

积分得

$$V = \int dV = \int_{\frac{R_1}{\tan\frac{\theta}{2}}}^{\frac{R_2}{\tan\frac{\theta}{2}}}\dfrac{\sigma\tan\dfrac{\theta}{2}}{2\varepsilon_0}dx = \dfrac{\sigma\tan\dfrac{\theta}{2}}{2\varepsilon_0}\left(\dfrac{R_2}{\tan\dfrac{\theta}{2}} - \dfrac{R_1}{\tan\dfrac{\theta}{2}}\right)$$

$$= \dfrac{\sigma\left(R_2 - R_1\right)}{2\varepsilon_0}$$

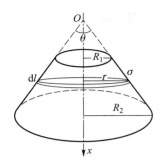

题 13-29 图

题 13-30 有一薄金属圆环，其内外半径分别为 R_1 和 R_2，圆环均匀带电，电荷面密度为 σ（$\sigma > 0$）。（1）求通过环心并垂直于环面的轴线上一点的电势；（2）若

有一质子沿轴线从无限远处射向带正电的圆环，要使质子能穿过圆环，则它的初速率至少应为多少？

分析：（1）如图所示，将薄金属圆环分割成一组不同半径的同心带电细圆环，利用圆环轴线上一点的电势公式，根据电势叠加原理，将这些不同半径的带电细圆环在轴线上一点的电势相加，即可得到轴线上的电势分布。

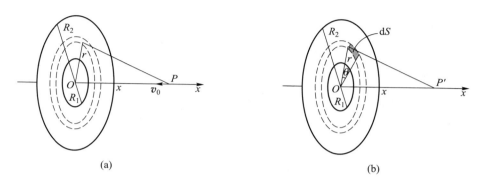

题 13-30 图

（2）由轴线上电势分布的结果可知，在圆环中心处（$x = 0$）电势 V 有极大值，当质子从无限远处射向圆环时，电势能逐渐增加，而质子的动能随之减少。若要使质子穿过圆环，则质子在圆环中心处 $E_k \geqslant 0$。根据能量守恒定律，可求出质子所需初速率的最小值。

（1）**解法一：**如图（a）所示，在圆环上割取一半径为 r、宽为 dr 的带电细圆环，其所带电荷量为

$$dq = \sigma dS = \sigma \cdot 2\pi r dr$$

细圆环在轴线上一点的电势为

$$V = \frac{q}{4\pi\varepsilon_0 \left(R^2 + x^2\right)^{1/2}}$$

故细圆环在轴线上产生的电势为

$$dV = \frac{dq}{4\pi\varepsilon_0 \left(r^2 + x^2\right)^{1/2}} = \frac{\sigma r dr}{2\varepsilon_0 \left(r^2 + x^2\right)^{1/2}}$$

薄金属圆环的电势等于这些同心细圆环电势的叠加，故有

$$V = \int dV = \int_{R_1}^{R_2} \frac{\sigma r dr}{2\varepsilon_0 \left(r^2 + x^2\right)^{1/2}} = \frac{\sigma}{2\varepsilon_0}\left(\sqrt{R_2^2 + x^2} - \sqrt{R_1^2 + x^2}\right)$$

解法二： 如图（b）所示，在圆环上取一小面元 dS，小面元的面积为

$$dS = rd\theta dr$$

小面元在所求点产生的电势为

$$dV = \frac{\sigma r d\theta dr}{4\pi\varepsilon_0 \sqrt{r^2 + x^2}}$$

对整个圆环积分，得

$$V = \frac{\sigma}{4\pi\varepsilon_0} \int_{R_1}^{R_2} \frac{rdr}{\sqrt{r^2 + x^2}} \int_0^{2\pi} d\theta = \frac{\sigma}{2\varepsilon_0}\left(\sqrt{R_2^2 + x^2} - \sqrt{R_1^2 + x^2}\right)$$

（2）根据能量守恒定律，为使质子能穿过圆环，质子的初速率应满足

$$\frac{1}{2}mv_0^2 \geqslant e\left(V_0 - V_\infty\right)$$

根据（1）可知

$$V_0 = \frac{\sigma}{2\varepsilon_0}\left(R_2 - R_1\right)$$

所以有

$$v_0 \geqslant \sqrt{\frac{2}{m}e\left(V_0 - V_\infty\right)} = \sqrt{\frac{2}{m}e\frac{\sigma}{2\varepsilon_0}\left(R_2 - R_1\right)} = \sqrt{\frac{e\sigma}{m\varepsilon_0}\left(R_2 - R_1\right)}$$

即质子若能穿过圆环，其初速率至少应为 $\sqrt{\dfrac{e\sigma}{m\varepsilon_0}\left(R_2 - R_1\right)}$。

题 13-31 有一无限大平面，其中部有一半径为 R 的圆孔。设平面上均匀带电，其电荷面密度为 σ。选圆孔中心 O 点处电势为零，试求通过圆孔并与平面垂直的直线上各点的电场强度和电势。

分析： 本题可用补偿法求解，如图所示，在圆孔处补上一电荷面密度同样为 σ 的均匀带电圆盘，则直线上各点的电场强度可看成由无限大带电平面的场强减去圆盘在其轴心上一点产生的场强。再用电势和场强的关系可解出电势。

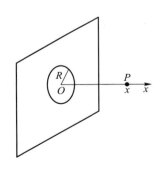

题 13-31 图

解： 利用均匀带电圆盘轴线上一点的场强公式：

$$E = \frac{\sigma}{2\varepsilon_0}\left(1 - \frac{x}{\sqrt{x^2 + R^2}}\right)$$

P 点场强为

$$\boldsymbol{E} = \frac{\sigma}{2\varepsilon_0}\boldsymbol{i} - \frac{\sigma}{2\varepsilon_0}\left(1 - \frac{x}{\sqrt{x^2 + R^2}}\right)\boldsymbol{i} = \frac{\sigma}{2\varepsilon_0}\frac{x}{\sqrt{x^2 + R^2}}\boldsymbol{i}$$

P 点电势为

$$V = \int_x^0 \boldsymbol{E} \cdot \mathrm{d}\boldsymbol{l} = \frac{\sigma}{2\varepsilon_0}\int_x^0 \frac{x}{\sqrt{x^2 + R^2}}\mathrm{d}x$$

解得

$$V = \frac{\sigma}{2\varepsilon_0}\left(R - \sqrt{x^2 + R^2}\right)$$

注意： 此题不能选无限远处作为电势零点，因为函数 $\sqrt{x^2 + R^2}$ 在无限远处发散。

题 13-32 一半径为 R 的无限长圆柱形带电体，其电荷体密度为 $\rho = Ar (r \leqslant R)$，其中 A 为常量。（1）试求圆柱体内、外各点场强大小分布；（2）选圆柱体外表面（R 处）作为电势零点，计算圆柱体内、外各点的电势分布。

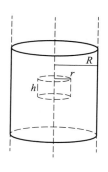

题 13-32 图

分析： 本题可利用高斯定理求空间的场强分布。由题意知电荷呈轴对称分布，因而场强分布也是轴对称的。选择同轴、高为 h 的圆柱面作为高斯面，穿过该圆柱上下底面的电场强度通量为零，且圆柱侧面上电场强度大小为常量，其方向垂直于侧面，因而有

$$\oint_S \boldsymbol{E} \cdot \mathrm{d}\boldsymbol{S} = E \cdot 2\pi r h$$

根据高斯定理 $\oint_S \boldsymbol{E} \cdot \mathrm{d}\boldsymbol{S} = \dfrac{\sum q_i}{\varepsilon_0}$ 可解得电场强度分布。再根据场强和电势的关系可求解电势。

解：（1）如图所示，取半径为 r、高为 h 的圆柱形高斯面，侧面上各点场强大小为 E 并垂直于圆柱侧面，则穿过该圆柱面的电场强度通量为

$$\varPhi_e = E \cdot 2\pi r h$$

高斯面内的电荷量为

$$\rho \mathrm{d}V = (Ar)(2\pi r h \mathrm{d}r) = 2\pi A h r^2 \mathrm{d}r$$

当 $r < R$ 时，高斯面内的电荷量为

$$\int \rho \mathrm{d}V = 2\pi A h \int_0^r r^2 \mathrm{d}r = \frac{2\pi A h r^3}{3}$$

由高斯定理得

$$\Phi_e = E \cdot 2\pi r h = \frac{2\pi A h r^3}{3\varepsilon_0}$$

解得

$$E = \frac{Ar^2}{3\varepsilon_0}$$

当 $r > R$ 时，高斯面内的电荷量为

$$\int \rho \mathrm{d}V = 2\pi A h \int_0^R r^2 \mathrm{d}r = \frac{2\pi A h R^3}{3}$$

由高斯定理得

$$\Phi_e = E \cdot 2\pi r h = \frac{2\pi A h R^3}{3\varepsilon_0}$$

解得

$$E = \frac{AR^3}{3\varepsilon_0 r}$$

（2）计算电势分布。

当 $r < R$ 时，有

$$V = \int E \cdot \mathrm{d}l = \int_r^R \frac{Ar^2}{3\varepsilon_0} \mathrm{d}r = \frac{A}{9\varepsilon_0}\left(R^3 - r^3\right)$$

当 $r > R$ 时，有

$$V = \int E \cdot \mathrm{d}l = \int_r^R \frac{AR^3}{3\varepsilon_0 r} \mathrm{d}r = \frac{AR^3}{3\varepsilon_0} \ln \frac{R}{r}$$

题 13-33　如图所示，一均匀带电的半球面倒扣在一平面 α 上，半球面半径为 R，所带电荷量为 Q，求：（1）球心的电场强度；（2）平面 α 上任一点的电势。

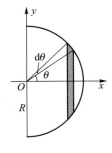

题 13-33 图

分析：（1）此题电荷分布不是球分布，因此不能用高斯定理直接求解，需取合适的带电微元，计算每个带电微元在球心的场强，再对所有带电微元产生的场强矢量积分。我们可以将半球面分割为一组同轴的平行细圆环，如图所示。每个圆环所带电荷量为 $\mathrm{d}q$，其中，半径为 $R\sin\theta$、宽为 $R\mathrm{d}\theta$ 的细圆环上的电荷量为 $\mathrm{d}q = \sigma \mathrm{d}S = \sigma \cdot 2\pi R^2 \sin\theta \mathrm{d}\theta$，利用均匀带电圆环在其轴线上一点的场强公式 $\mathrm{d}E = \dfrac{1}{4\pi\varepsilon_0} \dfrac{x\mathrm{d}q}{\left(x^2 + r^2\right)^{\frac{3}{2}}}$，即可求得 $\mathrm{d}q$ 产生的场强。因所有场强方向均沿轴线指向 x 轴负方向，故可直接对场强进行标量积分。

（2）此问要求平面 α 上任一点的电势，因为我们只知道圆环在其轴线上一点的场强，而不知道圆环在空间任意一点的场强，所以不能用积分求解。考虑电势叠加是标量的叠加，根据对称性，带电半球面在其底面平面上任一点产生的电势显然等于完整带电球面在该点产生的电势的一半，据此，我们可以先求出一个电荷面密度不变的完整球面在平面 α 上任一点的电势，再求出半球面在该点的电势。

解：（1）如图所示，取带电微元细圆环，则其电荷量为

$$\mathrm{d}q = \sigma \mathrm{d}S = \sigma \cdot 2\pi R^2 \sin\theta \mathrm{d}\theta$$

它在球心处的场强为

$$\mathrm{d}E = \frac{1}{4\pi\varepsilon_0} \frac{x\mathrm{d}q}{\left(x^2 + r^2\right)^{\frac{3}{2}}}$$

由于所有细圆环在圆心产生的场强方向相同，利用几何关系：

$$x = R\cos\theta, \quad r = R\sin\theta$$

统一积分变量，有

$$\begin{aligned}
\mathrm{d}E &= \frac{1}{4\pi\varepsilon_0} \frac{x\mathrm{d}q}{\left(x^2 + r^2\right)^{\frac{3}{2}}} \\
&= \frac{1}{4\pi\varepsilon_0} \frac{R\cos\theta}{R^3} \sigma \cdot 2\pi R^2 \sin\theta \mathrm{d}\theta \\
&= \frac{\sigma}{2\varepsilon_0} \sin\theta\cos\theta \mathrm{d}\theta
\end{aligned}$$

积分得

$$E = \int_0^{\frac{\pi}{2}} \frac{\sigma}{2\varepsilon_0} \sin\theta\cos\theta \mathrm{d}\theta = \frac{\sigma}{4\varepsilon_0}$$

$$= \frac{\dfrac{Q}{2\pi R^2}}{4\varepsilon_0} = \frac{Q}{8\pi R^2 \varepsilon_0}$$

其方向沿 x 轴负方向。

（2）一个电荷面密度不变的完整球面在平面 α 上任一点的电势为

$$\begin{cases}
V' = \dfrac{Q'}{4\pi\varepsilon_0 R}, & r < R \\[2mm]
V' = \dfrac{Q'}{4\pi\varepsilon_0 r}, & r > R
\end{cases}$$

其中 $Q' = 2Q$。则半球面在平面 α 上任一点的电势为

$$
\begin{cases}
V = \dfrac{1}{2}\dfrac{Q'}{4\pi\varepsilon_0 R} = \dfrac{Q}{4\pi\varepsilon_0 R}, & r < R \\[4mm]
V = \dfrac{1}{2}\dfrac{Q'}{4\pi\varepsilon_0 r} = \dfrac{Q}{4\pi\varepsilon_0 r}, & r > R
\end{cases}
$$

题 13-34 根据场强 E 与电势 V 的关系 $E = -\nabla V$，求下列电场的场强：（1）点电荷 q 的电场；（2）均匀带电，电荷线密度为 λ 的无限长细棒的电场，选距棒 r_0 处电势为零。

分析： 根据场强和电势的关系，我们需要先求出电势的空间分布，再用 $E = -\nabla V$ 分别计算出电场强度沿空间坐标的分量表达式。在某些题中，计算电势标量的空间分布要易于计算电场强度矢量的空间分布，如电偶极子、圆环等问题。

解：（1）已知点电荷在空间的电势分布为

$$
V = \frac{q}{4\pi\varepsilon_0 r}
$$

所以有

$$
\boldsymbol{E} = -\frac{\partial V}{\partial r}\boldsymbol{e}_r = \frac{q}{4\pi\varepsilon_0 r^2}\boldsymbol{e}_r
$$

$\boldsymbol{e}_r$ 为 $\boldsymbol{r}$ 方向单位矢量。

（2）已知无限长细棒在空间的电势为

$$
V = \frac{\lambda}{2\pi\varepsilon_0}\ln\frac{r_0}{r}
$$

其中 r_0 处电势为零。所以有

$$
\boldsymbol{E} = -\frac{\partial V}{\partial r}\boldsymbol{e}_r = -\frac{\partial\left[\dfrac{\lambda}{2\pi\varepsilon_0}\left(\ln r_0 - \ln r\right)\right]}{\partial r}\boldsymbol{e}_r
$$

$$
= -\frac{\lambda}{2\pi\varepsilon_0}\left(-\frac{1}{r}\right)\boldsymbol{e}_r = \frac{\lambda}{2\pi\varepsilon_0 r}\boldsymbol{e}_r
$$

题 13-35 沿 x 轴放置的一端在原点（$x = 0$）的长为 l 的细棒，其电荷线密度为 $\lambda = kx$，k 为常量。取 $V_\infty = 0$，求 y 轴上任一点的电势，并求其场强。

分析： 本题电荷按一定规律线分布，可在细棒上取带电线元，用电势叠加原理求出 y 轴上任一点的电势，并用电势和场强的关系解出场强。当然此题也可用各带电线元在 P 点产生的场强直接积分，答案与用第一种方法得到的结果相同。

解： 如图（a）所示取带电线元，其电荷量为

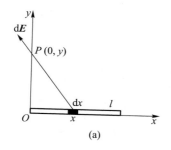 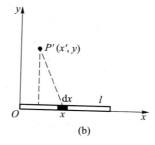

题 13-35 图

$$dq = \lambda dx = kx dx$$

y 轴上 P 点的电势为

$$V = \int dV = \int_0^l \frac{kx dx}{4\pi\varepsilon_0 \left(x^2 + y^2\right)^{\frac{1}{2}}} = \frac{k}{4\pi\varepsilon_0} \left(\sqrt{l^2 + y^2} - y\right)$$

但注意，我们不能用下面这个电势公式直接计算场强，

$$\begin{cases} E_y = -\dfrac{\partial V}{\partial y} = -\dfrac{k}{4\pi\varepsilon_0} \left(\dfrac{y}{\sqrt{l^2 + y^2}} - 1\right) \\ E_x = -\dfrac{\partial V}{\partial x} = 0 \end{cases}$$

原因是上述电势公式只表现出电势沿 y 轴的变化情况，而没有表现出电势沿 x 轴的变化情况。因此我们应先求出 P 点在任意坐标 (x, y) 处的电势的普遍表达形式，再求场强分量的表达式，最后代入坐标 $x = 0$ 才能得到 y 轴上任一点的场强分布。因此，如图（b）所示，另取一坐标为 (x', y) 的 P' 点，则该点电势为

$$V(x', y) = \int dV = \int_0^l \frac{kx dx}{4\pi\varepsilon_0 \left[\left(x - x'\right)^2 + y^2\right]^{\frac{1}{2}}}$$

$$= \int_0^l \frac{k\left(x - x'\right)dx}{4\pi\varepsilon_0 \left[\left(x - x'\right)^2 + y^2\right]^{\frac{1}{2}}} + \int_0^l \frac{kx' dx}{4\pi\varepsilon_0 \left[\left(x - x'\right)^2 + y^2\right]^{\frac{1}{2}}}$$

$$= \frac{k}{4\pi\varepsilon_0} \left[\sqrt{\left(l - x'\right)^2 + y^2} - \sqrt{x'^2 + y^2}\right] +$$

$$\frac{kx'}{4\pi\varepsilon_0} \ln \frac{l - x' + \sqrt{\left(l - x'\right)^2 + y^2}}{\sqrt{x'^2 + y^2} - x'}$$

所以 P 点电场强度为

$$\begin{cases} E_y = -\dfrac{\partial V}{\partial y}\bigg|_{x'=0} = -\dfrac{k}{4\pi\varepsilon_0}\left(\dfrac{y}{\sqrt{l^2+y^2}}-1\right) \\[3mm] E_x = -\dfrac{\partial V}{\partial x}\bigg|_{x'=0} = \dfrac{k}{4\pi\varepsilon_0}\left(\dfrac{1}{\sqrt{l^2+y^2}}-\ln\dfrac{l+\sqrt{l^2+y^2}}{y}\right) \end{cases}$$

题 13-36 一电偶极子的电矩为 $\boldsymbol{p}$，放在场强为 $\boldsymbol{E}$ 的均匀电场中，$\boldsymbol{p}$ 与 $\boldsymbol{E}$ 之间的夹角为 θ，如图所示。若将此电偶极子绕通过其中心且垂直于 $\boldsymbol{p}$、$\boldsymbol{E}$ 平面的轴转 $180°$，问电场力做了多少功？

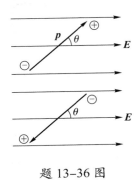

题 13-36 图

分析: 电偶极子在电场中受到的力矩可根据公式求出，当电偶极子转动时，外力对电偶极子做的功即其力矩做的功。此题也可单独考虑电偶极子中的两个电荷在此过程中的电势能的增量，电场力做的功即系统电势能增量的负值。

解法一: 电偶极子受到的电场力的力矩为

$$\boldsymbol{M} = \boldsymbol{p} \times \boldsymbol{E}$$

则力矩大小为

$$M = pE\sin\theta$$

此过程中电场力做的功为

$$A = \int M\mathrm{d}\theta = \int_{\theta}^{\pi+\theta} pE\sin\theta\,\mathrm{d}\theta = 2pE\cos\theta = 2\boldsymbol{p}\cdot\boldsymbol{E}$$

解法二: 初末态两个点电荷的位置如图所示。

正点电荷初末态两点的电势差为

$$U_+ = -Ed = -El\cos\theta$$

负电荷初末态两点的电势差为

$$U_- = Ed = El\cos\theta$$

则系统电势能增量为

$$\begin{aligned} \Delta E_{\mathrm{p}} &= qU_+ + (-q)U_- = -qEl\cos\theta - qEl\cos\theta \\ &= -2qEl\cos\theta \\ &= -2pE\cos\theta \end{aligned}$$

电场力做的功为

$$A = -\Delta E_{\mathrm{p}} = 2pE\cos\theta$$

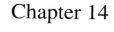

Chapter 14

第14章
静电场中的导体
和电介质

基本要求

1. 理解静电场中导体处于静电平衡时的条件，并能根据静电平衡条件分析带电导体在静电场中的电荷分布。

2. 了解电介质的极化及其微观机理，了解电位移矢量的概念及其在各向同性介质中与电场强度的关系。了解电介质中的高斯定理，并会用它计算对称电场的电场强度。

3. 理解电容的定义，并能计算几何形状简单的电容器的电容。

4. 了解静电场是电场能量的携带者，了解电场能量密度的概念，能用电场能量密度计算电场能量。

内容提要

1. 静电场中的导体

（1）导体的静电平衡条件。

导体的静电平衡是指在静电场中，导体内没有电荷的定向运动。

必须指出的是，导体的静电平衡是一种动态平衡，即导体内不存在电荷的宏观定向运动，然而导体内带电粒子的微观热运动仍然存在。

导体的静电平衡条件是导体内部场强处处为零。

（2）导体处于静电平衡时的性质。

① 导体是等势体，导体表面是等势面。

② 导体表面的场强处处与表面垂直，且 $E = \dfrac{\sigma}{\varepsilon_0}$。式中，$\sigma$ 为导体表面的电荷

面密度，E 为总场强，是由空间中所有电荷激发的。

③ 净电荷只分布在导体的表面，导体内没有未被抵消的净电荷。

④ 对空腔导体，有以下情况。

空腔内无带电体：导体壳的内表面上没有净电荷，净电荷只能分布在其外表面上；空腔内的场强处处为零，整个空腔内的电势和导体壳的电势相等。

空腔内有带电体：导体壳的内表面所带电荷量与空腔内带电体的电荷量的代数和为零。

无论导体空腔内有无带电体，空腔内的场强分布都不受外部电场的影响；对于一个接地的导体空腔，其内、外电场互不影响。

2. 静电场中的电介质

（1）电介质中的场强。

电介质的极化是指在外电场作用下电介质出现极化电荷的现象。由场强的叠加原理可知，介质内任一点的场强 E 是外电场在该点的场强 E_0（由自由电荷产生）和极化电荷在该点产生的场强 E' 的矢量和，即

$$E = E_0 + E'$$

（2）电介质中的高斯定理。

电极化强度矢量：单位体积内电偶极矩的矢量和，即 $P = \dfrac{\sum p}{\Delta V}$。它的大小为 $P = \sigma'$，σ' 为极化电荷的电荷面密度。

电位移矢量：

$$D = \varepsilon_0 E + P$$

D 与 E 的关系：

$$D = \varepsilon_0 \varepsilon_r E$$

公式：

$$\oint_S D \cdot dS = \sum_{i=1}^{n} (Q_0)_i$$

即通过电介质中任一闭合曲面的电位移通量等于该面所包围的自由电荷的电荷量的代数和。

① 说明：

电位移通量仅与高斯面内包围的自由电荷有关；

D 本身由高斯面内外全部电荷（包括极化电荷）产生；

D 是个辅助矢量，没有直接的物理意义。

② 应用：电介质中的高斯定理可方便地处理电荷分布具有特殊对称性的带电体系的场强分布问题。

用电介质中的高斯定理求场强的原则和方法与真空中的相同。

（a）分析场强分布的对称性，判断能否运用高斯定理求场强分布。

一般来说，只有在极化电荷和感应电荷分布具有一定对称性，且各向同性的均匀电介质充满场强不为零的空间或电介质表面为等势面时，才能用高斯定理求场强。

（b）选择适当的高斯面，使在计算电位移通量时能将 D 从积分号中提出来。

（c）应用 $\oint_S \boldsymbol{D} \cdot \mathrm{d}\boldsymbol{S} = \sum_{i=1}^{n} (Q_0)_i$ 求出 $\boldsymbol{D}$，再应用 $\boldsymbol{D} = \varepsilon_0 \varepsilon_r \boldsymbol{E}$ 求得场强 $\boldsymbol{E}$。

注意：高斯面内所包围的自由电荷包括激发电荷和感应电荷，而不应包括极化电荷。

3. 电容

（1）电容的定义。

孤立导体的电容：导体所带电荷量 q 与相应的电势 V 之比，有

$$C = q/V$$

其物理意义是使导体每升高单位电势所需的电荷量。

电容器的电容：当电容器两极板分别带有等量异号电荷时，电荷量 q 与两极板间电势差 U 之比，有

$$C = \frac{q}{U}$$

其物理意义是使两极板每升高单位电势差所需的电荷量。

注意：电容器（或孤立导体）的电容是描述电容器（或孤立导体）容电本领的物理量，与电容器（或孤立导体）带电与否无关，只与电容器（或孤立导体）本身的形状、大小和环境有关。电容是标量，且恒为正。

（2）电容的计算。

计算电容器电容的步骤：

① 设电容器两极板上分别带有电荷量 $\pm q$，求出电容器两极板间的场强分布。

② 利用场强和电势差之关系：$V_A - V_B = \int_A^B \boldsymbol{E} \cdot \mathrm{d}\boldsymbol{l}$，求出两极板之间的电势差 $V_A - V_B$。

③ 根据电容器电容的定义 $C = \dfrac{q}{V_A - V_B}$，求出电容 C。

4. 电容器的储能和电场能量

电容器储存的能量为

$$W_e = \frac{1}{2}\frac{Q^2}{C} = \frac{1}{2}CU^2 = \frac{1}{2}QU$$

注意：这个能量是储存在电场中的。

电场的能量密度为

$$w_e = \frac{1}{2}\boldsymbol{D} \cdot \boldsymbol{E} = \frac{1}{2}\varepsilon E^2$$

它表明了电场中单位体积储存的能量。

在各向同性介质中，静电场能量为

$$W_e = \int_V w_e \, \mathrm{d}V = \int_V \frac{1}{2} DE \mathrm{d}V = \int_V \frac{1}{2} \varepsilon_0 \varepsilon_r E^2 \mathrm{d}V$$

其中 V 代表整个电场存在的空间。

习　题

题 14-1　一点电荷 q 放在导体球壳的中心，球壳的内外半径分别为 a 和 b。求：（1）空间的电场强度分布；（2）空间的电势分布。

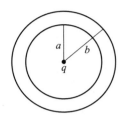

题 14-1 图

解：（1）用高斯定理可求得：

当 $r < a$ 时，

$$E = \frac{q}{4\pi\varepsilon_0 r^2} e_r$$

当 $a < r < b$ 时，

$$E = 0$$

当 $r > b$ 时，

$$E = \frac{q}{4\pi\varepsilon_0 r^2} e_r$$

（2）设距球心 r 处的电势为 V，有

当 $r \geqslant b$ 时，

$$V = \int_r^\infty E \cdot \mathrm{d}l = \frac{q}{4\pi\varepsilon_0 r}$$

当 $a \leqslant r < b$ 时，

$$V = \int_r^\infty E \cdot \mathrm{d}l = \int_r^b 0 \mathrm{d}r + \int_b^\infty \frac{q}{4\pi\varepsilon_0 r^2} \mathrm{d}r = \frac{q}{4\pi\varepsilon_0 b}$$

当 $r < a$ 时，

$$V = \int_r^\infty E \cdot \mathrm{d}l = \int_r^a \frac{q}{4\pi\varepsilon_0 r^2} \mathrm{d}r + \int_a^b 0 \mathrm{d}r + \int_b^\infty \frac{q}{4\pi\varepsilon_0 r^2} \mathrm{d}r$$

$$= \frac{q}{4\pi\varepsilon_0} \left(\frac{1}{r} - \frac{1}{a} + \frac{1}{b} \right)$$

题 14-2　一内半径为 R_1、外半径为 R_2 的金属球壳，带有电荷量 Q，在球壳空腔内距离球心 r 处有一点电荷 q，设无限远处为电势零点，试求：（1）球壳内外表面上的电荷量；（2）在球心 O 点处，由球壳内表面上电荷产生的电势；（3）球心

O 点处的总电势。

解：（1）由静电感应，金属球壳的内表面上的感应电荷量为 $-q$，外表面上的电荷量为 $q+Q$。

（2）不论球壳内表面上的感应电荷是如何分布的，任一电荷元离 O 点的距离都是 a，所以电荷在 O 点产生的电势为

$$V_{-q} = \frac{\int \mathrm{d}q}{4\pi\varepsilon_0 R_1} = -\frac{q}{4\pi\varepsilon_0 R_1}$$

（3）球心 O 点处的总电势为分布在球壳内外表面上的电荷和点电荷 q 在 O 点产生的电势的代数和，即

$$V_0 = V_{+q} + V_{-q} + V_{Q+q} = \frac{q}{4\pi\varepsilon_0 r} - \frac{q}{4\pi\varepsilon_0 R_1} + \frac{Q+q}{4\pi\varepsilon_0 R_2} = \frac{q}{4\pi\varepsilon_0}\left(\frac{1}{r} - \frac{1}{R_1} + \frac{1}{R_2}\right) + \frac{Q}{4\pi\varepsilon_0 R_2}$$

题 14-3 如图所示，有一球形电容器，在外球壳的半径 R_2 及内、外导体间的电势差 U 维持恒定的条件下，内球半径 R_1 为多大时才能使内球表面附近的电场强度最小？求这个最小电场强度的大小。（假设球与壳间是真空。）

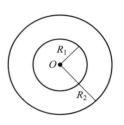

题 14-3 图

解：设内球所带电荷量为 q，球与壳间的场强大小为

$$E = \frac{q}{4\pi\varepsilon_0 r^2}$$

球与壳间的电势差为

$$U = \int_{R_1}^{R_2} \boldsymbol{E} \cdot \mathrm{d}\boldsymbol{r} = \int_{R_1}^{R_2} \frac{q}{4\pi\varepsilon_0 r^2} \mathrm{d}r = \frac{q}{4\pi\varepsilon_0} \frac{R_2 - R_1}{R_1 R_2}$$

球上的电荷量为

$$q = \frac{4\pi\varepsilon_0 U R_1 R_2}{R_2 - R_1}$$

所以，球与壳间的电场强度的大小为

$$E = \frac{U R_1 R_2}{(R_2 - R_1) r^2}$$

要使内球表面附近（$r \approx R_1$）的电场强度最小，必须满足 $\dfrac{\mathrm{d}E}{\mathrm{d}R_1} = 0$，有

$$R_1 = \frac{R_2}{2}$$

此时有

$$E_{\min} = \frac{4U}{R_2}$$

题 14-4 两根平行无限长均匀带电直导线，其中心轴线相距为 d，导线半径都是 a（$a \ll d$）。导线上电荷线密度分别为 $+\lambda$ 和 $-\lambda$，试求该导线组单位长度的电容。

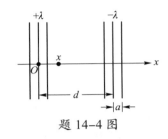

题 14-4 图

解： 如图所示，以左边的导线上的一点作原点，x 轴通过两导线并垂直于导线，两导线间 x 处的场强为

$$E = \frac{\lambda}{2\pi\varepsilon_0 x} + \frac{\lambda}{2\pi\varepsilon_0 (d-x)}$$

两导线间的电势差为

$$U = \int \boldsymbol{E} \cdot \mathrm{d}\boldsymbol{l} = \frac{\lambda}{2\pi\varepsilon_0} \int_a^{d-a} \left(\frac{1}{x} + \frac{1}{d-x} \right) \mathrm{d}x$$

$$= \frac{\lambda}{2\pi\varepsilon_0} \left(\ln\frac{d-a}{a} - \ln\frac{a}{d-a} \right) = \frac{\lambda}{\pi\varepsilon_0} \ln\frac{d-a}{a}$$

设导线长为 L 的一段上所带电荷量为 Q，则有 $\lambda = \dfrac{Q}{L}$，故单位长度的电容为

$$\frac{C}{L} = \frac{Q}{LU} = \frac{\lambda}{U} = \frac{\pi\varepsilon_0}{\ln\dfrac{d-a}{a}}$$

题 14-5 图中沿 x 轴放置的电介质圆柱，其底面积为 S，周围是真空，已知电介质内各点电极化强度 $\boldsymbol{P} = kx\boldsymbol{i}$（$k$ 为常量）。求：（1）圆柱两底面上的极化电荷的电荷面密度 σ_a' 和 σ_b'；（2）圆柱内电荷体密度 ρ'。

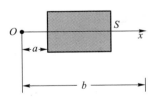

题 14-5 图

解：（1）$\sigma_a' = P_a \cos\pi = -ka$

$\qquad \sigma_b' = P_b \cos 0 = kb$

（2）由定义得

$$\rho' = \frac{\mathrm{d}Q}{\mathrm{d}V} = -\frac{(P_{x+\mathrm{d}x} - P_x)S}{S\mathrm{d}x} = -\frac{Sk\mathrm{d}x}{S\mathrm{d}x} = -k$$

题 14-6 若导体外有电介质，求证：导体表面附近的电位移矢量的大小与导体表面电荷面密度的关系为 $D = \sigma$。

证明：在导体表面附近作一底面积为 ΔS 的闭合柱面，其侧面与导体表面垂直。按高斯定理，柱面上的电位移通量为

$$\oint_S \boldsymbol{D} \cdot \mathrm{d}\boldsymbol{S} = q_0$$

由于在导体内 $\boldsymbol{E} = \boldsymbol{0}$，故 $\boldsymbol{D} = \boldsymbol{0}$，所以柱面的下底面没有电位移通量。由于导体表面是等势面，表面附近的 $\boldsymbol{E}$ 与表面垂直，故 $\boldsymbol{D}$ 也与表面垂直。因此柱面的侧面也没有电位移通量，只有柱面的上底面有电位移通量，所以有

$$D\Delta S = \sigma\Delta S$$

得到

$$D = \sigma$$

故命题得证。同时还有

$$E = \frac{D}{\varepsilon} = \frac{\sigma}{\varepsilon}$$

若 σ 为正，则 $\boldsymbol{D}$ 和 $\boldsymbol{E}$ 垂直于导体表面指向导体外，否则垂直于导体表面指向导体内。若将电介质改为真空，则公式变成导体表面附近场强与电荷面密度的关系：$E = \dfrac{\sigma}{\varepsilon_0}$。

题 14-7 如图所示，平行板电容器两极板相距 d，面积为 S，电势差为 U，中间放有一层厚为 t 的电介质，相对介电常量为 ε_r，略去边缘效应，求：（1）电介质中的 E、D 和 P；（2）极板上的电荷量；（3）极板和电介质间隙中的场强大小；（4）电容器的电容。

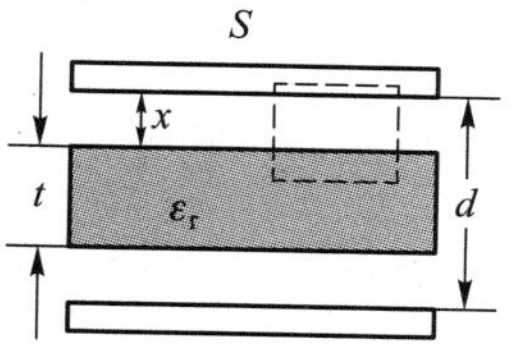

题 14-7 图

解：（1）设空气中的场强为 $\boldsymbol{E}_0$，则

$$U = E_0 x + Et + E_0(d - x - t) = E_0(d - t) + Et$$

由高斯定理可知，在两极板间，$\boldsymbol{D}$ 处处相等，有

$$E_0 = \frac{D}{\varepsilon_0}$$

则

$$E = \frac{D}{\varepsilon_0 \varepsilon_r}$$

$$U = \frac{D}{\varepsilon_0}(d-t) + \frac{D}{\varepsilon_0 \varepsilon_r} t = \frac{D}{\varepsilon_0}\left(d - t + \frac{t}{\varepsilon_r}\right)$$

$$D = \frac{U\varepsilon_0}{d - t + \frac{t}{\varepsilon_r}} = \frac{U\varepsilon_0 \varepsilon_r}{\varepsilon_r d + (1-\varepsilon_r)t}$$

$$E = \frac{D}{\varepsilon_0 \varepsilon_r} = \frac{U}{\varepsilon_r d + (1-\varepsilon_r)t}$$

$$P = \varepsilon_0(\varepsilon_r - 1)E = \frac{U\varepsilon_0(\varepsilon_r - 1)}{\varepsilon_r d + (1-\varepsilon_r)t}$$

（2）如图所示，作一柱形高斯面，由高斯定理可得

$$\sigma_0 = D, \quad Q = \sigma_0 S = DS = \frac{U\varepsilon_0 \varepsilon_r S}{\varepsilon_r d + (1-\varepsilon_r)t}$$

（3）极板和电介质间隙中的场强大小为

$$E_0 = \frac{D}{\varepsilon_0} = \frac{U\varepsilon_r}{\varepsilon_r d + (1-\varepsilon_r)t}$$

（4）

$$C = \frac{Q}{U} = \frac{\varepsilon_0 \varepsilon_r S}{\varepsilon_r d + (1-\varepsilon_r)t}$$

题 14-8 在介电常量为 ε 的无限大各向同性均匀电介质中，有一半径为 R 的孤立导体球，对它不断充电使其所带电荷量达到 Q，在充电过程中外力做功。求证：带电导体球的静电场能量为 $W_e = \dfrac{Q^2}{8\pi \varepsilon R}$。

证明： 设某时刻导体球上已带有电荷量 q，如果将一微小电荷量 $\mathrm{d}q$ 从无限远处移到球上，则外力克服静电斥力需做的功为

$$\mathrm{d}A = -\int_\infty^R E\mathrm{d}q\mathrm{d}r = \int_\infty^R -\frac{q\mathrm{d}q\mathrm{d}r}{4\pi\varepsilon r^2} = \frac{q\mathrm{d}q}{4\pi\varepsilon R}$$

导体球从电荷量为零充到 Q 时，外力做的总功为

$$A = \int_0^Q \frac{q\mathrm{d}q}{4\pi\varepsilon R} = \frac{Q^2}{8\pi\varepsilon R}$$

外力做的功是外界能量转化为静电场能量的量度，故导体球的静电场能量为

$$W_e = \frac{Q^2}{8\pi\varepsilon R}$$

题 14-9 空气中有一半径为 R 的孤立导体球，令无限远处电势为零。（1）求导体球的电容；（2）求导体球在所带电荷量为 Q 时储存的静电场能量；（3）若空气的击穿场强大小为 E_g，则导体球能储存的最大电荷量是多少？

解：（1）设导体球所带电荷量为 Q，则导体球的电势为 $V = \dfrac{Q}{4\pi\varepsilon_0 R}$，按孤立导体电容的定义，有

$$C = \frac{Q}{V} = 4\pi\varepsilon_0 R$$

（2）导体球上的电荷量为 Q 时，储存的静电场能量为

$$W_e = \frac{Q^2}{2C} = \frac{Q^2}{8\pi\varepsilon_0 R}$$

（3）导体球上储存电荷量 Q 时，有

$$E = \frac{Q}{4\pi\varepsilon_0 R^2} \leqslant E_g$$

因此，导体球能储存的最大电荷量为

$$Q_{max} = 4\pi\varepsilon_0 R^2 E_g$$

题 14-10 有两个同心的金属球面和球壳，其间充满相对介电常量为 ε_r 的各向同性均匀电介质，外球壳以外为真空，内球面半径为 R_1，所带电荷量为 Q_1；外球壳内、外半径分别为 R_2 和 R_3，所带电荷量为 Q_2，如图（a）所示。求：（1）整个空间的电场强度 $\boldsymbol{E}$ 的表达式，并定性画出场强大小的径向分布曲线；（2）电介质中静电场能量 W_e 的表达式。

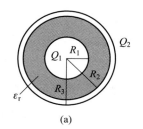

(a)

解：（1）由高斯定理，电场强度表达式为

$$E_1 = 0 \qquad\qquad (r < R_1)$$

$$E_2 = \frac{Q_1}{4\pi\varepsilon_0\varepsilon_r r^3}\boldsymbol{r} \quad (R_1 < r < R_2)$$

$$E_3 = 0 \qquad\qquad (R_2 < r < R_3)$$

$$E_4 = \frac{Q_1 + Q_2}{4\pi\varepsilon_0 r^3}\boldsymbol{r} \qquad (r > R_3)$$

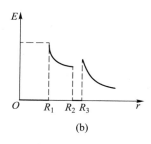

(b)

题 14-10 图

电场强度大小的径向分布曲线如图（b）所示。

（2）电介质中的静电场能量为

$$W_e = \int \frac{1}{2}\varepsilon E_2^2 \mathrm{d}V$$

$$= \int_{R_1}^{R_2} \frac{Q_1^2}{32\pi^2\varepsilon_0\varepsilon_r r^4} 4\pi r^2 \mathrm{d}r$$

$$= \frac{Q_1^2}{8\pi\varepsilon}\left(\frac{1}{R_1} - \frac{1}{R_2}\right)$$

题 14-11 两个半径分别为 R_1 和 R_2（$R_1 < R_2$）的同心薄金属球壳，内球壳带电荷量 $+q$，外球壳不带电。（1）求外球壳的电荷分布及电势；（2）把外球壳接地，求此时外球壳的电荷分布及电势。

解：（1）内球壳所带电荷量为 $+q$ 时，外球壳内表面所带电荷量为 $-q$，外表面所带电荷量为 $+q$，且均匀分布，其电势为

$$V = \int_{R_2}^{\infty} \boldsymbol{E} \cdot \mathrm{d}\boldsymbol{r} = \int_{R_2}^{\infty} \frac{q\mathrm{d}r}{4\pi\varepsilon_0 r^2} = \frac{q}{4\pi\varepsilon_0 R_2}$$

（2）外球壳接地时，外表面电荷量 $+q$ 入地，外表面不带电，内表面电荷量仍为 $-q$。所以外球壳电势由内球壳上电荷 $+q$ 与外球壳内表面上电荷 $-q$ 产生，则

$$V = \frac{q}{4\pi\varepsilon_0 R_2} - \frac{q}{4\pi\varepsilon_0 R_2} = 0$$

题 14-12 两金属球的半径之比为 1:4，带等量的同号电荷。当两者的距离远大于两球半径时，有一定的电势能。若将两球接触一下再移回原处，则电势能变为多少？

解： 设两金属球的半径分别为 R_1、R_2（$R_1 < R_2$），所带的电荷量均为 Q，两球球心之间的距离为 L，则接触之前的电势能为

$$W_0 = Q^2 \int_L^{\infty} \frac{1}{4\pi\varepsilon_0 r^2} \mathrm{d}r = \frac{Q^2}{4\pi\varepsilon_0 L}$$

接触之后两球电势相等，电荷重新分布，设小球所带电荷量为 q，大球所带电荷量为 q'，则

$$\frac{q}{4\pi\varepsilon_0 R_1} = \frac{q'}{4\pi\varepsilon_0 R_2}$$

$$q + q' = 2Q$$

解得

$$q = \frac{2}{5}Q, \quad q' = \frac{8}{5}Q$$

所以接触后，有

$$W = qq' \int_L^{\infty} \frac{1}{4\pi\varepsilon_0 r^2} \mathrm{d}r = \frac{qq'}{4\pi\varepsilon_0 L} = \frac{16}{25}\frac{Q^2}{4\pi\varepsilon_0 L} = \frac{16}{25}W_0$$

题 14-13 有三个大小相同的金属小球，小球 1、2 带有等量同号电荷，相距甚远，其间的库仑力大小为 F_0。（1）用带绝缘柄的不带电小球 3 先后分别接触小球 1、2 后移去，求小球 1、2 之间的库仑力大小；（2）小球 3 依次交替接触小球 1、2 很多次后移去，求小球 1、2 之间的库仑力大小。

解： 由题意知 1、2 两个小球之间的库仑力大小为

$$F_0 = \frac{q^2}{4\pi\varepsilon_0 r^2}$$

（1）小球 3 接触小球 1 后，小球 3 和小球 1 均带电，有

$$q' = \frac{q}{2}$$

小球 3 再与小球 2 接触后，小球 2 与小球 3 均带电，有

$$q'' = \frac{3}{4}q$$

此时小球 1、2 之间的库仑力大小为

$$F_1 = \frac{q'q''}{4\pi\varepsilon_0 r^2} = \frac{\frac{3}{8}q^2}{4\pi\varepsilon_0 r^2} = \frac{3}{8}F_0$$

（2）小球 3 依次交替接触小球 1、2 很多次后，每个小球所带电荷量均为 $\frac{2q}{3}$。小球 1、2 之间的库仑力大小为

$$F_2 = \frac{\frac{2}{3}q \frac{2}{3}q}{4\pi\varepsilon_0 r^2} = \frac{4}{9}F_0$$

题 14-14 在一半径为 R_1 的金属球之外包有一层外半径为 R_2 的均匀电介质球壳，电介质的介电常量为 ε，金属球带电荷量 q。试求：（1）电介质内、外的场强；（2）电介质层内、外的电势；（3）金属球的电势。

解： 可利用有电介质时的高斯定理求解。

（1）电介质内（$R_1 < r < R_2$）：

$$\boldsymbol{D} = \frac{q\boldsymbol{r}}{4\pi r^3}$$

$$\boldsymbol{E}_{内} = \frac{q\boldsymbol{r}}{4\pi\varepsilon r^3}$$

电介质外（$r > R_2$）：

$$\boldsymbol{D} = \frac{q\boldsymbol{r}}{4\pi r^3}$$

$$\boldsymbol{E}_{外} = \frac{q\boldsymbol{r}}{4\pi\varepsilon_0 r^3}$$

（2）电介质外（$r > R_2$）：

$$V = \int_r^\infty \boldsymbol{E}_{外} \cdot \mathrm{d}\boldsymbol{r} = \frac{q}{4\pi\varepsilon_0 r}$$

电介质内（$R_1 < r < R_2$）：

$$V = \int_r^\infty \boldsymbol{E} \cdot \mathrm{d}\boldsymbol{r} = \int_r^{R_2} \boldsymbol{E}_{内} \cdot \mathrm{d}\boldsymbol{r} + \int_{R_2}^\infty \boldsymbol{E}_{外} \cdot \mathrm{d}\boldsymbol{r}$$

$$= \frac{q}{4\pi\varepsilon}\left(\frac{1}{r} - \frac{1}{R_2}\right) + \frac{q}{4\pi\varepsilon_0 R_2}$$

$$= \frac{q}{4\pi}\left(\frac{1}{\varepsilon r} - \frac{1}{\varepsilon R_2} + \frac{1}{\varepsilon_0 R_2}\right)$$

（3）金属球的电势：

$$V = \int_r^\infty \boldsymbol{E} \cdot \mathrm{d}\boldsymbol{r} = \int_r^{R_1} 0 \mathrm{d}\boldsymbol{r} + \int_{R_1}^{R_2} \boldsymbol{E}_{内} \cdot \mathrm{d}\boldsymbol{r} + \int_{R_2}^\infty \boldsymbol{E}_{外} \cdot \mathrm{d}\boldsymbol{r}$$

$$= \int_{R_1}^{R_2} \frac{q\mathrm{d}r}{4\pi\varepsilon r^2} + \int_{R_2}^\infty \frac{q\mathrm{d}r}{4\pi\varepsilon_0 r^2}$$

$$= \frac{q}{4\pi}\left(\frac{1}{\varepsilon R_1} - \frac{1}{\varepsilon R_2} + \frac{1}{\varepsilon_0 R_2}\right)$$

题 14–15 两个同轴的圆柱面，长度均为 l，半径分别为 R_1 和 R_2（$R_2 > R_1$），且 $l \gg R_2 - R_1$，两圆柱面之间充有相对介电常量为 ε_r 的均匀电介质。当两圆柱面分别带等量异号电荷 q 和 $-q$ 时，求：（1）在半径为 r 处（$R_1 < r < R_2$），厚度为 $\mathrm{d}r$、长度为 l 的圆柱薄壳中任一点的电场能量密度和整个薄壳中的电场能量；（2）电介质中的总电场能量；（3）圆柱形电容器的电容。

解： 取半径为 r 的同轴圆柱面 S，则有

$$\oint_S \boldsymbol{D} \cdot \mathrm{d}\boldsymbol{S} = 2\pi r l D$$

当 $R_1 < r < R_2$ 时，有

$$D = \frac{q}{2\pi r l}$$

（1）电场能量密度：

$$w_e = \frac{D^2}{2\varepsilon_0 \varepsilon_r} = \frac{q^2}{8\pi^2 \varepsilon_0 \varepsilon_r r^2 l^2}$$

薄壳中，有

$$\mathrm{d}W_e = w_e \mathrm{d}V = \frac{q^2}{8\pi^2 \varepsilon_0 \varepsilon_r r^2 l^2} 2\pi r \mathrm{d}r l = \frac{q^2 \mathrm{d}r}{4\pi\varepsilon_0 \varepsilon_r r l}$$

（2）电介质中的总电场能量：

$$W_e = \int_V \mathrm{d}W_e = \int_{R_1}^{R_2} \frac{q^2 \mathrm{d}r}{4\pi\varepsilon_0 \varepsilon_r r l} = \frac{q^2}{4\pi\varepsilon_0 \varepsilon_r l} \ln\frac{R_2}{R_1}$$

（3）

$$W_e = \frac{q^2}{2C}$$

电容：

$$C = \frac{q^2}{2W_e} = \frac{2\pi\varepsilon_0\varepsilon_r l}{\ln(R_2/R_1)}$$

题 14-16 一导体球半径为 R_1，外罩一半径为 R_2 的同心薄导体球壳，外球壳所带总电荷量为 Q，而内球的电势为 V_0。求此系统的场强和电势的分布。

分析： 本题关键在于求出内球所带电荷量 q，然后根据高斯定理求出 E，再积分求出 V。可先假设内球所带电荷量为 q，由此表示出内球电势，此电势即 V_0。

解： 由高斯定理：

$$\oint_S \boldsymbol{E} \cdot \mathrm{d}\boldsymbol{S} = \frac{\sum_i q_i}{\varepsilon_0}$$

电场强度的分布为

$$E_1 = 0 \quad (r < R_1)$$

$$E_2 = \frac{q}{4\pi\varepsilon_0 r^2} \quad (R_1 < r < R_2)$$

$$E_3 = \frac{q+Q}{4\pi\varepsilon_0 r^2} \quad (r > R_2)$$

根据电势的计算公式 $V = \int_r^\infty \boldsymbol{E} \cdot \mathrm{d}\boldsymbol{l}$，可求出导体球的电势：

$$V_0 = \int_r^{R_1} 0\,\mathrm{d}r + \int_{R_1}^{R_2} \frac{q}{4\pi\varepsilon_0 r^2}\,\mathrm{d}r + \int_{R_2}^\infty \frac{Q+q}{4\pi\varepsilon_0 r^2}\,\mathrm{d}r$$

$$V_0 = \frac{1}{4\pi\varepsilon_0}\left(\frac{q}{R_1} + \frac{Q}{R_2}\right)$$

由上式解出 q，代入 E_1、E_2、E_3 中，可得电场分布为

$$E_1 = 0 \quad (r < R_1)$$

$$E_2 = \frac{R_1 V_0}{r^2} - \frac{R_1 Q}{4\pi\varepsilon_0 R_2 r^2} \quad (R_1 < r < R_2)$$

$$E_3 = \frac{R_1 V_0}{r^2} + \frac{(R_2 - R_1)Q}{4\pi\varepsilon_0 R_2 r^2} \quad (r > R_2)$$

电势分布则为

$$V_1 = V_0 \quad (r < R_1)$$

$$V_2 = \frac{R_1 V_0}{r} + \frac{(r - R_1)Q}{4\pi\varepsilon_0 R_2 r} \quad (R_1 \leqslant r \leqslant R_2)$$

$$V_3 = \frac{R_1 V_0}{r} + \frac{(R_2 - R_1)Q}{4\pi\varepsilon_0 R_2 r} \quad (r > R_2)$$

題 14-17　三个平行导体板 A、B 和 C 的面积均为 S，其中 A 板带电荷量 Q，B、C 板不带电，A、B 间距离为 d_1，A、C 间距离为 d_2。（1）求各导体板上的电荷分布和导体板间的电势差；（2）将 B、C 两导体板分别接地，再求导体板上的电荷分布和导体板间的电势差。

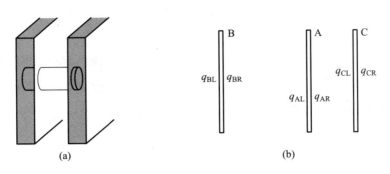

題 14-17 图

分析： 首先分析静电平衡条件下，平行导体板表面电荷分布的规律。考虑如图（a）所示的一对平行导体板，取图中圆柱面为高斯面，高斯面的侧面与电场强度 $\boldsymbol{E}$ 平行，电场强度通量为零；高斯面的两个端面在导体内部，因导体内电场强度为零，由高斯定理：

$$\oint_S \boldsymbol{E} \cdot \mathrm{d}\boldsymbol{S} = \sum q_i / \varepsilon_0 = 0$$

得 $\sum q_i = 0$，此式表明处于静电平衡的导体板，相对的两个面应带等量异号电荷。再利用叠加原理，导体板上四个带电面在导体内产生的合电场强度必须为零，因而平行导体板外侧两个面带等量异号电荷。B、C 两导体板分别接地，$V_B = V_C = U_{BC} = 0$。导体电势的改变将会引起导体表面电荷的重新分布。电荷的分布依然满足相对面等量异号、相背面等量同号的规律，以使导体内部 $\boldsymbol{E} = \boldsymbol{0}$，维持导体的静电平衡。根据电荷分布可确定导体板间的电势差。

解：（1）设电荷分布如图（b）所示，依照静电平衡时导体板上电荷分布规律，有

$$\begin{cases} q_{BL} + q_{BR} = 0 \\ q_{CL} + q_{CR} = 0 \\ q_{AL} + q_{AR} = Q \\ q_{BL} = q_{CR} \\ q_{BR} = -q_{AL} \\ q_{AR} = -q_{CL} \end{cases}$$

266

解上述各式得

$$q_{BL} = q_{AL} = q_{AR} = q_{CR} = \frac{1}{2}Q$$

$$q_{BR} = q_{CL} = -\frac{1}{2}Q$$

故有

$$U_{BA} = -\frac{Q}{2\varepsilon_0 S}d_1$$

$$U_{AC} = \frac{Q}{2\varepsilon_0 S}d_2$$

（2）B、C 两导体板接地，$U_{BC} = 0$，则有

$$\begin{cases} q_{BL} = q_{CR} = 0 \\ q_{AL} + q_{AR} = Q \\ q_{BR} = -q_{AL} \\ q_{CL} = -q_{AR} \\ \dfrac{q_{BR}}{\varepsilon_0 S}d_1 - \dfrac{q_{CL}}{\varepsilon_0 S}d_2 = 0 \end{cases}$$

解上述各式得

$$q_{BR} = -q_{AL} = -\frac{d_2}{d_1 + d_2}Q, \quad U_{BA} = -\frac{Q}{\varepsilon_0 S}\frac{d_1 d_2}{d_1 + d_2}$$

$$q_{CL} = -q_{AR} = -\frac{d_1}{d_1 + d_2}Q, \quad U_{AC} = \frac{Q}{\varepsilon_0 S}\frac{d_1 d_2}{d_2 + d_1}$$

题 14-18 一面积为 S 的平行板电容器，两极板间距为 d。问：（1）在两极板间插入厚度为 $d/3$、相对介电常量为 ε_r 的电介质板，其电容改变多少？（2）插入厚度为 $d/3$ 的导体板，其电容又改变多少？（3）上下移动电介质板或导体板，对电容变化有无影响？（4）将导体板抽出要做多少功？

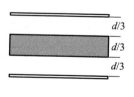

题 14-18 图

解：（1）按图中所示插入电介质板，并设正极板上的电荷量为 q。未插入前两极板间的电容为

$$C_0 = \frac{\varepsilon_0 S}{d} = \frac{q}{U} = \frac{q}{Ed}$$

插入电介质板后电容器两极板间的电势差为

$$U = \frac{1}{3}Ed + \frac{1}{3}\frac{Ed}{\varepsilon_r} + \frac{1}{3}Ed$$

$$= \frac{Ed}{3}\left(2 + \frac{1}{\varepsilon_r}\right)$$

所以，插入电介质板后两极板之间的电容为

$$C = \frac{q}{U} = \frac{3\varepsilon_r}{1 + 2\varepsilon_r}C_0 \qquad\qquad ①$$

于是电容改变为

$$\Delta C = C - C_0 = \frac{\varepsilon_r - 1}{1 + 2\varepsilon_r}C_0$$

其中，$\Delta C > 0$，这表明插入电介质板后电容增加。

（2）如果插入的是导体板，则导体板等电势，两极板间的电势差为

$$U = \frac{1}{3}Ed + 0 + \frac{1}{3}Ed = \frac{2}{3}Ed$$

电容为

$$C = \frac{q}{U} = \frac{3}{2}C_0 \qquad\qquad ②$$

于是电容改变 $\Delta C = C - C_0 = \frac{1}{2}C_0$。由此可见，在平行板电容器之间无论插入电介质板还是插入导体板，其电容都要增加。

（3）从①、②两式可见，电容与插入的电介质板或导体板的位置无关，因此上下移动电介质板或导体板不会使电容改变。

（4）将导体板抽出，外力要做功。根据功能原理，此功等于系统增加的能量。

未抽出时，系统能量为

$$W_e = \frac{1}{2}\varepsilon_0 E^2\left(\frac{2}{3}Sd\right) = \frac{1}{3}\varepsilon_0 E^2 Sd$$

抽出后，系统能量为

$$W_e' = \frac{1}{2}\varepsilon_0 E^2 Sd$$

所以，外力所做的功为

$$A = W_e' - W_e = \frac{1}{2}\varepsilon_0 E^2 Sd - \frac{1}{3}\varepsilon_0 E^2 Sd = \frac{1}{6}\varepsilon_0 E^2 Sd$$

题 14-19　有一同轴电缆，其内、外导体圆筒间用两层电介质隔离，介电常量分别为 ε_1、ε_2，如图所示。（1）若使两层电介质中最大场强相等，则应满足什么条件？（2）求此种情况下电缆单位长度的电容。

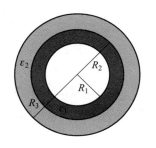

题 14-19 图

解：（1）设电缆的电荷线密度为 λ，电介质中离轴心 r 处的电场强度的大小为

$$E_1 = \frac{\lambda}{2\pi\varepsilon_1 r} \quad (R_1 \leqslant r < R_2)$$

$$E_2 = \frac{\lambda}{2\pi\varepsilon_2 r} \quad (R_2 \leqslant r \leqslant R_3)$$

因为内、外导体间电势差为

$$U = \int_{R_1}^{R_3} \boldsymbol{E} \cdot \mathrm{d}\boldsymbol{r} = \int_{R_1}^{R_2} E_1 \mathrm{d}r + \int_{R_2}^{R_3} E_2 \mathrm{d}r$$

$$= \frac{\lambda}{2\pi}\left(\frac{1}{\varepsilon_1}\ln\frac{R_2}{R_1} + \frac{1}{\varepsilon_2}\ln\frac{R_3}{R_2}\right)$$

所以，有

$$\lambda = \frac{2\pi U}{\dfrac{1}{\varepsilon_1}\ln\dfrac{R_2}{R_1} + \dfrac{1}{\varepsilon_2}\ln\dfrac{R_3}{R_2}}$$

代入 E_1、E_2 中，得

$$E_1 = \frac{U}{\varepsilon_1 r}\,\frac{1}{\dfrac{1}{\varepsilon_1}\ln\dfrac{R_2}{R_1} + \dfrac{1}{\varepsilon_2}\ln\dfrac{R_3}{R_2}}$$

$$E_2 = \frac{U}{\varepsilon_2 r}\,\frac{1}{\dfrac{1}{\varepsilon_1}\ln\dfrac{R_2}{R_1} + \dfrac{1}{\varepsilon_2}\ln\dfrac{R_3}{R_2}}$$

显然，E_1 在 $r = R_1$ 处，E_2 在 $r = R_2$ 处各为最大值，因此有

$$E_{1\max} = \frac{U}{\varepsilon_1 R_1}\,\frac{1}{\dfrac{1}{\varepsilon_1}\ln\dfrac{R_2}{R_1} + \dfrac{1}{\varepsilon_2}\ln\dfrac{R_3}{R_2}}$$

$$E_{2\max} = \frac{U}{\varepsilon_2 R_2}\,\frac{1}{\dfrac{1}{\varepsilon_1}\ln\dfrac{R_2}{R_1} + \dfrac{1}{\varepsilon_2}\ln\dfrac{R_3}{R_2}}$$

若要使 $E_{1\text{max}} = E_{2\text{max}}$，则应满足条件：

$$\frac{\varepsilon_1}{\varepsilon_2} = \frac{R_2}{R_1}$$

（2）电缆单位长度的电容为

$$\frac{C}{l} = \frac{Q}{lU} = \frac{\lambda}{U} = \frac{2\pi}{\dfrac{1}{\varepsilon_1}\ln\dfrac{R_2}{R_1} + \dfrac{1}{\varepsilon_2}\ln\dfrac{R_3}{R_2}}$$

题 14-20 如图所示，有一半径为 R_1 的导体球，其外套有一同心的导体球壳，球壳的内外半径分别为 R_2 和 R_3。球与球壳之间充满各向同性相对介电常量为 ε_r 的均匀电介质，球壳外是空气，当导体球所带电荷量为 q，球壳不带电时：（1）求整个电场储存的能量；（2）如果将球壳接地，计算储存的能量，并由此求电容。

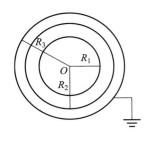

题 14-20 图

分析：本题先计算场强，然后求出导体球与球壳之间的电势差及球壳外表面的电势，利用电场能量公式计算储存的能量（注意有两部分能量）；接地后 $U_2 = 0$，只有导体球与球壳之间有电场存在。

解：（1）导体球与球壳之间的场强大小为

$$E_1 = \frac{q}{4\pi\varepsilon_0\varepsilon_r r^2} \left(R_1 < r < R_2\right)$$

所以，有

$$V_1 = \frac{q}{4\pi\varepsilon_0\varepsilon_r}\left(\frac{1}{R_1} - \frac{1}{R_2}\right)$$

则球壳内储存的电场能量为

$$W_1 = \frac{qU_1}{2} = \frac{q^2(R_2 - R_1)}{8\pi\varepsilon_0\varepsilon_r R_1 R_2}$$

球壳外的场强大小为

$$E_2 = \frac{q}{4\pi\varepsilon_0 r^2}\left(r > R_3\right)$$

球壳电势为

$$V_2 = \frac{q}{4\pi\varepsilon_0 R_3}$$

外电场储存的能量为

$$W_2 = \frac{q^2}{8\pi\varepsilon_0 R_3}$$

电场总能量为

$$W = W_1 + W_2 = \frac{q^2}{8\pi\varepsilon_0}\left(\frac{1}{\varepsilon_r R_1} - \frac{1}{\varepsilon_r R_2} + \frac{1}{R_3}\right)$$

（2）若球壳接地，则 $V_2 = 0$，于是有

$$W = W_1 = \frac{q^2(R_2 - R_1)}{8\pi\varepsilon_0\varepsilon_r R_1 R_2} = \frac{q^2}{2C}$$

$$C = \frac{4\pi\varepsilon_0\varepsilon_r R_1 R_2}{R_2 - R_1}$$

题 14-21 将两个电容器 C_1 和 C_2 充电到相等的电压 U 以后切断电源，再将每一电容器的正极板与另一电容器的负极板相连。试求：（1）每个电容器最终所带的电荷量；（2）电场能量的损失。

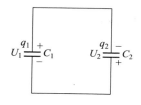

题 14-21 图

解： 如图所示，设连接后两电容器所带电荷量分别为 q_1、q_2，则有

$$q_1 + q_2 = q_{10} - q_{20} = C_1 U_1 - C_2 U_2$$

$$\frac{q_1}{q_2} = \frac{C_1 U_1}{C_2 U_2}$$

$$U_1 = U_2$$

（1）
$$q_1 = \frac{C_1(C_1 - C_2)}{C_1 + C_2}U, \quad q_2 = \frac{C_2(C_1 - C_2)}{C_1 + C_2}U$$

（2）电场能量的损失为

$$\Delta W = W_0 - W$$

$$= \left(\frac{1}{2}C_1 U^2 + \frac{1}{2}C_2 U^2\right) - \left(\frac{q_1^2}{2C_1} + \frac{q_2^2}{2C_2}\right)$$

$$= \frac{2C_1 C_2}{C_1 + C_2}U^2$$

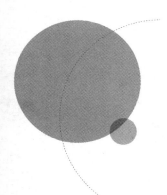

Chapter 15

第 15 章
恒定磁场

基本要求

1. 掌握描述磁场的物理量——磁感应强度的概念，理解它是矢量点函数。

2. 理解毕奥 – 萨伐尔定律，能利用它计算一些简单问题中的磁感应强度。

3. 理解恒定磁场的高斯定理和安培环路定理。理解用安培环路定理计算磁感应强度的条件和方法。

4. 理解洛伦兹力和安培力的公式，能分析电荷在均匀电场和磁场中的受力和运动。

5. 了解磁矩的概念。能计算简单几何形状载流导体和载流平面线圈在均匀磁场中或在无限长载流直导体产生的非均匀磁场中所受的力和力矩。

6. 了解磁介质的磁化现象及其微观解释。

7. 了解磁场强度的概念以及在各向同性介质中 H 和 B 的关系，了解磁介质中的安培环路定理。

内容提要

1. 磁感应强度

满足洛伦兹力公式 $F = qv \times B$ 的矢量 B 定义为磁感应强度。式中 q 为粒子所带电荷量，v 为粒子通过磁感应强度为 B 的场点时的速度，F 为粒子在该点所受的磁场力。因此，磁场中某点磁感应强度大小的定义式为

$$B = \frac{F_{\max}}{qv}$$

其方向与 v 和 F 满足右手螺旋定则。磁场中某点 B 的方向与自由小磁针在磁场中同一点静止时 N 极的指向一致。

2. 毕奥－萨伐尔定律

考虑一段导线中的一个电流元 $I\mathrm{d}l$，电流 I 是由各电荷的定向移动形成的。利用磁场的叠加原理可得，电流元中所有电荷在 P 点处产生的磁感应强度为

$$\mathrm{d}B = \frac{\mu_0 I \mathrm{d}l \times r}{4\pi r^3}$$

原则上，任何电流都可视为许多电流元的集合，因此，由磁场的叠加原理和毕奥－萨伐尔定律可求得整个电流在空间的磁场分布。毕奥－萨伐尔定律是用实验方法得出的电流产生磁场的规律，该定律对所有电流（包括恒定的和非恒定的）都成立。

在应用毕奥－萨伐尔定律时要记住一些典型电流的磁场。

载流直导线的磁感应强度：

$$B = \frac{\mu_0 I}{4\pi a}\left(\sin \beta_2 - \sin \beta_1\right)$$

圆形载流导线圆心处的磁感应强度：

$$B = \frac{\mu_0}{2}\frac{I}{R}$$

无限长载流螺线管内的磁感应强度：

$$B = \mu_0 n I$$

由毕奥－萨伐尔定律和磁场叠加原理求 B 的步骤：

① 选取电流元或某些典型电流为积分元 $I\mathrm{d}l$。

② 由毕奥－萨伐尔定律或典型形状电流磁感应强度公式写出积分元 $I\mathrm{d}l$ 的磁感应强度 $\mathrm{d}B$。

③ 建立适当坐标系，将 $\mathrm{d}B$ 分解为分量式，对每个分量式积分，积分时注意利用对称性化简，统一积分变量，正确确定积分上下限。

④ 求出总磁感应强度的大小、方向，并对结果进行讨论。

3. 磁场的高斯定理

穿过磁场中任意封闭曲面的磁通量为

$$\Phi = \oint_S B \cdot \mathrm{d}S = 0$$

该式表明，磁场是一种无源场。

273

4. 安培环路定理及应用

（1）安培环路定理。

在真空中，磁感应强度沿任何闭合回路 L 的线积分，等于穿过这环路所有电流的代数和的 μ_0 倍，即

$$\oint_L \boldsymbol{B} \cdot \mathrm{d}\boldsymbol{l} = \mu_0 \sum I_i$$

该定理表明，磁场是一种非保守场或涡旋场。

① 安培环路定理只适用于恒定磁场。

② 公式中的磁感应强度 $\boldsymbol{B}$ 是空间所有电流的贡献，但 $\boldsymbol{B}$ 的环流只与回路内包围的电流有关。

③ 电流的代数和 $\sum I_i$ 中，电流的正负由右手螺旋定则确定。

（2）用安培环路定理求磁感应强度的步骤。

① 进行对称性分析。

② 选取恰当的闭合路径 L 为安培环路，以便 $\oint_L \boldsymbol{B} \cdot \mathrm{d}\boldsymbol{l}$ 中待求的 $\boldsymbol{B}$ 可以以标量形式从积分号内提出。

③ 求 L 内包围的电流的代数和 $\sum I_i$。

④ 由 $\oint_L \boldsymbol{B} \cdot \mathrm{d}\boldsymbol{l} = \mu_0 \sum I_i$，求出 $\boldsymbol{B}$ 的大小，并说明其方向。

注意： 对安培环路定理的应用，只有磁场分布具有对称性时，才能求解出磁感应强度。

5. 磁场对运动电荷的作用

运动电荷在磁场中将受到洛伦兹力的作用：

$$\boldsymbol{F} = q\boldsymbol{v} \times \boldsymbol{B}$$

（1）v 与 $\boldsymbol{B}$ 的夹角为 $\dfrac{\pi}{2}$。

电荷将在磁场中绕磁感应线作圆周运动，此时洛伦兹力是向心力。圆周运动的半径和周期分别为

$$R = \frac{mv}{qB}, \ T = \frac{2\pi m}{qB}$$

（2）v 与 $\boldsymbol{B}$ 为任意夹角。

电荷绕磁感应线作螺旋运动，其半径和螺距分别为

$$R = \frac{mv\sin\theta}{qB}, \ h = \frac{2\pi m}{qB}v\cos\theta$$

利用带电粒子在磁场中受力的规律可解释霍耳效应。

6. 安培定律

电流元在磁场中所受的磁场力——安培力为

$$\mathrm{d}\boldsymbol{F} = I\mathrm{d}\boldsymbol{l} \times \boldsymbol{B}$$

由安培定律出发，可计算载流导线在磁场中所受的磁场力，其步骤如下：

① 在载流导线上取电流元 $I\mathrm{d}\boldsymbol{l}$。

② 由安培定律得到电流元所受的安培力 $\mathrm{d}\boldsymbol{F} = I\mathrm{d}\boldsymbol{l} \times \boldsymbol{B}$。

③ 由叠加原理，载流导线所受的磁场力等于各电流元所受安培力的矢量和，即

$$\boldsymbol{F} = \int I\mathrm{d}\boldsymbol{l} \times \boldsymbol{B}$$

注意：一般情况下应该用 $\mathrm{d}\boldsymbol{F}$ 的各个分量积分。

7. 磁场对载流线圈的作用

线圈的磁矩为

$$\boldsymbol{m} = NI\boldsymbol{S}$$

$\boldsymbol{S}$ 为线圈的面积矢量。

载流线圈所受的力矩为

$$\boldsymbol{M} = \boldsymbol{m} \times \boldsymbol{B}$$

习　题

题 15-1　一条无限长载流直导线在一处弯折成半径为 R 的圆弧，如图所示。试利用毕奥-萨伐尔定律求：（1）当圆弧为半圆周时，圆心 O 处的磁感应强度；（2）当圆弧为 $\frac{1}{4}$ 圆周时，圆心 O 处的磁感应强度。

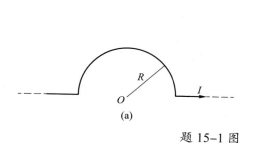
(a)

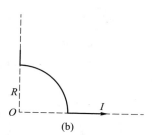
(b)

题 15-1 图

解：（1）两段半无限长载流直导线在圆心 O 处的磁感应强度为 0，在圆弧上取一小圆弧 $\mathrm{d}\boldsymbol{l}$，方向指向电流方向，则 $\mathrm{d}\boldsymbol{l}$ 在 O 点的磁感应强度为

$$\mathrm{d}\boldsymbol{B} = \frac{\mu_0 I \mathrm{d}\boldsymbol{l} \times \boldsymbol{r}}{4\pi r^3}$$

其大小为

$$\mathrm{d}B = \frac{\mu_0 I \mathrm{d}l}{4\pi R^2} = \frac{\mu_0 I R \mathrm{d}\theta}{4\pi R^2} = \frac{\mu_0 I \mathrm{d}\theta}{4\pi R}$$

方向垂直纸面向里。

半圆弧在圆心 O 处的磁感应强度大小为

$$B' = \int_0^\pi \frac{\mu_0 I \mathrm{d}\theta}{4\pi R} = \frac{\mu_0 I}{4R}$$

方向垂直纸面向里。

当圆弧为半圆周时，圆心 O 处的磁感应强度大小为

$$B = B' = \frac{\mu_0 I}{4R}$$

方向垂直纸面向里。

（2）$\frac{1}{4}$ 圆弧在圆心 O 处的磁感应强度大小为

$$B' = \int_0^{\frac{\pi}{2}} \frac{\mu_0 I \mathrm{d}\theta}{4\pi R} = \frac{\mu_0 I}{8R}$$

方向垂直纸面向里。

当圆弧为 $\frac{1}{4}$ 圆周时，圆心 O 处的磁感应强度大小为

$$B = B' = \frac{\mu_0 I}{8R}$$

方向垂直纸面向里。

题 15-2　如图所示，两根导线沿半径方向引到铁环上的 A、B 两点，并在很远处与电源相连，求环中心处的磁感应强度。

解：设两段圆弧电流在 O 处的磁感应强度大小分别为 B_1、B_2，导线长度分别为 L_1 和 L_2，横截面积为 S，电阻率为 ρ，电流 I_1 和 I_2 的关系为

$$\frac{I_1}{I_2} = \frac{R_2}{R_1} = \frac{\rho \dfrac{L_2}{S}}{\rho \dfrac{L_1}{S}} = \frac{L_2}{L_1}$$

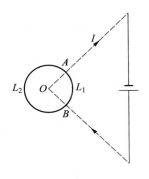

题 15-2 图

即

$$I_1 L_1 = I_2 L_2$$

$$B_1 = \frac{\mu_0 I_1}{4\pi} \int_{L_1} \frac{\mathrm{d}l}{r^2} = \frac{\mu_0}{4\pi r^2} I_1 L_1$$

$$B_2 = \frac{\mu_0 I_2}{4\pi} \int_{L_2} \frac{\mathrm{d}l}{r^2} = \frac{\mu_0}{4\pi r^2} I_2 L_2$$

由于两段圆弧电流在 O 处的磁感应强度方向相反，所以

$$B = 0$$

题 15-3 真空中有一无限长载流直导线 LL' 在 A 点处折成直角，如图所示。在 LAL' 平面内，求 P、R、S、T 四点处磁感应强度的大小。图中 $d = 4.00$ cm，电流 $I = 20.0$ A。

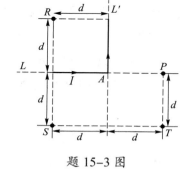

题 15-3 图

解： P 点：P 点在 LA 延长线上，载流导线 LA 在 P 点磁感应强度为 0，则载流导线 $L'A$ 在 P 点的磁感应强度为 P 点的总磁感应强度。

根据毕奥－萨伐尔定律得

$$B_P = B_{LA} + B_{L'A}$$

$$= 0 + \frac{\mu_0 I}{4\pi d} = 5 \times 10^{-5} \text{ T}$$

方向垂直纸面向里。

R 点：根据毕奥－萨伐尔定律得

$$B_R = B_{LA} + B_{L'A}$$

$$= \frac{\mu_0 I}{4\pi d}\left[\sin\frac{\pi}{4} - \sin\left(-\frac{\pi}{2}\right) \right] + \frac{\mu_0 I}{4\pi d}\left[\sin\frac{\pi}{2} - \sin\left(-\frac{\pi}{4}\right) \right]$$

$$\approx 1.71 \times 10^{-4} \text{ T}$$

方向垂直纸面向外。

S 点：根据毕奥－萨伐尔定律得

$$B_S = B_{LA} - B_{L'A}$$

$$= \frac{\mu_0 I}{4\pi d}\left[\sin\frac{\pi}{4} - \sin\left(-\frac{\pi}{2}\right) \right] - \frac{\mu_0 I}{4\pi d}\left[\sin\frac{\pi}{2} - \sin\left(-\frac{\pi}{4}\right) \right]$$

$$\approx 7.07 \times 10^{-5} \text{ T}$$

方向垂直纸面向里。

T 点：根据毕奥－萨伐尔定律得

$$B_T = B_{LA} + B_{L'A}$$

$$= \frac{\mu_0 I}{4\pi d}\left[\sin\frac{\pi}{4} - \sin\left(-\frac{\pi}{2}\right)\right] + \frac{\mu_0 I}{4\pi d}\left[\sin\frac{\pi}{2} - \sin\left(-\frac{\pi}{4}\right)\right]$$

$$\approx 1.71\times 10^{-4}\ \text{T}$$

方向垂直纸面向里。

题 15–4　有一条无限长金属板，宽为 a，电流 I 沿着金属板流动并沿板宽均匀分布，求板外任意点处的磁感应强度 $\boldsymbol{B}$。

解： 如图所示，坐标原点取在板的中心线上，电流 I 沿 z 轴正方向。因为板无限长，所以只需研究 Oxy 平面上的磁场分布。板上 x' 处宽为 $\mathrm{d}x'$ 的窄条在 $P(x, y)$ 处产生的磁感应强度的大小为

$$\mathrm{d}B = \frac{\mu_0\mathrm{d}I}{2\pi r} = \frac{\mu_0 I}{2\pi a}\frac{\mathrm{d}x'}{r}$$

其在 x 方向的分量为

$$\mathrm{d}B_x = -\mathrm{d}B\sin\alpha$$

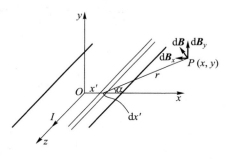

题 15–4 图

积分得

$$B_x = -\int_{-\frac{a}{2}}^{\frac{a}{2}} \frac{\mu_0 Iy}{2\pi a}\frac{\mathrm{d}x'}{\left(x - x'\right)^2 + y^2}$$

$$= \frac{\mu_0 I}{2\pi a}\left[\arctan\left(\frac{2x-a}{2y}\right) - \arctan\left(\frac{2x+a}{2y}\right)\right]$$

其在 y 方向的分量为

$$\mathrm{d}B_y = \mathrm{d}B\cos\alpha$$

积分得

$$B_y = \int_{-\frac{a}{2}}^{\frac{a}{2}} \frac{\mu_0 I}{2\pi a} \frac{(x-x')\mathrm{d}x'}{(x-x')^2 + y^2}$$

$$= \frac{\mu_0 I}{4\pi a} \ln \frac{\left(x+\dfrac{a}{2}\right)^2 + y^2}{\left(x-\dfrac{a}{2}\right)^2 + y^2}$$

P 点的磁感应强度为

$$\boldsymbol{B} = B_x \boldsymbol{i} + B_y \boldsymbol{j}$$

题 15-5 有一条无限长金属板，宽为 a，电流 I 沿着金属板流动并沿板宽均匀分布，求板的中垂线上离板为 d 处的磁感应强度 $\boldsymbol{B}$。

解： 如图所示，坐标原点取在板的中心线上，电流 I 沿 z 轴正方向。因为板无限长，所以只需研究 Oxy 平面上的磁场分布。板上 x 处宽为 $\mathrm{d}x$ 的窄条在 P 点处产生的磁感应强度大小为

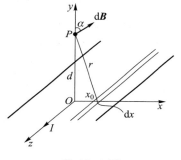

题 15-5 图

$$\mathrm{d}B = \frac{\mu_0 \mathrm{d}I}{2\pi r} = \frac{\mu_0 I}{2\pi a} \frac{\mathrm{d}x}{r}$$

由对称性分析，无限长金属板，在 P 点处所产生的磁场只有 x 分量，其值为

$$\mathrm{d}B_x = \mathrm{d}B\sin\alpha$$

两边积分得

$$B_x = \int_{-\frac{a}{2}}^{\frac{a}{2}} \frac{\mu_0 I d}{2\pi a} \frac{\mathrm{d}x}{r^2} = \int_{-\frac{a}{2}}^{\frac{a}{2}} \frac{\mu_0 I d}{2\pi a} \frac{\mathrm{d}x}{x_0^2 + d^2}$$

令 $x_0 = d\tan\alpha$，并考虑对称区间偶函数积分，得

$$B_x = \frac{\mu_0 I}{\pi a} \arctan\frac{a}{2d}$$

题 15-6　电荷 q 均匀分布在半径为 R 的球面上，这球以角速度 ω 绕它的一个固定直径旋转。求电流面密度（单位面积上的电流）的大小。

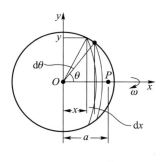

题 15-6 图

解：设电荷面密度为 σ，离球心 x 处取一宽度为 $\mathrm{d}x$ 的圆环，如图所示。当球以角速度 ω 旋转时，此圆环相当于一圆电流，其大小为

$$\mathrm{d}I = \mathrm{d}q \frac{\omega}{2\pi} = \sigma R \mathrm{d}\theta (2\pi R \sin\theta) \frac{\omega}{2\pi}$$
$$= \sigma R^2 \omega \sin\theta \mathrm{d}\theta$$

电流面密度的大小为

$$j = \frac{\mathrm{d}I}{R\mathrm{d}\theta} = \sigma R \omega \sin\theta = \frac{q\omega}{4\pi R}\sin\theta$$

题 15-7　如图所示，两长直导线中电流 $I_1 = I_2 = 10$ A，且方向相反。对图中三个闭合回路 a、b、c 分别写出安培环路定理等式右边电流的代数和，并讨论：（1）在每一闭合回路上各点 B 是否相同？（2）能否由安培环路定理直接计算闭合回路上各点 B 的量值？（3）在闭合回路 b 上各点的 B 是否为零？为什么？

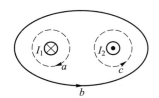

题 15-7 图

解：
$$\oint_a \boldsymbol{B} \cdot \mathrm{d}\boldsymbol{l} = 10\mu_0 (\text{SI单位})$$

$$\oint_b \boldsymbol{B} \cdot \mathrm{d}\boldsymbol{l} = 0$$

$$\oint_c \boldsymbol{B} \cdot \mathrm{d}\boldsymbol{l} = 10\mu_0 (\text{SI单位})$$

（1）在每一闭合回路上，各点 B 的大小都不相等。

（2）不能由安培环路定理直接计算闭合回路上各点 B 的量值。

（3）在闭合回路 b 上各点 B 均不为零。只是 B 的环路积分为零，而非每点 $\boldsymbol{B} = \boldsymbol{0}$。

题 15-8　一根长导体直圆管，内径为 R_1，外径为 R_2，电流 I 沿管轴方向，并且均匀地分布在管壁的横截面上。空间某点 P 至管轴的距离为 r，求下列三种情况下，P 点的磁感应强度：（1）$r < R_1$；（2）$R_1 < r < R_2$；（3）$r > R_2$。

解：取闭合回路 $l = 2\pi r$，根据安培环路定理，有

$$\oint_l \boldsymbol{B} \cdot \mathrm{d}\boldsymbol{l} = B \cdot 2\pi r = \mu_0 \sum I_i$$

（1）当 $r < R_1$ 时，$\sum I_i = 0$，则有

$$B = 0$$

（2）当 $R_1 < r < R_2$ 时，$\sum I_i = \left(\pi r^2 - \pi R_1^2\right)\dfrac{I}{\pi R_2^2 - \pi R_1^2}$，则有

$$B = \frac{\mu_0 I\left(r^2 - R_1^2\right)}{2\pi r\left(R_2^2 - R_1^2\right)}$$

（3）当 $r > R_2$ 时，$\sum I_i = I$，则有

$$B = \frac{\mu_0 I}{2\pi r}$$

题 15-9 两平行长直导线相距 d，两导线载有的电流大小相等，均为 I，电流流向相反，如图所示。求：（1）两导线之间所在平面内任意一点处的磁感应强度；（2）通过图中阴影面积的磁通量。

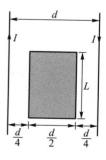

题 15-9 图

解：（1）以左边导线上一点为坐标原点，水平向右为 x 轴正方向，则两导线间任意点 x 的磁感应强度为两导线在该点产生磁感应强度的和。

左边导线在 x 处产生的磁感应强度的大小为

$$B_1 = \frac{\mu_0 I}{2\pi x}$$

右边导线在 x 处产生的磁感应强度的大小为

$$B_2 = \frac{\mu_0 I}{2\pi\left(d - x\right)}$$

两个磁感应强度的方向相同，所以 x 处的总磁感应强度的大小为

$$B = B_1 + B_2 = \frac{\mu_0 I}{2\pi}\left(\frac{1}{x} + \frac{1}{d-x}\right)$$

方向垂直纸面向里。

（2）在 x 处取面元 $\mathrm{d}S = L\mathrm{d}x$，穿过该面元的磁通量为

$$\mathrm{d}\Phi = \boldsymbol{B}\cdot\mathrm{d}\boldsymbol{S} = BL\mathrm{d}x = \frac{\mu_0 I}{2\pi}\left(\frac{1}{x} + \frac{1}{d-x}\right)L\mathrm{d}x$$

穿过阴影面积的磁通量为

$$\Phi = \int\mathrm{d}\Phi = \frac{\mu_0 IL}{2\pi}\int_{\frac{d}{4}}^{\frac{3d}{4}}\left(\frac{1}{x} + \frac{1}{d-x}\right)\mathrm{d}x = \frac{\mu_0 IL}{\pi}\ln 3$$

题 15-10   如图所示，一根很长的同轴电缆，由一导体圆柱（半径为 a）和一同轴的导体圆管（内、外半径分别为 b、c）构成。使用时，电流 I 从一导体流入，从另一导体流回。设电流均匀地分布在导体的横截面上，求以下各处磁感应强度的大小。（1）导体圆柱内（$r<a$）；（2）两导体之间（$a<r<b$）；（3）导体圆管内（$b<r<c$）；（4）电缆外（$r>c$）。

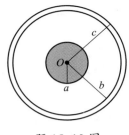

题 15-10 图

解：

$$\oint_l \boldsymbol{B} \cdot \mathrm{d}\boldsymbol{l} = \mu_0 \sum I_i$$

（1）$r<a$，

$$B \cdot 2\pi r = \mu_0 \frac{Ir^2}{R^2}$$

$$B = \frac{\mu_0 Ir}{2\pi R^2}$$

（2）$a<r<b$，

$$B \cdot 2\pi r = \mu_0 I$$

$$B = \frac{\mu_0 I}{2\pi r}$$

（3）$b<r<c$，

$$B \cdot 2\pi r = -\mu_0 I \frac{r^2 - b^2}{c^2 - b^2} + \mu_0 I$$

$$B = \frac{\mu_0 I (c^2 - r^2)}{2\pi r (c^2 - b^2)}$$

（4）$r>c$，

$$B \cdot 2\pi r = 0$$

$$B = 0$$

题 15-11   一载有电流 I 的硬导线，转折处为半径为 R 的四分之一圆弧 ab。均匀外磁场的大小为 B，其方向垂直于导线所在的平面，如图（a）所示，求圆弧 ab 部分所受的力的大小。

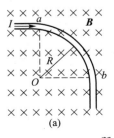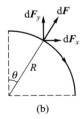

题 15-11 图

解： 如图（b）所示，取电流元 $I\mathrm{d}\boldsymbol{l}$，该电流元在均匀磁场 $\boldsymbol{B}$ 中所受的力为

$$\mathrm{d}\boldsymbol{F} = I\mathrm{d}\boldsymbol{l} \times \boldsymbol{B}$$

其大小为

$$\mathrm{d}F = IB\mathrm{d}l$$

其在水平方向和竖直方向所受的分力分别为

$$\mathrm{d}F_x = IBR\sin\theta\mathrm{d}\theta$$

$$\mathrm{d}F_y = IBR\cos\theta\mathrm{d}\theta$$

则圆弧 ab 所受的分力分别为

$$F_x = IBR\int_0^{\frac{\pi}{2}}\sin\theta\mathrm{d}\theta = IBR$$

$$F_y = IBR\int_0^{\frac{\pi}{2}}\cos\theta\mathrm{d}\theta = IBR$$

合力的大小为

$$F = \sqrt{F_x^2 + F_y^2} = \sqrt{2}IBR$$

题 15-12 任意形状的一段导线 ab，其中通有电流 I，导线放在和均匀磁场 $\boldsymbol{B}$ 垂直的平面内，如图（a）所示。试证明导线 ab 所受的力等于 a 到 b 间载有同样电流的直导线所受的力。

证明： 如图（b）所示，建立坐标系。在曲线上取 $\mathrm{d}\boldsymbol{l}$，使其与 x 轴方向成 α 角（为简便计，图中未标）。则电流元 $I\mathrm{d}\boldsymbol{l}$ 所受的力的大小为

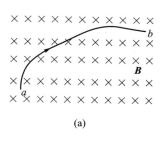

(a)

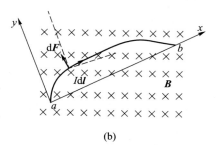

(b)

题 15-12 图

$$\mathrm{d}F = IB\mathrm{d}l$$

x 方向的分力大小为

$$F_x = \int \mathrm{d}F_x = \int IB\mathrm{d}l\sin\alpha = \int_0^0 IB\mathrm{d}y = 0$$

y 方向的分力大小为

$$F_y = \int \mathrm{d}F_y = \int IB\mathrm{d}l\cos\alpha = \int_a^b IB\mathrm{d}x = IB|ab|$$

合力的方向垂直于 ab 连线向上。

题 15-13 一条无限长导线弯成如图（a）所示的形状。其中大圆半径 R 是小圆半径 r 的二倍，大圆和小圆共心，导线中通有恒定电流 I，求圆心 O 处的磁感应强度 $\boldsymbol{B}$。

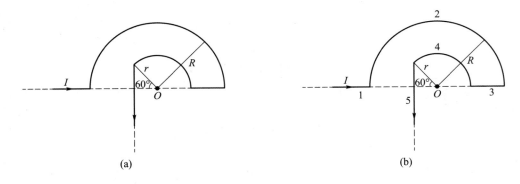

(a)　　　　　　　　　　(b)

题 15-13 图

解： 将图中各段导线编成号码，如图（b）所示。圆心 O 处的磁感应强度为

$$\boldsymbol{B} = \boldsymbol{B}_1 + \boldsymbol{B}_2 + \boldsymbol{B}_3 + \boldsymbol{B}_4 + \boldsymbol{B}_5$$

1、3 两段导线的延长线过 O 点，有

$$\boldsymbol{B}_1 = \boldsymbol{B}_3 = \boldsymbol{0}$$

$\boldsymbol{B}_2$ 大小为

$$B_2 = \frac{\mu_0 I}{2R} \times \frac{1}{2} = \frac{\mu_0 I}{4R}$$

方向垂直纸面向里。

$\boldsymbol{B}_4$ 大小为

$$B_4 = \frac{\mu_0 I}{2r} \times \frac{1}{3} = \frac{\mu_0 I}{3R}$$

方向垂直纸面向外。

$\boldsymbol{B}_5$ 大小为

$$B_5 = \frac{\mu_0 I}{4\pi r \cos 60°}\left(\cos 30° - \cos 180°\right)$$

$$= \frac{\mu_0 I}{2\pi R}\left(\sqrt{3} + 2\right)$$

方向垂直纸面向外。

总磁感应强度大小为

$$B = B_4 + B_5 - B_2$$

$$= \frac{\mu_0 I}{2R}\left(\frac{1}{6} + \frac{\sqrt{3}+2}{\pi}\right)$$

方向垂直纸面向外。

题 15-14 无限长细导线弯成如图所示的形状，其中 c 部分是在 Oxy 平面内半径为 R 的半圆，试求通以电流 I 时 O 点的磁感应强度。

解： a 段：

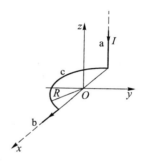

题 15-14 图

$$B_1 = \frac{\mu_0 I}{4\pi R}, \quad 沿 y 轴负方向$$

b 段：

$$B_2 = 0$$

c 段：

$$B_3 = \frac{\mu_0 I}{4R}, \quad 沿 z 轴正方向$$

O 点的总磁感应强度为

$$\boldsymbol{B} = -\frac{\mu_0 I}{4\pi R}\boldsymbol{j} + \frac{\mu_0 I}{4R}\boldsymbol{k}$$

题 15-15 一无限长直圆柱形导体内有一无限长直圆柱形空腔，如图（a）所示，空腔与导体的轴线平行，间距为 a，导体内的电流密度为 $\boldsymbol{j}$，$\boldsymbol{j}$ 的方向平行于轴线。求腔内任意点的磁感应强度的大小。设空腔和导体的半径分别为 r 和 R。

分析： 利用叠加原理，将此模型分成两个实心圆柱体。如图（b）所示，在空

腔内任取一点 P，距 O 轴为 r_1，距 O' 轴为 r_2。大、小圆柱体在 P 点产生的磁感应强度大小分别为 B_1、B_2。那么腔内任意点的磁感应强度 $\boldsymbol{B}$ 应为大圆柱导体和小圆柱导体在该点产生的磁感应强度之矢量差。这样，每个圆柱体都可以利用安培环路定理求出磁感应强度。

解： 对大圆柱体，以导体的轴线为圆心，过空腔中任一点作闭合回路，有

$$B_1 \cdot 2\pi r_1 = \oint_l \boldsymbol{B} \cdot \mathrm{d}\boldsymbol{l} = \mu_0 \sum I_i = \mu_0 j \pi r_1^2$$

$$B_1 = \frac{\mu_0 j r_1}{2}$$

同理，还是过这一点，以空腔导体的轴线为圆心作闭合回路，有

$$B_2 \cdot 2\pi r_2 = \oint_l \boldsymbol{B} \cdot \mathrm{d}\boldsymbol{l} = \mu_0 \sum I_i = \mu_0 j \pi r_2^2$$

$$B_2 = \frac{\mu_0 j r_2}{2}$$

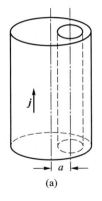

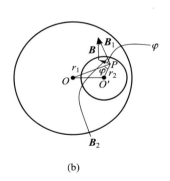

(a)　　　　　　　　　　(b)

题 15-15 图

由图（b）可知

$$B^2 = B_1^2 + B_2^2 - 2B_1 B_2 \cos\varphi$$

$$= \frac{\mu_0^2 r_1^2 j^2}{4} + \frac{\mu_0^2 r_2^2 j^2}{4} - 2\frac{\mu_0^2 r_1 r_2 j^2}{4}\ \frac{r_1^2 + r_2^2 - a^2}{2r_1 r_2}$$

$$= \frac{\mu_0^2 a^2 j^2}{4}$$

则腔内任意点的磁感应强度的大小为

$$B = \frac{\mu_0 a j}{2}$$

如果已知空腔圆柱体内的恒定电流为 I，并沿截面均匀分布，则空腔内任意点的磁感应强度的大小为

$$B = \frac{\mu_0 a j}{2} = \frac{\mu_0 I a}{2\pi(R^2 - r^2)}$$

题 15-16 在一半径为 R 的无限长半圆柱形金属片中，有恒定电流 I 自下而上通过，如图所示。试求圆柱轴线上一点 P 处的磁感应强度的大小。

分析： 在本题中可以先选定一个电流元，即宽度为 $\mathrm{d}l$ 的无限长电流元。根据无限长直导线的磁感应强度可以求解出此电流元在轴线处的磁感应强度。需要注意的是，轴线处磁感应强度的方向随电流元位置变化而变化，因此必须将磁感应强度分解。

解： 取宽为 $\mathrm{d}l = R\mathrm{d}\theta$ 的无限长电流元，其电流为

$$\mathrm{d}I = I\frac{\mathrm{d}l}{\pi R} = I\frac{\mathrm{d}\theta}{\pi}$$

那么，在 P 点处的磁感应强度大小为

$$\mathrm{d}B = \frac{\mu_0 \mathrm{d}I}{2\pi R} = \frac{\mu_0 I \mathrm{d}\theta}{2\pi^2 R}$$

其水平方向分量为

$$\mathrm{d}B_x = \mathrm{d}B \sin\theta$$
$$= \frac{\mu_0 I}{2\pi^2 R}\sin\theta \mathrm{d}\theta$$

因此有

$$B_x = \int \mathrm{d}B_x$$
$$= \int_0^\pi \frac{\mu_0 I}{2\pi^2 R}\sin\theta \mathrm{d}\theta$$
$$= \frac{\mu_0 I}{\pi^2 R}$$

题 15-16 图

题 15-17 如图所示，有一空心圆柱形导体，其内外半径分别为 a 和 b，导体内载有电流 I，设电流 I 均匀分布在导体横截面上。证明导体内部各点 $(a < r < b)$ 的磁感应强度的大小由下式给出：

$$B = \frac{\mu_0 I}{2\pi(b^2 - a^2)}\frac{r^2 - a^2}{r}$$

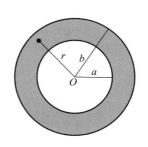

题 15-17 图

试以 $a = 0$ 的极限情形来检验这个公式。当 $r \geq b$ 时又如何？

解： 根据安培环路定理，有

$$\oint_l \boldsymbol{B} \cdot \mathrm{d}\boldsymbol{l} = B \cdot 2\pi r = \mu_0 \sum I_i = \frac{\mu_0 I}{\pi(b^2 - a^2)} \pi(r^2 - a^2)$$

$$B = \frac{\mu_0 I}{2\pi(b^2 - a^2)} \frac{r^2 - a^2}{r}$$

当 $a = 0$ 时，有

$$B = \frac{\mu_0 I r}{2\pi b^2}$$

它相当于实心圆柱载流导线内部的磁感应强度的大小。

当 $r \geq b$ 时，有

$$B = \frac{\mu_0 I}{2\pi r}$$

它相当于带电直导线产生的磁感应强度的大小。

题 15-18 一橡皮传输带以速度 v 匀速向右运动，如图所示，橡皮带上均匀带有电荷，电荷面密度为 σ。求橡皮带中部上方靠近表面处的磁感应强度 $\boldsymbol{B}$ 的大小。

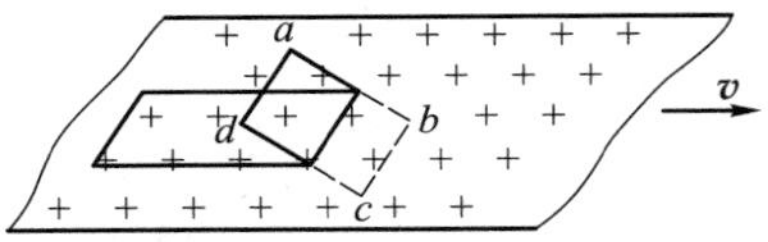

分析： 橡皮带可以看作一无限长载流平板。垂直于电荷运动方向作一个闭合回路 $abcda$。根据对称性可以知道，其表面磁感应强度的方向平行于平板。根据电流方向可知，在上表面，磁感应强度方向为 $a \to d$，在下表面，磁感应强度方向为 $c \to b$。

题 15-18 图

解： 根据安培环路定理，有

$$\oint_{adcb} \boldsymbol{B} \cdot \mathrm{d}\boldsymbol{l} = \int_{ad} \boldsymbol{B} \cdot \mathrm{d}\boldsymbol{l} + \int_{dc} \boldsymbol{B} \cdot \mathrm{d}\boldsymbol{l} + \int_{cb} \boldsymbol{B} \cdot \mathrm{d}\boldsymbol{l} + \int_{ba} \boldsymbol{B} \cdot \mathrm{d}\boldsymbol{l} = \mu_0 i$$

其中，在 ba 和 dc 段上，由于磁感应强度方向与路径方向垂直，有

$$\boldsymbol{B} \cdot \mathrm{d}\boldsymbol{l} = 0$$

设矩形回路宽度为 L，那么有

$$2LB = \mu_0 i$$

因此，有

$$B = \frac{\mu_0 i}{2L}$$

i 为穿过此闭合回路的电流，也就是单位时间内穿过回路的电荷量。显然，在平板平面内，以回路与平板交线为宽度，此矩形内的所有电荷在单位时间内都可以穿过回路，则有

$$i = vL\sigma$$

因此，有

$$B = \frac{\mu_0 vL\sigma}{2L} = \frac{\mu_0 \sigma v}{2}$$

题 15-19 如图所示，有一均匀带电长直圆柱体，其电荷体密度为 ρ，半径为 R。若圆柱体绕其轴线匀速旋转，角速度为 ω，求：（1）圆柱体内距轴线 r 处的磁感应强度的大小；（2）圆柱体两端面中心处的磁感应强度的大小。

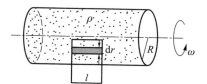

题 15-19 图

分析： 从电流方向可以判断，带电体内外的磁感应强度方向平行于转轴。如果以转轴为中心作一个矩形框，将圆柱体包括进去，那么穿过此闭合回路的电流之和为零。由此可以判断出圆柱体外部磁感应强度为零。因此可以作如图所示的闭合回路。显然，在此回路上处于带电体外部的回路积分为零。在带电体内部，由于磁感应强度方向平行于转轴，所以回路积分只有在平行于转轴的路径上不为零。

解：（1）首先求出穿过闭合回路的电流。由于电流分布不均匀，所以应先找到一个宽度为 dr，长度为 l 的电流元。单位时间内穿过此截面的电流为

$$dI = \rho \cdot 2\pi r dr \cdot l \cdot \frac{\omega}{2\pi} = \omega \rho l r dr$$

则穿过此闭合回路的电流为

$$I = \int_r^R \omega \rho l r dr = \frac{1}{2} \omega \rho l \left(R^2 - r^2 \right)$$

根据安培环路定理，有

$$\oint_l \boldsymbol{B} \cdot d\boldsymbol{l} = \mu_0 \sum I_i = \mu_0 I$$

故有

$$Bl = \mu_0 I$$

那么圆柱体内距轴线 r 处的磁感应强度的大小为

$$B = \frac{\mu_0 \omega \rho}{2}\left(R^2 - r^2\right)$$

（2）带电长直圆柱体旋转相当于螺线管，其端面的磁感应强度大小是中间磁感应强度大小的一半，所以端面中心处的磁感应强度的大小为

$$B = \frac{\mu_0 \omega \rho R^2}{4}$$

题 15-20　无限长直线电流 I_1 与直线电流 I_2 共面，几何位置如图所示。试求直线电流 I_2 受到直线电流 I_1 磁场的作用力的大小。

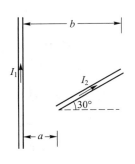

题 15-20 图

解：在直线电流 I_2 上任意取一个小电流元 $I_2\mathrm{d}l$，此电流元到直线电流 I_1 的距离为 x，无限长直线电流 I_1 在小电流元处产生的磁感应强度的大小为

$$B = \frac{\mu_0 I_1}{2\pi x}$$

其方向垂直于纸面向里。

小电流元受到的磁场力的大小为

$$\mathrm{d}F = \frac{\mu_0 I_1 I_2}{2\pi x}\mathrm{d}l = \frac{\mu_0 I_1 I_2}{2\pi x}\,\frac{\mathrm{d}x}{\cos 30°}$$

其方向垂直于 I_2 斜向上。

直线电流 I_2 受到直线电流 I_1 磁场的作用力的大小为

$$F = \int_a^b \frac{\mu_0 I_1 I_2}{2\pi x}\,\frac{\mathrm{d}x}{\cos 30°} = \sqrt{3}\,\frac{\mu_0 I_1 I_2}{3\pi}\ln\frac{b}{a}$$

题 15-21　设电视显像管射出的电子束沿水平方向由南向北运动，电子能量为 12 000 eV，地球磁场的磁感应强度的垂直分量向下，大小为 $B = 5.5 \times 10^{-5}$ Wb/m^2，问：（1）电子束将偏向什么方向？（2）电子的加速度大小是多少？（3）电子束在显像管内在南北方向上通过 20 cm 时将偏转多远？

解：（1）根据 $\boldsymbol{F} = q\boldsymbol{v} \times \boldsymbol{B}$，可判断出电子束将偏向东。

（2）

$$E = \frac{1}{2}mv^2$$

$$v = \sqrt{\frac{2E}{m}}$$

$$F = qvB = ma$$

$$a = \frac{qvB}{m}$$

$$= \frac{qB}{m}\sqrt{\frac{2E}{m}}$$

$$\approx 6.28 \times 10^{14} \ \mathrm{m \cdot s^{-2}}$$

（3）

$$y = \frac{1}{2}at^2$$

$$= \frac{1}{2}a\left(\frac{L}{v}\right)^2$$

$$\approx 2.98 \times 10^{-3} \ \mathrm{m}$$

题 15-22 有一半径为 R 的无限长半圆柱面导体，其上均匀分布有恒定电流 I_2，其轴线上有一长直导线，通有电流 I_1，如图（a）所示。试求半圆柱面导体所受轴线上长直导线的磁场力。

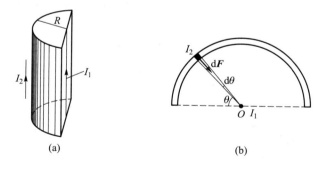

题 15-22 图

解： 如图（b）所示，直导线在圆弧上产生的磁感应强度大小为

$$B = \frac{\mu_0 I_1}{2\pi R}$$

将无限长半圆柱面导体分成无限多个彼此平行的细条，每个细条的宽度为 $\mathrm{d}l$，则细条上的电流为

$$dI_2 = \lambda dl = \frac{I_2}{\pi R}dl = \frac{I_2}{\pi}d\theta$$

根据安培力公式：

$$d\boldsymbol{F} = Id\boldsymbol{l} \times \boldsymbol{B}$$

每个细条受到的磁场力的大小为

$$dF = \frac{\mu_0 I_1 I_2}{2\pi^2 R^2}dl$$

半圆柱面导体所受轴线上长直导线的磁场力可计算如下：

$$dF_x = dF \cos\theta$$

$$F_x = \int_0^\pi \frac{\mu_0 I_1 I_2}{2\pi^2 R^2}\cos\theta(Rd\theta) = 0$$

$$dF_y = dF \sin\theta$$

$$F_y = \int_0^\pi \frac{\mu_0 I_1 I_2}{2\pi^2 R^2}\sin\theta(Rd\theta)$$

$$= \frac{\mu_0 I_1 I_2}{\pi^2 R}$$

题 15-23　一半径为 R 的无限长半圆柱面导体，其上均匀分布有恒定电流 I_2，其轴线上有一长直导线，通有电流 I_1，如图（a）所示。试求轴线上长直导线单位长度所受的磁场力大小。

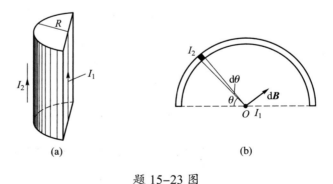

题 15-23 图

解：如图（b）所示，将无限长半圆柱面导体分成无限多个彼此平行的细条。而细条产生的磁场在轴线处的磁感应强度大小为

$$dB = \frac{\mu_0 dI_2}{2\pi R}$$

$$dI_2 = \lambda dl = \frac{I_2}{\pi R}dl = \frac{I_2}{\pi}d\theta$$

其 x 分量为

$$B_x = \int dB \sin\theta = \int_0^\pi \frac{\mu_0 I_2}{2\pi^2 R}\sin\theta d\theta = \frac{\mu_0 I_2}{\pi^2 R}$$

其 y 分量为

$$B_y = \int dB \cos\theta = \int_0^\pi \frac{\mu_0 I_2}{2\pi^2 R}\cos\theta d\theta = 0$$

轴线上长直导线单位长度所受的磁场力大小为

$$F = B_x I_1 = \frac{\mu_0 I_1 I_2}{\pi^2 R}$$

题 15-24 一截面积为 S、密度为 ρ 的铜导线被弯成正方形的三边，可以绕水平轴 OO' 转动，如图所示。导线放在竖直向上的均匀磁场中，当导线中的电流为 I 时，导线离开原来的竖直位置偏转一个角度 θ 而平衡。求磁感应强度大小。

解： 设正方形的边长为 a，单边质量为 m，$m = \rho a S$。

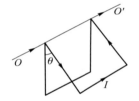

题 15-24 图

$$\boldsymbol{M} = \boldsymbol{m} \times \boldsymbol{B}$$

磁力矩的大小为

$$M = BIa^2 \sin(90° - \theta)$$

$$= BIa^2 \cos\theta$$

重力矩大小为

$$M' = mga\sin\theta + 2mg\frac{a}{2}\sin\theta$$

$$= 2mga\sin\theta$$

平衡时，重力矩等于磁力矩，有

$$2mga\sin\theta = BIa^2\cos\theta$$

磁感应强度大小为

$$B = \frac{2mg}{Ia}\tan\theta = \frac{2\rho Sg}{I}\tan\theta$$

题 15-25 有一根 U 形导线，其质量为 m，两端浸没在水银槽中，导线水平长度为 l，处在磁感应强度为 **B** 的均匀磁场中，如图所示。当接通电源时，U 形导线就会从水银槽中跳起来。假定电流脉冲的时间与导线上升的时间相比可忽略。试由导线跳起所达到的高度 h 计算电流脉冲的电荷量 q。

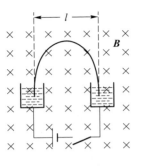

题 15-25 图

解： 在导线跳起来达到最大高度这个过程中，机械能守恒，有

$$\frac{1}{2}mv^2 = mgh$$

$$v = \sqrt{2gh}$$

接通电流时有

$$BIl = m\frac{\mathrm{d}v}{\mathrm{d}t}$$

而

$$I = \frac{\mathrm{d}q}{\mathrm{d}t}$$

所以

$$\int_0^q Bl\,\mathrm{d}q = \int_0^v m\,\mathrm{d}v$$

$$q = \frac{mv}{Bl} = \frac{m}{Bl}\sqrt{2gh}$$

题 15-26 在磁感应强度为 **B** 的水平方向均匀磁场中，有一段长为 l 的载流直导线沿竖直方向从静止自由下落，其所载电流为 I，下落中导线与磁场始终正交，且保持水平。求导线下落的速度（摩擦及空气阻力不计）。

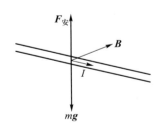

题 15-26 图

解： 载流导线在重力和安培力的作用下在磁场中竖直向下运动。如图所示，其合力为

$$F = mg - F_安 = mg - IlB$$

根据牛顿运动定律 $F = ma$，有

$$a = \frac{mg - IlB}{m} = g - \frac{IlB}{m}$$

导线下落的速度为

$$v = at = \left(g - \frac{IlB}{m}\right)t$$

若 $g < \dfrac{IlB}{m}$，则导线向上运动。

题 15-27 在真空中，有两根互相平行的无限长直导线 L_1 和 L_2，相距 0.1 m，通有方向相反的电流，$I_1 = 20$ A，$I_2 = 10$ A，如图所示。A 点与导线在同一平面内，与导线 L_2 的距离为 5.0 cm。试求 A 点处的磁感应强度以及磁感应强度为零的点的位置。

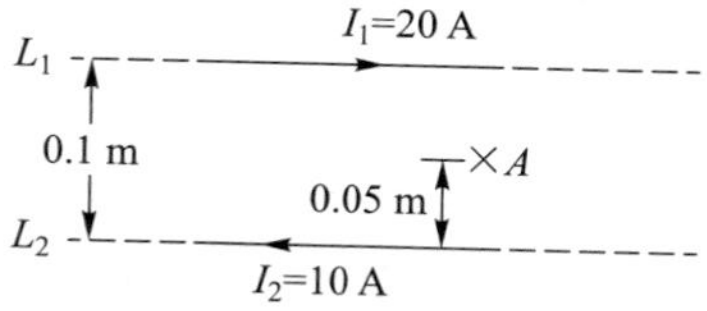

$$L_1 \quad ------\quad I_1 = 20\ A \quad ------$$

0.1 m   0.05 m   ×A

$$L_2 \quad ------\quad I_2 = 10\ A \quad ------$$

题 15-27 图

解： 如图所示，$\boldsymbol{B}_A$ 方向垂直纸面向里。

$$B_A = \frac{\mu_0 I_1}{2\pi \times (0.1 - 0.05)\,\text{m}} + \frac{\mu_0 I_2}{2\pi \times 0.05\ \text{m}} = 1.2 \times 10^{-4}\ \text{T}$$

若 $\boldsymbol{B} = \boldsymbol{0}$，则在 L_2 外侧，距离 L_2 为 r 处，有

$$\frac{\mu_0 I_1}{2\pi(r + 0.1\ \text{m})} - \frac{\mu I_2}{2\pi r} = 0$$

解得

$$r = 0.1\ \text{m}$$

题 15-28 一边长为 $l = 0.1$ m 的正三角形线圈放在磁感应强度大小 $B = 1$ T 的均匀磁场中，线圈平面与磁场方向平行。如图所示，使线圈通以电流 $I = 10$ A，求：（1）线圈每边所受的安培力；（2）线圈所受的对 OO' 轴的磁力矩；（3）线圈从所在位置转到线圈平面与磁场垂直时磁场力所做的功。

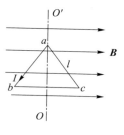

题 15-28 图

解：（1）$\boldsymbol{F}_{bc} = I\boldsymbol{l} \times \boldsymbol{B} = \boldsymbol{0}$

295

F_{ab} 的方向垂直纸面向外，其大小为

$$F_{ab} = IlB\sin 120° \approx 0.866\ \text{N}$$

F_{ca} 的方向垂直纸面向里，其大小为

$$F_{ca} = IlB\sin 120° \approx 0.866\ \text{N}$$

（2）线圈所受的磁力矩沿 OO' 方向，其大小为

$$M = ISB = I\frac{\sqrt{3}l^2}{4}B \approx 4.33\times 10^{-2}\ \text{N}\cdot\text{m}$$

（3）磁场力所做的功为

$$A = I(\varPhi_2 - \varPhi_1)$$

因为

$$\varPhi_1 = 0,\quad \varPhi_2 = \frac{\sqrt{3}}{4}l^2 B$$

所以

$$A = I\frac{\sqrt{3}}{4}l^2 B \approx 4.33\times 10^{-2}\ \text{J}$$

题 15-29 有一长直导线，其长度为 l，通有电流 I_1，旁边放一导线 ab，其中通有电流 I_2，且两者共面，如图所示。求导线 ab 所受作用力对 O 点的力矩的大小。

解：在 ab 上取 dr，它所受的力 $d\boldsymbol{F}$ 垂直 ab 向上，其大小为

$$dF = I_2 dr\frac{\mu_0 I_1}{2\pi r}$$

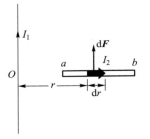

题 15-29 图

$d\boldsymbol{F}$ 对 O 点的力矩为

$$d\boldsymbol{M} = \boldsymbol{r}\times d\boldsymbol{F}$$

$d\boldsymbol{M}$ 方向垂直纸面向外，其大小为

$$dM = rdF = \frac{\mu_0 I_1 I_2}{2\pi}dr$$

故有

$$M = \int_a^b dM = \frac{\mu_0 I_1 I_2}{2\pi}\int_a^b dr = \frac{\mu_0 I_1 I_2 l}{2\pi}$$

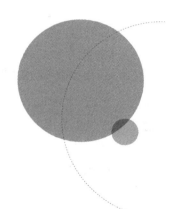

Chapter 16

第16章
电磁感应

基本要求

1. 掌握并能熟练应用法拉第电磁感应定律和楞次定律来计算感应电动势，并判明其方向。

2. 理解动生电动势和感生电动势的本质。了解涡旋电场的概念。

3. 了解自感和互感的现象，会计算几何形状简单的导体的自感和互感。

4. 了解磁场具有能量，了解磁场能量密度的概念，会计算均匀磁场和对称磁场的能量。

内容提要

1. 法拉第电磁感应定律和楞次定律

（1）法拉第电磁感应定律。

当穿过回路所包围的面积的磁通量发生变化时，回路中就有感应电动势产生，回路中产生的感应电动势与磁通量对时间的变化率成正比，即

$$\mathcal{E} = -\frac{\mathrm{d}\Phi}{\mathrm{d}t}$$

其中负号为楞次定律的数学表示。

当线圈有 N 匝，且各匝线圈所围面积中磁通量的改变都为 $\mathrm{d}\Phi$ 时，有

$$\mathcal{E} = -N\frac{\mathrm{d}\Phi}{\mathrm{d}t}$$

注意：① 感应电动势的方向与感应电流的方向是一致的，它是从低电势指向高电势的，至于感应电流的方向，则需用楞次定律或右手螺旋定则加以判定。

② 法拉第电磁感应定律适用于所有电磁感应现象，在研究闭合回路时尤为方便。

（2）楞次定律。

当穿过闭合回路所包围面积的磁通量发生变化时，在回路中就会产生感应电流，闭合回路中的感应电流的方向，总是试图使感应电流本身所产生的通过回路面积的磁通量，去补偿或者反抗引起感应电流的磁通量的改变。

楞次定律是能量守恒定律在电磁感应现象中的体现，可用于判定感应电动势的方向。

2. 动生电动势和感生电动势

当穿过回路的磁通量发生变化时，回路中产生感应电动势。感应电动势分为动生电动势和感生电动势两种。

（1）动生电动势。

由于导体在磁场中运动，即导体在磁场中切割磁感应线运动而产生的感应电动势称为动生电动势。产生动生电动势的非静电力为导体中的载流子所受到的洛伦兹力。

动生电动势为

$$\mathscr{E} = \int_a^b (v \times B) \cdot \mathrm{d}l$$

其中 a、b 为产生动生电动势的那段运动导体的两端。

（2）感生电动势和感应电场。

由于磁场变化而在回路中产生的感应电动势称为感生电动势。产生感生电动势的非静电场是感应电场，感应电场是变化的磁场在空间激发的电场。这种电场是一种非保守场，场线闭合，可反抗电场力做功。

感生电动势为

$$\mathscr{E} = \oint_L E_感 \cdot \mathrm{d}l = -\int_S \frac{\partial B}{\partial t} \cdot \mathrm{d}S$$

其中 S 为回路 L 所围的面积。式中负号表示 $E_感$ 与 $\mathscr{E}$ 在方向上形成左手螺旋关系。

注意：感应电场或涡旋电场是一种非静电场，它存在与否与场中是否有导体无关。

3. 自感和互感

根据引起 B 变化的原因不同，还可将感生电动势分为自感电动势和互感电动势。

（1）自感。

自感电动势：由于回路自身电流产生的磁通量发生变化，而在回路中产生的感应电动势。

磁通链：

$$\Psi = LI$$

自感电动势：

$$\mathscr{E}_L = -L\frac{\mathrm{d}I}{\mathrm{d}t}$$

其中负号表明自感电动势将反抗电流的变化。L 称为自感系数（简称自感），它取决于回路的大小、形状和周围的磁介质的磁导率。L 的定义式为

$$L = \frac{\Psi}{I} \quad 或 \quad L = -\frac{\mathscr{E}_L}{\mathrm{d}I/\mathrm{d}t}$$

其物理意义为：当线圈中电流的变化率为一个单位时，线圈中的感应电动势。它实际上是回路的电磁惯性的量度。

求自感系数的步骤如下。

第一步：设线圈中通有电流 I；

第二步：计算电流 I 在空间激发的磁感应强度 $\boldsymbol{B}$；

第三步：应用 $\Psi = N\varPhi = N\int_S \boldsymbol{B} \cdot \mathrm{d}\boldsymbol{S}$（式中包含 I）求出磁通链；

第四步：根据 $L = \Psi / I$，求出 L。

（2）互感。

互感电动势：对于相邻的两个回路，由于一个回路中的电流发生变化，而在邻近的另一个回路中产生的感应电动势。

磁通链：

$$\Psi_{21} = MI_1, \quad \Psi_{12} = MI_2$$

互感电动势：

$$\mathscr{E}_{21} = -M\frac{\mathrm{d}I_1}{\mathrm{d}t}, \quad \mathscr{E}_{12} = -M\frac{\mathrm{d}I_2}{\mathrm{d}t}$$

$\mathscr{E}_{12}$ 是回路 2 中电流的变化在回路 1 中引起的感应电动势，$\mathscr{E}_{21}$ 是回路 1 中电流的变化在回路 2 中引起的感应电动势。M 称为回路 1、2 之间的互感系数（简称互感），只与两回路的大小、形状、相对位置及周围磁介质的特性有关，是表示两回路间互感强弱的物理量。

4. 磁场的能量

在线圈中电流由 $0 \rightarrow I$ 的变化过程中，电源必须克服线圈上的自感电动势做功，该功以能量的形式储存于线圈中，大小为

$$W_\mathrm{m} = \frac{1}{2}LI^2$$

实际上，电流的变化过程也是线圈中磁场的建立过程，线圈中的能量是储存于磁场中的，磁场单位体积中的能量称为磁场的能量密度。

$$w_m = \frac{dW_m}{dV} = \frac{1}{2}\frac{B^2}{\mu} = \frac{1}{2}\mu H^2 = \frac{1}{2}BH$$

该式适用于任何磁场。

若磁场占据的空间为 V，则体积 V 内磁场的总能量为

$$W_m = \int_V w_m dV$$

习　　题

题 16-1　一直导线中通有交流电，如图所示，置于磁导率为 μ 的磁介质中，已知 $I = I_0\sin \omega t$，其中 I_0、ω 是大于零的常量。求与其共面的 N 匝矩形回路中的感应电动势。

解： 由于导线处于磁介质中，所以首先用 $\oint_l \boldsymbol{H}\cdot d\boldsymbol{l} = \sum I_i$ 求出磁场强度大小：

$$H = \frac{I}{2\pi x}$$

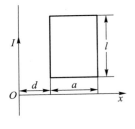

题 16-1 图

再根据 $B = \mu H$，求出磁感应强度大小：

$$B = \frac{\mu I}{2\pi x}$$

则矩形线圈内的磁通量为

$$\Phi = \int \boldsymbol{B}\cdot d\boldsymbol{S} = \int_d^{d+a} \frac{\mu I}{2\pi x}l dx$$

$$= \frac{\mu I l}{2\pi}\ln\frac{d+a}{d}$$

$$= \frac{\mu I_0 l}{2\pi}\sin \omega t \ln\frac{d+a}{d}$$

回路中的感应电动势为

$$\mathcal{E} = -N\frac{d\Phi}{dt}$$

$$= -\frac{N\mu I_0 l}{2\pi}\omega \ln\frac{d+a}{d}\cos \omega t$$

题 16-2　一半径为 r 的圆环形回路放在磁感应强度为 $\boldsymbol{B}$ 的均匀磁场中，回路平面与 $\boldsymbol{B}$ 垂直。当回路半径以恒定速率 v 收缩时，求回路感应电动势的大小。

解： 回路磁通量为

$$\Phi = \int \boldsymbol{B} \cdot \mathrm{d}\boldsymbol{S} = BS = B\pi r^2$$

感应电动势的大小为

$$\mathscr{E} = \frac{\mathrm{d}\Phi}{\mathrm{d}t} = \frac{\mathrm{d}}{\mathrm{d}t}\left(B\pi r^2\right) = B \cdot 2\pi r \frac{\mathrm{d}r}{\mathrm{d}t} = B \cdot 2\pi rv$$

题 16-3 如图（a）所示，一长直导线中通有电流 I，在与其相距 d 处放有一矩形线圈，共 N 匝，设线圈长为 l，宽为 a。不计线圈自感，若线圈以速度 v 沿垂直于长直导线的方向向右运动，则线圈中的感应电动势为多大？

分析： 闭合线圈在长直载流导线产生的非均匀磁场中运动时，由于通过线圈的磁通量发生变化而产生感应电动势。这个感应电动势也就是线圈在运动时，与电流平行的两条边因切割磁感应线而产生的动生电动势。

解法一： 取坐标轴 Ox，取顺时针为线圈内电动势的绕行方向，如图（b）所示。无限长直导线中电流在线圈平面内产生的磁感应强度的大小为

$$B = \frac{\mu_0 I}{2\pi x}$$

$\boldsymbol{B}$ 的方向垂直纸面向里。

线圈运动到图（b）所示位置时，动生电动势由两长边切割磁感应线而产生，对单匝线圈，有

$$\mathscr{E}_i = \int_L \left(\boldsymbol{v} \times \boldsymbol{B}\right) \cdot \mathrm{d}\boldsymbol{l}$$
$$= vB_1 l - vB_2 l$$

其中

$$B_1 = \frac{\mu_0 I}{2\pi d}$$

$$B_2 = \frac{\mu_0 I}{2\pi(d+a)}$$

所以，单匝线圈内的感应电动势为

$$\mathscr{E}_i = \frac{\mu_0 I}{2\pi d} lv - \frac{\mu_0 I}{2\pi(d+a)} lv$$

线圈内总感应电动势为

$$\mathscr{E} = N\mathscr{E}_i$$
$$= N \frac{\mu_0 I}{2\pi} lv \left(\frac{1}{d} - \frac{1}{d+a}\right)$$

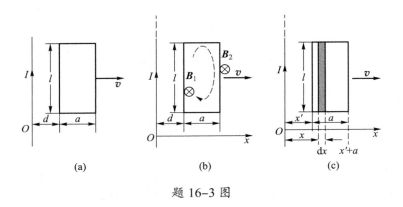

$$(a) \qquad\qquad (b) \qquad\qquad (c)$$

题 16-3 图

解法二：如图（c）所示，设 t 时刻矩形线圈的两边距长直导线分别为 x' 和 $x'+a$，则通过线圈平面的磁通链为

$$\Psi = N\Phi$$
$$= N\int \boldsymbol{B}\cdot \mathrm{d}\boldsymbol{S}$$
$$= N\int_{x'}^{x'+a} \frac{\mu_0 I}{2\pi x} l\mathrm{d}x$$
$$= N\frac{\mu_0 Il}{2\pi}\ln\frac{x'+a}{x'}$$

感应电动势为

$$\mathscr{E} = -\frac{\mathrm{d}\Psi}{\mathrm{d}t}$$
$$= N\frac{\mu_0 Ila}{2\pi x'(x'+a)}\frac{\mathrm{d}x'}{\mathrm{d}t}$$
$$= N\frac{\mu_0 Ila}{2\pi x'(x'+a)}v$$

当 $x' = d$ 时，

$$\mathscr{E}\big|_{x'=d} = N\frac{\mu_0 Ila}{2\pi d(d+a)}v$$

$\mathscr{E} > 0$，这表明感应电动势的绕行方向与设定方向一致，即顺时针绕向。

题 16-4　电流为 I 的无限长直导线旁有一圆弧形导线，圆心角为 120°，几何尺寸及位置如图（a）所示。当圆弧形导线以速度 v 平行于长直导线方向运动时，求圆弧形导线中的动生电动势。

解法一：直接讨论圆弧形导线切割磁感应线。

如图（b）所示，从圆心处引一条半径线，其与 x 轴负方向的夹角为 θ，那么

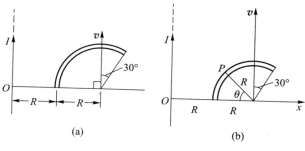

(a)   (b)

题 16-4 图

P 点处的磁感应强度大小为

$$B = \frac{\mu_0 I}{2\pi x}$$

$$= \frac{\mu_0 I}{2\pi(2R - R\cos\theta)}$$

$$= \frac{\mu_0 I}{2\pi R(2 - \cos\theta)}$$

再由 $\mathscr{E} = \int (v \times \boldsymbol{B}) \cdot \mathrm{d}\boldsymbol{l}$, 有

$$\mathrm{d}\mathscr{E} = -BR\mathrm{d}\theta v\sin\theta$$

圆弧形导线中的动生电动势为

$$\mathscr{E} = -\int_0^{\frac{2\pi}{3}} \frac{\mu_0 I}{2\pi R(2 - \cos\theta)} Rv\sin\theta\mathrm{d}\theta$$

$$= -\frac{\mu_0 I v}{2\pi} \ln\frac{5}{2}$$

解法二：用等效法。

圆弧形导线切割磁感应线的有效长度为该导线在 x 轴上的投影长度。所以圆弧形导线中的动生电动势与该投影长度直导线中的动生电动势相等。该投影长度直导线切割磁感应线产生的动生电动势计算如下：

$$\mathscr{E}_1 = \int (v \times \boldsymbol{B}) \cdot \mathrm{d}\boldsymbol{l} = -\int_R^{2R} \frac{\mu_0 I v}{2\pi x} \mathrm{d}x = -\frac{\mu_0 I v}{2\pi} \ln 2$$

$$\mathscr{E}_2 = \int (v \times \boldsymbol{B}) \cdot \mathrm{d}\boldsymbol{l} = -\int_{2R}^{\frac{5}{2}R} \frac{\mu_0 I v}{2\pi x} \mathrm{d}x = -\frac{\mu_0 I v}{2\pi} \ln\frac{5}{4}$$

$$\mathscr{E} = \mathscr{E}_1 + \mathscr{E}_2 = -\frac{\mu_0 I v}{2\pi} \ln\frac{5}{2}$$

或者直接积分，即

$$\mathscr{E} = \int (\boldsymbol{v} \times \boldsymbol{B}) \cdot \mathrm{d}\boldsymbol{l}$$

$$= -\int_R^{\frac{5R}{2}} v \frac{\mu_0 I}{2\pi x} \mathrm{d}x = -\frac{\mu_0 Iv}{2\pi} \ln \frac{5}{2}$$

题 16-5 如图所示，在一半径为 a 的长直螺线管中，有 $\dfrac{\mathrm{d}B}{\mathrm{d}t} > 0$ 的磁场，一直导线弯成等腰梯形闭合回路 $ABCDA$，其总电阻为 R，上底为 a，下底为 $2a$，求：（1）AD 段、BC 段和闭合回路中的感应电动势；（2）B、C 两点间的电势差 $V_B - V_C$。

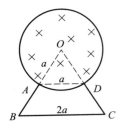

题 16-5 图

解：（1）首先考虑 $\triangle OAD$，有

$$S_{\triangle OAD} = \frac{1}{2} a \frac{\sqrt{3}}{2} a = \frac{\sqrt{3}}{4} a^2$$

$$\mathscr{E}_{\text{感}1} = -\frac{\mathrm{d}\Phi}{\mathrm{d}t} = -\frac{\mathrm{d}B}{\mathrm{d}t} S_{\triangle OAD} = -\frac{\sqrt{3}}{4} a^2 \frac{\mathrm{d}B}{\mathrm{d}t}$$

而

$$\mathscr{E}_{\text{感}1} = \oint_l \boldsymbol{E}_{\text{感}} \cdot \mathrm{d}\boldsymbol{l}$$

$$= \int_{AO} \boldsymbol{E}_{\text{感}} \cdot \mathrm{d}\boldsymbol{l} + \int_{OD} \boldsymbol{E}_{\text{感}} \cdot \mathrm{d}\boldsymbol{l} + \int_{DA} \boldsymbol{E}_{\text{感}} \cdot \mathrm{d}\boldsymbol{l}$$

$$= \int_{DA} \boldsymbol{E}_{\text{感}} \cdot \mathrm{d}\boldsymbol{l}$$

$$= \mathscr{E}_{DA}$$

$$\mathscr{E}_{AD} = \frac{\sqrt{3}}{4} a^2 \frac{\mathrm{d}B}{\mathrm{d}t}$$

再考虑 $\triangle OBC$，其有效面积为

$$S_{\text{扇}OAD} = \frac{\pi}{6} a^2$$

$$\mathscr{E}_{\text{感}2} = -\frac{\pi}{6} a^2 \frac{\mathrm{d}B}{\mathrm{d}t}$$

同理可得

$$\mathscr{E}_{BC} = \frac{\pi a^2}{6} \frac{\mathrm{d}B}{\mathrm{d}t}$$

那么，梯形闭合回路中的感应电动势为

$$\mathscr{E} = \mathscr{E}_{BC} - \mathscr{E}_{AD}$$

$$= \left(\frac{\pi a^2}{6} - \frac{\sqrt{3}a^2}{4} \right) \frac{\mathrm{d}B}{\mathrm{d}t}$$

$$= \left(\frac{\pi}{6} - \frac{\sqrt{3}}{4} \right) a^2 \frac{\mathrm{d}B}{\mathrm{d}t}$$

方向为逆时针方向。

（2）由图可知

$$AB = CD = a$$

所以，梯形各边每段 a 上的电阻为

$$r = \frac{R}{5}$$

回路中的电流为

$$I = \frac{\mathscr{E}}{R} = \left(\frac{\pi}{6} - \frac{\sqrt{3}}{4} \right) \frac{a^2}{R} \frac{\mathrm{d}B}{\mathrm{d}t}$$

方向为逆时针方向。

那么有

$$V_B - V_C = I \cdot 2r - \mathscr{E}_{BC} = I \cdot \frac{2}{5} R - \mathscr{E}_{BC}$$

$$= -\left(\frac{\pi + \sqrt{3}}{10} \right) a^2 \frac{\mathrm{d}B}{\mathrm{d}t}$$

题 16-6 一圆形线圈 A 由 N_A 匝细线绕成，其面积为 S_A，放在另一个匝数为 N_B、半径为 R 的圆形线圈 B 的中心，两线圈同轴。设 $\sqrt{S_A} \ll R$，即线圈 B 中的电流在线圈 A 处所激发的磁场可看作是均匀的。求：（1）两线圈的互感；（2）当线圈 B 中的电流以 $I = kt$ 变化时，线圈 A 中的感生电动势。

解： 设线圈 B 中通有电流 I，则其在线圈 A 处产生的磁感应强度大小为

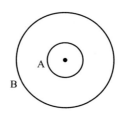

题 16-6 图

$$B = \frac{\mu_0 N_B I}{2R}$$

（1）线圈 A 中的磁通链为

$$\Psi_A = N_A B S_A = \frac{\mu_0 N_A N_B I}{2R} S_A$$

则两线圈的互感为

$$M = \frac{\Psi_A}{I} = \frac{\mu_0 N_A N_B}{2R} S_A$$

（2）

$$\mathcal{E} = -\frac{\mathrm{d}\Psi_A}{\mathrm{d}t} = -\frac{\mu_0 N_A N_B S_A}{2R} \frac{\mathrm{d}I}{\mathrm{d}t}$$

$$= -\frac{\mu_0 N_A N_B S_A k}{2R}$$

题 16-7　有一螺绕环，其上每厘米绕 40 匝线圈，铁芯截面积为 $3.0\ \mathrm{cm}^2$，磁导率为 $\mu = 200\mu_0$，绕组（即线圈）中通有电流 5.0 A，环上绕有 2 匝次级线圈。（1）求两绕组间的互感系数；（2）若初级绕组中的电流在 0.10 s 内由 5.0 A 降低到 0，求次级绕组中的互感电动势。

解： 已知 $n_{初} = \dfrac{40}{0.01}\ \mathrm{m}^{-1} = 4\,000\ \mathrm{m}^{-1}$，$N_{次} = 2$，$\mu = 200\mu_0 = 8\pi \times 10^{-5}\ \mathrm{H \cdot m^{-1}}$，$S = 3 \times 10^{-4}\ \mathrm{m}^2$。

（1）由题意知螺绕环内：

$$B = \mu n_{初} I_{初}$$

则通过次级线圈的磁通链为

$$\Psi_{次} = N_{次} B S = N_{次} \mu n_{初} I_{初} S$$

则互感系数为

$$M = \frac{\Psi_{次}}{I_{初}} = N_{次} \mu n_{初} S$$

$$= 2 \times 8\pi \times 10^{-5} \times 4\,000 \times 3 \times 10^{-4}\ \mathrm{H}$$

$$\approx 6.03 \times 10^{-4}\ \mathrm{H}$$

（2）

$$\mathcal{E}_{次} = M \frac{\Delta I_{初}}{\Delta t} = 6.03 \times 10^{-4} \times \frac{5-0}{0.1}\ \mathrm{V} \approx 3.02 \times 10^{-2}\ \mathrm{V}$$

题 16-8　如图所示，半径分别为 b 和 a 的两圆形线圈（$b \gg a$），在 $t = 0$ 时共面放置，大线圈通有恒定电流 I，小线圈以角速度 ω 绕竖直轴转动，若小线圈的电

阻为 R，求：（1）当小线圈转过 90° 时，小线圈所受的磁力矩的大小；（2）在小线圈从初始时刻转到该位置的过程中，磁力矩所做的功。

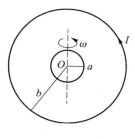

题 16-8 图

解： 利用毕奥－萨伐尔定律，可知大线圈在圆心 O 处产生的磁感应强度大小为

$$B = \frac{\mu_0 I}{2b}$$

由于 $b \gg a$，所以可将小线圈所在处的磁场看成是均匀的，磁感应强度大小为

$$B = \frac{\mu_0 I}{2b}$$

所以，任一时刻穿过小线圈的磁通量为

$$\Phi = \boldsymbol{B} \cdot \boldsymbol{S} = \frac{\mu_0 I}{2b} \pi a^2 \cos \omega t$$

小线圈中的感应电流为

$$i = -\frac{1}{R} \frac{\mathrm{d}\Phi}{\mathrm{d}t} = \frac{\mu_0 I}{2b} \frac{\omega \pi a^2}{R} \sin \omega t$$

小线圈的磁矩大小为

$$m = i S_a = \left(\frac{\mu_0 I}{2b} \frac{\omega \pi a^2}{R} \sin \omega t \right) \pi a^2$$

（1）由

$$\boldsymbol{M} = \boldsymbol{m} \times \boldsymbol{B}$$

有

$$M = mB \sin \omega t = \frac{\mu_0^2 I^2}{4b^2} \frac{\omega \pi^2 a^4}{R} \sin^2 \omega t$$

当 $\omega t = \frac{\pi}{2}$ 时，有

$$M = \frac{\mu_0^2 I^2 \omega \pi^2 a^4}{4b^2 R}$$

（2）
$$A = \int M \mathrm{d}\theta$$
$$= \frac{\mu_0^2 I^2}{4b^2} \frac{\omega \pi^2 a^4}{R} \int_0^{\frac{\pi}{2}} \sin^2 \omega t \, \mathrm{d}(\omega t)$$
$$= \frac{\mu_0^2 I^2}{4b^2} \frac{\omega \pi^2 a^4}{R} \int_0^{\frac{\pi}{2}} \frac{1 - \cos 2\omega t}{2} \mathrm{d}(\omega t)$$
$$= \frac{\mu_0^2 I^2 \omega \pi^3 a^4}{16 R b^2}$$

题 16-9 如图（a）所示，一矩形回路与一无限长直导线共面，且矩形回路一边与直导线平行。导线中通有电流 $I = I_0 \cos \omega t$，回路以速度 v 垂直地离开直导线。求任意时刻回路中的感应电动势。

解： 建立如图（b）所示的坐标系。t 时刻矩形回路离导线最近的边的距离为 x，此时穿过矩形回路的磁通量为

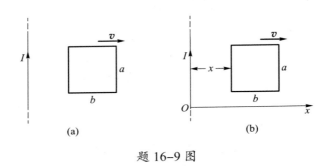

题 16-9 图

$$\Phi = \int \boldsymbol{B} \cdot \mathrm{d}\boldsymbol{S} = \int B \cos \theta \mathrm{d}S = \int_x^{x+b} B a \mathrm{d}x$$
$$= \frac{\mu_0 a}{2\pi} I_0 \cos \omega t \ln \frac{x+b}{x}$$

任意时刻回路中的感应电动势为

$$\mathscr{E} = -\frac{\mathrm{d}\Phi}{\mathrm{d}t}$$
$$= \frac{\mu_0 a I_0}{2\pi} \left[\omega \sin \omega t \ln \frac{x+b}{x} + \frac{bv}{x(x+b)} \cos \omega t \right]$$

题 16-10 一无限长圆柱形直导线的半径为 R，其截面上各处的电流密度相等，总电流为 I。（1）求导线内部单位长度上所储存的磁场能量；（2）由磁场能量求出无限长圆柱形直导线单位长度的自感系数。

解：（1）由安培环路定理 $\oint_l \boldsymbol{B} \cdot \mathrm{d}\boldsymbol{l} = \mu_0 \sum I_i$，当 $r < R$ 时，有

$$B = \frac{\mu_0 I r}{2\pi R^2}$$

磁场能量密度为

$$w_{\mathrm{m}} = \frac{B^2}{2\mu_0} = \frac{\mu_0 I^2 r^2}{8\pi^2 R^4}$$

导线内部单位长度上所储存的磁场能量可计算如下：

$$\mathrm{d}V = 2\pi r \mathrm{d}r \text{（设导线长为 } l = 1 \text{ m）}$$

则有

$$W_{\mathrm{m}} = \int_V w_{\mathrm{m}} \mathrm{d}V = \int_0^R w_{\mathrm{m}} \cdot 2\pi r \mathrm{d}r$$

$$= \int_0^R \frac{\mu_0 I^2 r^3 \mathrm{d}r}{4\pi R^4}$$

$$= \frac{\mu_0 I^2}{16\pi}$$

（2）由 $W_{\mathrm{m}} = \frac{1}{2} L I^2$，得

$$L = \frac{2W_{\mathrm{m}}}{I^2} = \frac{\mu_0}{8\pi}$$

题 16-11　在一长直载流导线附近，有一直角边长为 a 的等腰直角三角形线圈，导线与线圈一直角边相距 b，如图（a）所示，若导线中的电流 $I = I_0 \cos \omega t$，试求线圈中的感应电动势。

分析：当直导线中的电流变化时，线圈中的磁通量发生变化，因而产生感应电动势，由法拉第电磁感应定律可以确定感应电动势的大小和方向。由于线圈所处磁场是非均匀磁场，穿过线圈各处的磁通量是不等的，所以必须先计算任一时刻 t 通过面元 $\mathrm{d}S$ 的磁通量，然后计算在任一时刻通过整个线圈的磁通量。

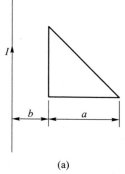

(a)

解：在距直导线 x 处取宽为 $\mathrm{d}x$ 的面元 $\mathrm{d}S$，如图（b）所示。直导线在 x 处产生的磁感应强度大小为

$$B = \frac{\mu_0 I}{2\pi x}$$

通过该面元的磁通量为

$$\mathrm{d}\Phi = \boldsymbol{B} \cdot \mathrm{d}\boldsymbol{S} = B \mathrm{d}S = \frac{\mu_0 I}{2\pi x} y \mathrm{d}x$$

而

$$y = (b + a - x)\tan\theta$$
$$= b + a - x$$

故有

$$\mathrm{d}\Phi = \frac{\mu_0 I}{2\pi x}(b + a - x)\mathrm{d}x$$

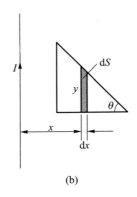

(b)

通过整个线圈的磁通量为

$$\Phi = \int \mathrm{d}\Phi$$
$$= \int_b^{b+a} \frac{\mu_0 I}{2\pi x}(b + a - x)\mathrm{d}x$$
$$= \frac{\mu_0 I_0}{2\pi}\left[(b + a)\ln\frac{b+a}{b} - a\right]\cos\omega t$$

应用法拉第电磁感应定律，得线圈中的感应电动势为

$$\mathscr{E} = -\frac{\mathrm{d}\Phi}{\mathrm{d}t}$$
$$= \frac{\mu_0 I_0 \omega}{2\pi}\left[(b + a)\ln\frac{b+a}{b} - a\right]\sin\omega t$$

在 $t = 0$ 到 $t = \dfrac{T}{4}$ 时间内，感应电动势由零增至最大，方向为顺时针方向；

在 $t = \dfrac{T}{4}$ 到 $t = \dfrac{T}{2}$ 时间内，感应电动势由最大降为零，方向仍为顺时针方向；

在 $t = \dfrac{T}{2}$ 到 $t = \dfrac{3T}{4}$ 时间内，感应电动势由零增至最大，但方向相反，为逆时针方向；

在 $t = \dfrac{3T}{4}$ 到 $t = T$ 时间内，感应电动势由最大降为零，方向仍为逆时针方向。

导线中的电流与线圈中的感应电动势的对应关系如图（c）所示。

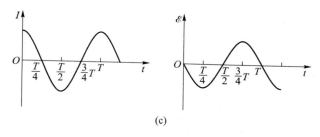

(c)

题 16-11 图

题 16-12 在上题中，若导线中的电流保持不变，而线圈以速度 v 向右运动，如图所示，试求当线圈与导线相距 b 时线圈中的感应电动势。

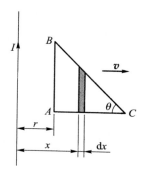

题 16-12 图

分析： 由于线圈处于载流导线产生的非均匀磁场中，当线圈向右运动时，通过线圈中的磁通量发生变化，所以在线圈中产生感应电动势，可利用法拉第电磁感应定律求解。

当线圈运动时，线圈各边切割磁感应线，因此也可用动生电动势的公式 $\mathscr{E} = \int (v \times \boldsymbol{B}) \cdot \mathrm{d}\boldsymbol{l}$ 来求解。

解法一： 当线圈距直导线 r 时，通过线圈中 x 到 $x + \mathrm{d}x$ 面元内的磁通量为

$$\mathrm{d}\Phi = \boldsymbol{B} \cdot \mathrm{d}\boldsymbol{S}$$

$$= B\mathrm{d}S$$

$$= \frac{\mu_0 I}{2\pi x} y\mathrm{d}x = \frac{\mu_0 I}{2\pi x}(r + a - x)\mathrm{d}x$$

通过整个线圈的磁通量为

$$\Phi = \int \mathrm{d}\Phi$$

$$= \int_r^{r+a} \frac{\mu_0 I}{2\pi x}(r + a - x)\mathrm{d}x$$

$$= \frac{\mu_0 I}{2\pi}\left[(r + a)\ln\frac{r + a}{r} - a\right]$$

线圈中的感应电动势为

$$\mathscr{E} = -\frac{\mathrm{d}\Phi}{\mathrm{d}t}$$

$$= -\frac{\mu_0 I}{2\pi}\left[\ln\frac{r + a}{r}\frac{\mathrm{d}r}{\mathrm{d}t} + (r + a)\left(\frac{1}{r + a}\right)\frac{\mathrm{d}r}{\mathrm{d}t} - (r + a)\frac{1}{r}\frac{\mathrm{d}r}{\mathrm{d}t}\right]$$

由于 $\dfrac{\mathrm{d}r}{\mathrm{d}t} = v$，所以

$$\mathscr{E} = \frac{\mu_0 I v}{2\pi}\left(\frac{a}{r} - \ln\frac{r+a}{r}\right)$$

当 $r = b$ 时，

$$\mathscr{E} = \frac{\mu_0 I v}{2\pi}\left(\frac{a}{b} - \ln\frac{b+a}{b}\right)$$

由于线圈向右运动时，通过线圈的磁通量减少，所以根据楞次定律可知，线圈中的感应电动势的方向为顺时针方向。

解法二： 当线圈运动时，各条边的动生电动势分别为

$$\mathscr{E}_{AB} = B_1\,|AB|\,v = \frac{\mu_0 I}{2\pi b}av$$

方向由 $A \to B$。

在斜边 BC 上任取一线元 $\mathrm{d}\boldsymbol{l}$，线元运动时产生的感应电动势为

$$\mathrm{d}\mathscr{E}_{BC} = (\boldsymbol{v}\times\boldsymbol{B})\cdot\mathrm{d}\boldsymbol{l}$$

$$= vB\sin\frac{\pi}{2}\mathrm{d}l\cos\left(\frac{\pi}{2}+\theta\right)$$

$$= -v\frac{\mu_0 I}{2\pi x}\sin\theta\mathrm{d}l$$

因 $\mathrm{d}l\cos\theta = \mathrm{d}x$，于是

$$\mathrm{d}\mathscr{E}_{BC} = -v\frac{\mu_0 I}{2\pi x}\tan\theta\,\mathrm{d}x$$

$$= -\frac{\mu_0 I v}{2\pi x}\mathrm{d}x$$

$$\mathscr{E}_{BC} = \int\mathrm{d}\mathscr{E}_{BC}$$

$$= \int_b^{a+b}-\left(\frac{\mu_0 I v}{2\pi x}\right)\mathrm{d}x$$

$$= -\frac{\mu_0 I v}{2\pi}\ln\frac{b+a}{b}$$

方向由 $C \to B$。又有

$$\mathscr{E}_{CA} = 0$$

整个线圈中的感应电动势为

$$\mathscr{E} = \mathscr{E}_{AB} + \mathscr{E}_{BC} + \mathscr{E}_{CA}$$

$$= -\frac{\mu_0 I v}{2\pi}\left(\ln\frac{b+a}{b} - \frac{a}{b}\right)$$

方向为 $A \rightarrow B \rightarrow C \rightarrow A$，即顺时针方向。

题 16-13 在一半径为 R 的圆柱形空间中，存在着磁感应强度为 $\boldsymbol{B}$ 的均匀磁场，磁场方向与圆柱的轴线平行，如图所示。有一长为 L 的金属棒放在磁场中，设磁感应强度随时间增大，其变化率为 $\dfrac{dB}{dt}$。（1）试求棒上的感应电动势，并指出哪一端的电势高；（2）如棒的一半在磁场范围外，其结果又如何？

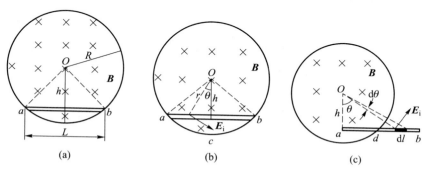

题 16-13 图

分析： 变化的磁场在其周围激发感应电场，导体置于感应电场中，导体上即存在感应电动势。变化的磁场与感应电场的关系为 $\oint_l \boldsymbol{E}_i \cdot d\boldsymbol{l} = -\int \dfrac{\partial \boldsymbol{B}}{\partial t} \cdot d\boldsymbol{S}$，棒上的感应电动势与感应电场的关系为 $\mathscr{E}_{ab} = \int_a^b \boldsymbol{E}_i \cdot d\boldsymbol{l}$。

解：（1）在圆柱形磁场内、外作半径为 r 的圆。由变化的磁场与感应电场的关系可得

$$\oint_l \boldsymbol{E}_i \cdot d\boldsymbol{l} = E_i \cdot 2\pi r = -\int \frac{\partial \boldsymbol{B}}{\partial t} \cdot d\boldsymbol{S} = -\frac{dB}{dt} S$$

在圆柱内，$r \leqslant R$，$S = \pi r^2$，感应电场场强为

$$E_{i内} = -\frac{r}{2}\frac{dB}{dt}$$

在圆柱外，$r > R$，$S = \pi R^2$，感应电场场强为

$$E_{i外} = -\frac{R^2}{2r}\frac{dB}{dt}$$

其中负号表示 $\boldsymbol{E}_i$ 的方向沿电场线的切线方向，即逆时针方向。

金属棒 ab 上的感应电动势为

$$\mathscr{E}_{ab} = \int_a^b \boldsymbol{E}_{i内} \cdot \mathrm{d}\boldsymbol{l} = \int_0^L \frac{r}{2} \frac{\mathrm{d}B}{\mathrm{d}t} \mathrm{d}l \cos\theta$$

因为

$$r\cos\theta = h = \sqrt{R^2 - \left(\frac{L}{2}\right)^2}$$

所以

$$\mathscr{E}_{ab} = \int_0^L \frac{1}{2} \sqrt{R^2 - \left(\frac{L}{2}\right)^2} \frac{\mathrm{d}B}{\mathrm{d}t} \mathrm{d}l$$

$$= \frac{L}{2} \sqrt{R^2 - \left(\frac{L}{2}\right)^2} \frac{\mathrm{d}B}{\mathrm{d}t}$$

感应电动势 $\mathscr{E}_{ab}$ 的方向为 $a \to b$，所以 b 端的电势高。

本问也可用磁通量的变化率来求解。连接 Oa 和 Ob，如图（b）所示，设想 $OabO$ 构成一导体回路，通过此三角形回路的磁通量为

$$\varPhi = BS = B \frac{L}{2} \sqrt{R^2 - \left(\frac{L}{2}\right)^2}$$

通过整个回路的感应电动势为

$$\mathscr{E}_{OabO} = \frac{\mathrm{d}\varPhi}{\mathrm{d}t} = \frac{L}{2} \sqrt{R^2 - \left(\frac{L}{2}\right)^2} \frac{\mathrm{d}B}{\mathrm{d}t}$$

由于 Oa 和 Ob 沿半径方向，与该处的感应电场强度 $\boldsymbol{E}_i$ 处处垂直，所以 Oa 和 Ob 上的感应电动势为零。这样，ab 上的感应电动势为

$$\mathscr{E}_{ab} = \mathscr{E}_{OabO} - \mathscr{E}_{Oa} - \mathscr{E}_{Ob}$$

$$= \frac{L}{2} \sqrt{R^2 - \left(\frac{L}{2}\right)^2} \frac{\mathrm{d}B}{\mathrm{d}t}$$

本问也可以通过弓形 $acba$ 面积内的磁通量变化率求解。因为

$$\mathscr{E}_{acba} = \frac{\mathrm{d}B}{\mathrm{d}t} S_{acba}$$

$$= \left(S_{OacbO} - S_{OabO}\right)\frac{\mathrm{d}B}{\mathrm{d}t}$$

$$= \left[\frac{\varphi}{2\pi} \pi R^2 - \frac{L}{2} \sqrt{R^2 - \left(\frac{L}{2}\right)^2}\right]\frac{\mathrm{d}B}{\mathrm{d}t}$$

而

$$\mathscr{E}_{acb} = \frac{R}{2} \frac{\mathrm{d}B}{\mathrm{d}t} R\varphi = \frac{R^2\varphi}{2} \frac{\mathrm{d}B}{\mathrm{d}t}$$

所以

$$\mathcal{E}_{ab} = \mathcal{E}_{acb} - \mathcal{E}_{acba}$$

$$= \frac{L}{2} \sqrt{R^2 - \left(\frac{L}{2}\right)^2} \frac{\mathrm{d}B}{\mathrm{d}t}$$

（2）如金属棒的一半在磁场区域外，如图（c）所示，则 ad 段的感应电动势为

$$\mathcal{E}_{ad} = \int_a^d \boldsymbol{E}_{i内} \cdot \mathrm{d}\boldsymbol{l}$$

$$= \int_0^{\frac{L}{2}} \frac{r}{2} \frac{\mathrm{d}B}{\mathrm{d}t} \mathrm{d}l \cos\theta$$

$$= \frac{h}{2} \frac{L}{2} \frac{\mathrm{d}B}{\mathrm{d}t} = \frac{L}{4} \sqrt{R^2 - \left(\frac{L}{2}\right)^2} \frac{\mathrm{d}B}{\mathrm{d}t}$$

db 段的感应电动势为

$$\mathcal{E}_{db} = \int \boldsymbol{E}_{i外} \cdot \mathrm{d}\boldsymbol{l}$$

$$= \int_0^{\frac{L}{2}} \frac{R^2}{2r} \frac{\mathrm{d}B}{\mathrm{d}t} \mathrm{d}l \cos\theta$$

因 $\mathrm{d}l\cos\theta = r\mathrm{d}\theta$，代入得

$$\mathcal{E}_{db} = \int_{\arctan\frac{L}{2h}}^{\arctan\frac{L}{h}} \frac{R^2}{2} \frac{\mathrm{d}B}{\mathrm{d}t} \mathrm{d}\theta = \frac{R^2}{2} \left(\arctan\frac{L}{h} - \arctan\frac{L}{2h} \right) \frac{\mathrm{d}B}{\mathrm{d}t}$$

$$= \frac{R^2}{2} \left[\arctan\frac{L}{\sqrt{R^2 - \left(\frac{L}{2}\right)^2}} - \arctan\frac{L}{2\sqrt{R^2 - \left(\frac{L}{2}\right)^2}} \right] \frac{\mathrm{d}B}{\mathrm{d}t}$$

于是，有

$$\mathcal{E}_{ab} = \mathcal{E}_{ad} + \mathcal{E}_{db}$$

$$= \frac{L}{4} \sqrt{R^2 - \left(\frac{L}{2}\right)^2} \frac{\mathrm{d}B}{\mathrm{d}t} + \frac{R^2}{2} \left[\arctan\frac{L}{\sqrt{R^2 - \left(\frac{L}{2}\right)^2}} - \arctan\frac{L}{2\sqrt{R^2 - \left(\frac{L}{2}\right)^2}} \right] \frac{\mathrm{d}B}{\mathrm{d}t}$$

题 16-14 竖直平面内两条光滑的金属导轨上，紧贴着一质量为 m 的光滑的金属杆，此杆可沿导轨自由滑动。导轨置于均匀磁场中，磁感应强度为 **B**，方向与平面垂直。试讨论下列两种回路中，金属滑杆将如何运动：（1）导轨两端接一电动势为 $\mathcal{E}$ 的电源，如图（a）所示；（2）导轨两端接一电容为 C 的电容器，如图（b）

所示。设回路的电阻可视为不变，其值为 R。

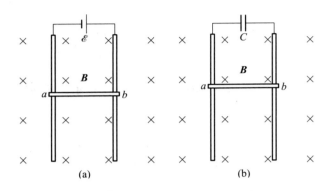

题 16-14 图

分析:（1）由于电源的存在,回路中电流的方向为顺时针方向,滑杆受重力和磁场力的作用向下作加速运动。滑杆运动时,切割磁感应线,产生感应电动势,感应电动势与电源电动势的方向相反,这使回路中的电流减小,滑杆的运动速度减慢。当滑杆运动到一定速度时,磁场力和重力平衡,滑杆将作匀速运动。

（2）开始时滑杆在重力作用下作加速运动,杆中产生感应电动势,使电容器充电,产生瞬时电流。滑杆在重力和磁场力作用下加速运动,但其加速度随时间变化。

解:（1）滑杆向下作加速运动,设某瞬时其速度大小为 v,滑杆中的感应电动势为

$$\mathcal{E}_i = Blv$$

此时回路中的电流为

$$I = \frac{\mathcal{E} - \mathcal{E}_i}{R} = \frac{\mathcal{E} - Blv}{R}$$

滑杆在磁场力和重力作用下的运动方程为

$$mg + BIl = m\frac{\mathrm{d}v}{\mathrm{d}t}$$

$$mg + B\frac{\mathcal{E} - Blv}{R}l = m\frac{\mathrm{d}v}{\mathrm{d}t}$$

解此方程,得 t 时刻滑杆的速度大小为

$$v = \frac{mgR + \mathcal{E}Bl}{B^2l^2}\left(1 - \mathrm{e}^{-\frac{B^2l^2}{mR}t}\right)$$

当 $t \to \infty$ 时，滑杆的速度大小为

$$v_{\max} = \frac{mgR + \mathcal{E}Bl}{B^2 l^2}$$

此时，滑杆所受的重力与磁场力大小相等。

（2）设 t 时刻滑杆的速度大小为 v，回路中的感应电动势为

$$\mathcal{E}_i = Blv$$

方向由 $a \to b$。此时，滑杆在磁场力和重力作用下的运动方程为

$$mg - BIl = m\frac{dv}{dt}$$

回路中瞬时电流为 I 时，有

$$\mathcal{E}_i - \frac{q}{C} = IR$$

根据以上三式，可得

$$Blv - \frac{q}{C} = \frac{1}{Bl}\left(mg - m\frac{dv}{dt}\right)R$$

整理得

$$CB^2 l^2 v - Blq - mgRC + mRC\frac{dv}{dt} = 0$$

为求加速度随时间变化的关系，将上式对时间 t 求导：

$$CB^2 l^2 \frac{dv}{dt} - Bl\frac{dq}{dt} + mRC\frac{d^2 v}{dt^2} = 0$$

将 $\dfrac{dv}{dt} = a$，$\dfrac{d^2 v}{dt^2} = \dfrac{da}{dt}$，$\dfrac{dq}{dt} = I = \dfrac{mg - ma}{Bl}$ 代入，得

$$RC\frac{da}{dt} + \left(\frac{CB^2 l^2}{m} + 1\right)a - g = 0$$

分离变量并积分，得滑杆的加速度大小随时间的变化关系为

$$a = \frac{g}{\dfrac{CB^2 l^2}{m} + 1}\left[\frac{CB^2 l^2}{m}\mathrm{e}^{-\frac{\left(\frac{C^2 B^2 l^2}{m} + 1\right)t}{RC}} + 1\right]$$

当 $t = 0$ 时，$a = g$，此时滑杆只受重力作用；当 $t \to \infty$ 时，$a = \dfrac{g}{\dfrac{CB^2 l^2}{m} + 1}$，滑杆作

匀加速运动，感应电动势继续增加，对电容器继续充电。

题 16-15　在两平行长直导线的平面内，有一矩形线圈，如图（a）所示，如导线中电流 I 随时间变化，试计算线圈中的感生电动势。

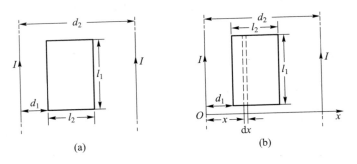

题 16-15 图

分析：导线中的电流 I 随时间变化时，通过固定闭合回路的磁通量也随时间变化，在闭合回路内将产生感生电动势。空间的磁感应强度 $\boldsymbol{B}$ 是两根长直导线激发的合磁感应强度。

解：取坐标轴 Ox，如图（b）所示，两长直导线中的电流在 x 处的磁感应强度大小为

$$B = \frac{\mu_0 I}{2\pi x} - \frac{\mu_0 I}{2\pi (d_2 - x)}$$

$\boldsymbol{B}$ 的方向垂直纸面向里。

取顺时针方向为回路的绕行方向，通过面元 $dS = l_1 dx$ 的磁通量为

$$d\Phi = \boldsymbol{B} \cdot d\boldsymbol{S} = B dS$$

$$= \left[\frac{\mu_0 I}{2\pi x} - \frac{\mu_0 I}{2\pi (d_2 - x)} \right] l_1 dx$$

通过矩形线圈的磁通量为

$$\Phi = \int d\Phi$$

$$= \int_{d_1}^{d_1 + l_2} \left[\frac{\mu_0 I}{2\pi x} - \frac{\mu_0 I}{2\pi (d_2 - x)} \right] l_1 dx$$

$$= \frac{\mu_0 I l_1}{2\pi} \left[\ln \frac{d_1 + l_2}{d_1} - \ln \frac{d_2 - (d_1 + l_2)}{d_2 - d_1} \right]$$

矩形线圈中的感生电动势为

$$\mathscr{E}_i = -\frac{\mathrm{d}\Phi}{\mathrm{d}t} = -\frac{\mu_0 l_1}{2\pi}\left[\ln\frac{d_1+l_2}{d_1} - \ln\frac{d_2-(d_1+l_2)}{d_2-d_1}\right]\frac{\mathrm{d}I}{\mathrm{d}t}$$

当 $\dfrac{\mathrm{d}I}{\mathrm{d}t} > 0$ 时，有 $\mathscr{E}_i < 0$，这表明回路中感生电动势的方向与绕行方向相反，为逆时针方向；

当 $\dfrac{\mathrm{d}I}{\mathrm{d}t} < 0$ 时，有 $\mathscr{E}_i > 0$，这表明回路中感生电动势的方向与绕行方向一致，为顺时针方向。

题 16-16 如图所示，具有相同轴线的两个导线回路，小的回路在大的回路上方 y 处，y 远大于大回路的半径 R，因此当大回路中有电流 I 按图示方向流过时，小回路所围面积 πr^2 之内的磁场几乎是均匀的。现假定小回路以匀速率 $v = \mathrm{d}y/\mathrm{d}t$ 运动。（1）试确定穿过小回路的磁通量 Φ 与 y 之间的关系；（2）当 $y = NR$ 时（N 为整数），求小回路内产生的感应电动势；（3）若 $v > 0$，确定小回路内感应电流的方向。

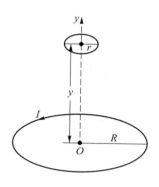

题 16-16 图

分析： 当大回路中有电流 I 时，其轴线上的磁感应强度随 y 变化，但在垂直于轴线小面积内的磁感应强度可近似视为均匀。所以通过小回路所围面积的磁通量可由 y 处的均匀磁场的磁感应强度得出。当小回路沿轴线运动时，磁通量随 y 变化，在小回路中将产生感应电动势。

解： 取坐标轴 Oy 向上为正，小回路的绕行方向与大回路电流的绕向相同，即小回路的面法线方向向上。

（1）大回路中的电流在 y 处的磁感应强度大小为

$$B = \frac{\mu_0 I R^2}{2\left(R^2 + y^2\right)^{3/2}}$$

其方向向上。当 $y \gg R$ 时，有

$$B = \frac{\mu_0 I R^2}{2y^3}$$

通过小回路的磁通量为

$$\Phi = \mathbf{B} \cdot \mathbf{S} = B\pi r^2 = \frac{\mu_0 I \pi r^2 R^2}{2y^3}$$

Φ 随 y 的增大而变小。

（2）当小回路以匀速率 $v = \dfrac{\mathrm{d}y}{\mathrm{d}t}$ 运动时，小回路中的感应电动势为

$$\mathscr{E}_i = -\frac{\mathrm{d}\Phi}{\mathrm{d}t} = \frac{3\mu_0 I\pi r^2 R^2}{2y^4}\frac{\mathrm{d}y}{\mathrm{d}t} = \frac{3\mu_0 I\pi r^2 R^2}{2y^4}v$$

当 $y = NR$ 时，感应电动势为

$$\mathscr{E}_i\Big|_{y=NR} = \frac{3\mu_0 I\pi r^2}{2R^2 N^4}v$$

（3）当 $v = \dfrac{\mathrm{d}y}{\mathrm{d}t} > 0$ 时，小回路向上运动，$\mathscr{E}_i > 0$。这表明，此时小回路中感应电动势的绕行方向与大回路电流的绕向相同。在小回路中，感应电流的磁通量"补偿"因向上运动而减少的磁通量，这正是楞次定律所阐明的。

题 16-17　如图所示，一载有电流 I 的长直导线附近，放一导体半圆环 MeN，MeN 与长直导线共面，且端点 MN 的连线与长直导线垂直。半圆环的半径为 b，环心 O 与导线相距 a。设半圆环以速度 $\boldsymbol{v}$ 平行于导线平移，求半圆环内感应电动势的大小和方向及 MN 两端的电势差 $V_M - V_N$。

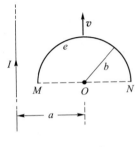

题 16-17 图

解：作辅助线 MN，则在 $MeNM$ 回路中，有，
$$\mathrm{d}\Phi = 0$$
$$\mathscr{E}_{MeNM} = 0$$

即
$$\mathscr{E}_{MeN} = \mathscr{E}_{MN}$$

又
$$\mathscr{E}_{MN} = \int_{a-b}^{a+b} vB\cos\pi\,\mathrm{d}l$$
$$= \frac{\mu_0 Iv}{2\pi}\ln\frac{a-b}{a+b} < 0$$

所以 $\mathscr{E}_{MeN}$ 沿 NeM 方向，大小为
$$\mathscr{E}_{MeN} = \frac{\mu_0 Iv}{2\pi}\ln\frac{a+b}{a-b}$$

M 点电势高于 N 点电势，即
$$V_M - V_N = \frac{\mu_0 Iv}{2\pi}\ln\frac{a+b}{a-b}$$

題 16-18　一长直导线内通有恒定电流 I，其附近有一边长为 $2a$ 正方形线圈。线圈绕 OO' 轴以匀角速度 ω 旋转，如图（a）所示。转轴与导线平行，两者相距 b，转轴在线圈平面内，与其一边平行并过中心。求任意时刻线圈中的感应电动势。

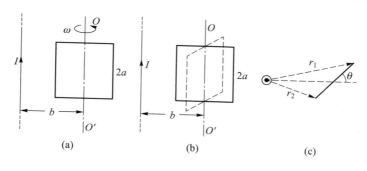

题 16-18 图

解： 在线圈转动过程中，通过它的磁通量随时间变化。t 时刻线圈转到图（b）虚线所示的位置，由俯视图（c），可清楚地看到此时线圈平面已经转过 θ 角（$\theta = \omega t$），通过线圈的磁通量为

$$\Phi = \int \boldsymbol{B} \cdot \mathrm{d}\boldsymbol{S} = \int_{r_1}^{r_2} B \cdot 2a\, \mathrm{d}r = 2a \int_{r_1}^{r_2} \frac{\mu_0 I}{2\pi r}\, \mathrm{d}r = \frac{\mu_0 a I}{\pi} \ln \frac{r_2}{r_1}$$

其中，

$$r_1^2 = b^2 + a^2 - 2ab\cos\omega t$$

$$r_2^2 = b^2 + a^2 + 2ab\cos\omega t$$

线圈中的感应电动势为

$$\mathscr{E}_i = -\frac{\mathrm{d}\Phi}{\mathrm{d}t} = \frac{\mu_0 a I}{\pi}\left(\frac{1}{r_1}\frac{\mathrm{d}r_1}{\mathrm{d}t} - \frac{1}{r_2}\frac{\mathrm{d}r_2}{\mathrm{d}t} \right)$$

$$= -\frac{\mu_0 a^2 b \omega I}{\pi}\sin\omega t\left(\frac{1}{b^2+a^2-2ab\cos\omega t} + \frac{1}{b^2+a^2+2ab\cos\omega t} \right)$$

题 16-19　一矩形截面的螺绕环如图所示，共有 N 匝。（1）求此螺绕环的自感系数；（2）若导线内通有电流 I，则环内磁能为多少？

解：（1）通过截面的磁通量为

$$\Phi = \int_a^b \frac{\mu_0 NI}{2r\pi} h\, \mathrm{d}r = \frac{\mu_0 NIh}{2\pi} \ln \frac{b}{a}$$

磁通链为

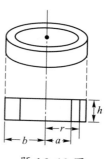

题 16-19 图

$$\Psi = N\Phi = \frac{\mu_0 N^2 Ih}{2\pi}\ln\frac{b}{a}$$

所以

$$L = \frac{\Psi}{I} = \frac{\mu_0 N^2 h}{2\pi}\ln\frac{b}{a}$$

（2）因为

$$W_m = \frac{1}{2}LI^2$$

所以

$$W_m = \frac{\mu_0 N^2 I^2 h}{4\pi}\ln\frac{b}{a}$$

题 16-20 一无限长圆柱形直导线，其截面各处的电流密度相等，总电流为 I。求导线内部单位长度上所储存的磁能。

解： 当 $r < R$ 时，有

$$B = \frac{\mu_0 Ir}{2\pi R^2}$$

所以

$$w_m = \frac{B^2}{2\mu_0} = \frac{\mu_0 I^2 r^2}{8\pi^2 R^4}$$

取

$$dV = 2\pi r dr \quad (\text{设导线长为 } l = 1\ \text{m})$$

则

$$W_m = \int_0^R w_m \cdot 2\pi r dr = \int_0^R \frac{\mu_0 I^2 r^3 dr}{4\pi R^4} = \frac{\mu_0 I^2}{16\pi}$$

Chapter 17

第 17 章
电磁波

基本要求

了解位移电流和麦克斯韦电磁场的基本概念以及麦克斯韦方程组（积分形式）的物理意义。

内容提要

在一般情况下，电场既包括静止电荷产生的静电场，也包括变化的磁场所产生的涡旋电场；磁场既包括传导电流产生的磁场，也包括位移电流（变化的电场）产生的磁场。总结所有电磁场的规律，麦克斯韦得到电磁场的基本方程组，称之为麦克斯韦方程组。

$$\oint_S \boldsymbol{D} \cdot \mathrm{d}\boldsymbol{S} = Q \tag{1}$$

$$\oint_S \boldsymbol{B} \cdot \mathrm{d}\boldsymbol{S} = 0 \tag{2}$$

$$\oint_l \boldsymbol{E} \cdot \mathrm{d}\boldsymbol{l} = -\int_S \frac{\partial \boldsymbol{B}}{\partial t} \cdot \mathrm{d}\boldsymbol{S} \tag{3}$$

$$\oint_l \boldsymbol{H} \cdot \mathrm{d}\boldsymbol{l} = \int_V \left(\boldsymbol{j} + \frac{\partial \boldsymbol{D}}{\partial t} \right) \cdot \mathrm{d}\boldsymbol{S} \tag{4}$$

方程（1）中 $\boldsymbol{D}$ 为电荷产生的电场及感应电场两者的电位移矢量和，Q 为 S 面内包围的自由电荷的电荷量。此方程反映了电场和电荷的联系。由于感应电场的 $\boldsymbol{D}$

线为闭合曲线，所以总的电场和电荷的联系，在数学形式上仍与仅为电荷激发的电场相同。

方程（2）中 **B** 为传导电流和位移电流激发的磁场的磁感应强度矢量和。它反映了磁场的性质，即无论何种磁场的磁感应线都是闭合曲线，单一的磁荷不存在，磁场是无源场。

方程（3）中 **E** 为电荷激发的电场和感应电场两者场强的矢量和。当磁场不变时，$\oint_l \boldsymbol{E} \cdot \mathrm{d}\boldsymbol{l} = 0$。此方程包括了静电场的环路定理，它反映了变化磁场和电场的联系，即变化的磁场可以激发电场。

方程（4）中 **H** 为传导电流和位移电流激发的磁场的磁场强度矢量和。它反映了磁场和运动电荷及变化电场的联系，即不仅电流能激发磁场，变化的电场也能激发磁场。

习　题

题 17-1　圆柱形电容器内、外导体截面半径分别为 R_1 和 R_2（$R_1 < R_2$），中间充满介电常量为 ε 的电介质。当两极板间的电压随时间的变化 $\dfrac{\mathrm{d}U}{\mathrm{d}t} = k$ 时（k 为常量），求电介质内距圆柱轴线 r 处的位移电流密度大小。

解：圆柱形电容器电容为

$$C = \frac{2\pi\varepsilon l}{\ln\dfrac{R_2}{R_1}}$$

$$q = CU = \frac{2\pi\varepsilon l U}{\ln\dfrac{R_2}{R_1}}$$

$$D = \frac{q}{S} = \frac{2\pi\varepsilon l U}{2\pi r l \ln\dfrac{R_2}{R_1}} = \frac{\varepsilon U}{r\ln\dfrac{R_2}{R_1}}$$

所以

$$j = \frac{\partial D}{\partial t} = \frac{\varepsilon k}{r\ln\dfrac{R_2}{R_1}}$$

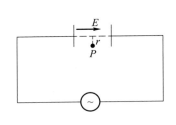

题 17-2　如图所示，设平行板电容器内各点的交变电场强度大小 $E = 720\sin\left(10^5 \pi t\right)$（SI 单位），其方向如图所示。试求：（1）电容器中的位移电流密

题 17-2 图

度；（2）电容器内距中心连线 $r = 10^{-2}$ m 的一点 P 处，当 $t = 0$ 和 $t = \dfrac{1}{2} \times 10^{-5}$ s 时磁场强度的大小（不考虑传导电流产生的磁场）。

解：（1）
$$j_{\mathrm{D}} = \frac{\partial D}{\partial t}, \quad D = \varepsilon_0 E$$

所以
$$j_{\mathrm{D}} = \varepsilon_0 \frac{\partial E}{\partial t} = \varepsilon_0 \frac{\partial}{\partial t}\left[720\sin\left(10^5 \pi t\right)\right] = 720 \times 10^5 \pi \varepsilon_0 \cos\left(10^5 \pi t\right) \text{（SI 单位）}$$

（2）
$$\oint_l \boldsymbol{H} \cdot \mathrm{d}\boldsymbol{l} = \sum I_{0i} + \int_S \boldsymbol{j}_{\mathrm{D}} \cdot \mathrm{d}\boldsymbol{S}$$

取与极板平行且以中心连线处为圆心，半径为 r 的圆周，$l = 2\pi r$，则有
$$H \cdot 2\pi r = \pi r^2 j_{\mathrm{D}}$$
$$H = \frac{r}{2} j_{\mathrm{D}}$$

当 $t = 0$ 时，有

$$H_P = \frac{r}{2} \times 720 \times 10^5 \pi \varepsilon_0 = 3.6 \times 10^5 \pi \varepsilon_0 \text{（SI 单位）}$$

当 $t = \dfrac{1}{2} \times 10^{-5}$ s 时，有

$$H_P = 0$$

题 17-3　一半径为 $R = 0.10$ m 的两块圆形极板构成平行板电容器，放在真空中。今对电容器匀速充电，使两极板间场强大小的变化率为 $\dfrac{\mathrm{d}E}{\mathrm{d}t} = 1.0 \times 10^{13}$ V · m^{-1} · s^{-1}。（1）求两极板间的位移电流；（2）计算电容器内离两圆形极板中心连线 r（$r < R$）处的磁感应强度大小 B_r 以及 $r = R$ 处的磁感应强度大小 B_R。

解：（1）
$$j_{\mathrm{D}} = \frac{\partial D}{\partial t} = \varepsilon_0 \frac{\partial E}{\partial t} = \varepsilon_0 \frac{\mathrm{d}E}{\mathrm{d}t}$$
$$I_{\mathrm{D}} = j_{\mathrm{D}} S = j_{\mathrm{D}} \pi R^2 \approx 2.8 \text{ A}$$

（2）
$$\oint_l \boldsymbol{H} \cdot \mathrm{d}\boldsymbol{l} = \sum I_{0i} + \int_S \boldsymbol{j}_{\mathrm{D}} \cdot \mathrm{d}\boldsymbol{S}$$

取平行于极板且以两极板中心连线处为圆心的圆周 $l = 2\pi r$，则有
$$H \cdot 2\pi r = j_{\mathrm{D}} \pi r^2 = \varepsilon_0 \frac{\mathrm{d}E}{\mathrm{d}t} \pi r^2$$

所以

$$H = \frac{r}{2} \varepsilon_0 \frac{\mathrm{d}E}{\mathrm{d}t}$$
$$B_r = \mu_0 H = \frac{\mu_0 \varepsilon_0 r}{2} \frac{\mathrm{d}E}{\mathrm{d}t}$$

当 $r = R$ 时，有

$$B_R = \frac{\mu_0 \varepsilon_0 R}{2} \frac{dE}{dt} \approx 5.6 \times 10^{-6}\,\text{T}$$

题 17-4 有一导线，其截面半径为 10^{-2} m，单位长度的电阻为 3×10^{-3} $\Omega \cdot \text{m}^{-1}$，载有电流 25.1 A。试计算在距导线表面很近一点处的以下各量：（1）$\boldsymbol{H}$ 的大小；（2）$\boldsymbol{E}$ 在平行于导线方向上的分量；（3）垂直于导线表面的 $\boldsymbol{S}$ 的分量。

解：（1）
$$\oint_l \boldsymbol{H} \cdot d\boldsymbol{l} = \sum I_i = I$$
取与导线同轴的垂直于导线的圆周 $l = 2\pi r$，则

$$H \cdot 2\pi r = I$$

$$H = \frac{I}{2\pi r} \approx 4 \times 10^2\,\text{A} \cdot \text{m}^{-1}$$

（2）由欧姆定律的微分形式 $j = \sigma E$，得

$$E = \frac{j}{\sigma} = \frac{I / S}{1 / RS} = IR = 7.53 \times 10^{-2}\,\text{V} \cdot \text{m}^{-1}$$

（3）因为 $\boldsymbol{S} = \boldsymbol{E} \times \boldsymbol{H}$，$\boldsymbol{E}$ 沿导线轴线，$\boldsymbol{H}$ 垂直于轴线，所以 $\boldsymbol{S}$ 垂直导线侧面进入导线，其大小为

$$S = EH \approx 30.1\,\text{W} \cdot \text{m}^{-2}$$

题 17-5 有一圆柱形导体，其截面半径为 a，电阻率为 ρ，载有电流 I_0。（1）求在导体内距轴线 r 处某点的 $\boldsymbol{E}$ 的大小和方向；（2）求该点 $\boldsymbol{H}$ 的大小和方向；（3）求该点坡印廷矢量 $\boldsymbol{S}$ 的大小和方向；（4）将（3）的结果与长为 l、半径为 r 的导体内消耗的能量作比较。

解：（1）电流密度为
$$j_0 = \frac{I_0}{S}$$

由欧姆定律的微分形式 $j_0 = \sigma E$，得

$$E = \frac{j_0}{\sigma} = \rho j_0 = \rho \frac{I_0}{\pi a^2}$$

$\boldsymbol{E}$ 的方向与电流方向一致。

（2）取以导线轴处为圆心且垂直于导线的平面圆周 $l = 2\pi r$，则由

$$\oint_l \boldsymbol{H} \cdot d\boldsymbol{l} = \int_S \boldsymbol{j}_0 \cdot d\boldsymbol{S}$$

可得

$$H \cdot 2\pi r = I_0 \frac{r^2}{a^2}$$

所以

$$H = \frac{I_0 r}{2\pi a^2}$$

$\boldsymbol{H}$ 的方向与电流方向呈右手螺旋关系。

（3）因为

$$\boldsymbol{S} = \boldsymbol{E} \times \boldsymbol{H}$$

所以 $\boldsymbol{S}$ 垂直于导线侧面进入导线，其大小为

$$S = EH = \frac{\rho I_0^2 r}{2\pi^2 a^4}$$

（4）长为 l、半径为 $r (r < a)$ 的导体内单位时间消耗的能量为

$$W_1 = I_{01}^2 R = \left(\frac{I_0 r^2}{a^2} \right)^2 \rho \frac{l}{\pi r^2} = \frac{I_0^2 \rho l r^2}{\pi a^4}$$

单位时间内进入长为 l、半径为 r 的导体内的能量为

$$W_2 = S \cdot 2\pi r l = \frac{I_0^2 \rho l r^2}{\pi a^4}$$

可见 $W_1 = W_2$，这说明这段导体消耗的能量正是电磁场进入导体的能量。

题 17-6 有一根很长的螺线管，其上每单位长度绕有 n 匝线圈，截面半径为 a，载有一变化的电流 i，求：（1）在螺线管内距轴线 r 处一点的感应电场强度；（2）在这点的坡印廷矢量的大小和方向。

解：（1）在螺线管内，有

$$B = \mu_0 n i$$

由

$$\oint_l \boldsymbol{E} \cdot \mathrm{d}\boldsymbol{l} = -\int_S \frac{\partial \boldsymbol{B}}{\partial t} \cdot \mathrm{d}\boldsymbol{S}$$

取以螺线管轴线处为中心且垂直于轴线的平面圆周 $l = 2\pi r$，其正绕向与 $\boldsymbol{B}$ 的方向呈右手螺旋关系，则有

$$E \cdot 2\pi r = -\frac{\partial B}{\partial t} \pi r^2$$

所以

$$E = -\frac{r}{2}\frac{\partial B}{\partial t} = -\frac{\mu_0 nr}{2}\frac{\mathrm{d}i}{\mathrm{d}t}$$

E 的方向沿圆周切向。当 $\dfrac{\mathrm{d}i}{\mathrm{d}t} < 0$ 时，E 与 B 呈右手螺旋关系；当 $\dfrac{\mathrm{d}i}{\mathrm{d}t} > 0$ 时，E 与 B 呈左手螺旋关系。

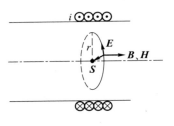

题 17-6 图

（2）因为 $S = E \times H$，由 E 与 H 方向知，S 指向轴线，如图所示。其大小为

$$S = EH = Eni = \frac{\mu_0 n^2 r}{2}i\frac{\mathrm{d}i}{\mathrm{d}t}$$

郑重声明

高等教育出版社依法对本书享有专有出版权。任何未经许可的复制、销售行为均违反《中华人民共和国著作权法》,其行为人将承担相应的民事责任和行政责任;构成犯罪的,将被依法追究刑事责任。为了维护市场秩序,保护读者的合法权益,避免读者误用盗版书造成不良后果,我社将配合行政执法部门和司法机关对违法犯罪的单位和个人进行严厉打击。社会各界人士如发现上述侵权行为,希望及时举报,本社将奖励举报有功人员。

反盗版举报电话　　(010)58581999　58582371　58582488
反盗版举报传真　　(010)82086060
反盗版举报邮箱　　dd@hep.com.cn
通信地址　　北京市西城区德外大街4号
　　　　　　高等教育出版社法律事务部
邮政编码　　100120